Keras 深度学习实战

Deep Learning with Keras

[意大利] 安东尼奥·古利 (Antonio Gulli) [美] 苏伊特·帕尔 (Sujit Pal) 著

王海玲 李昉 译 于立国 审

人民邮电出版社
北京

图书在版编目（CIP）数据

Keras深度学习实战 / （意）安东尼奥·古利（Antonio Gulli），（美）苏伊特·帕尔著；王海玲，李昉译. -- 北京：人民邮电出版社，2018.7（2022.1重印）
（深度学习系列）
ISBN 978-7-115-48222-8

Ⅰ. ①K… Ⅱ. ①安… ②苏… ③王… ④李… Ⅲ. ①人工智能—算法 Ⅳ. ①TP18

中国版本图书馆CIP数据核字(2018)第064997号

版权声明

◆ 著　　[意大利] 安东尼奥·古利(Antonio Gulli)
　　　　[美] 苏伊特·帕尔(Sujit Pal)
　译　　王海玲　李　昉
　审　　于立国
　责任编辑　王峰松
　责任印制　焦志炜

◆ 人民邮电出版社出版发行　北京市丰台区成寿寺路 11 号
　邮编　100164　电子邮件　315@ptpress.com.cn
　网址　http://www.ptpress.com.cn
　北京七彩京通数码快印有限公司印刷

◆ 开本：800×1000　1/16
　印张：15.75　　2018 年 7 月第 1 版
　字数：296 千字　　2022 年 1 月北京第 10 次印刷

著作权合同登记号　图字：01-2017-7878 号

定价：59.00 元

读者服务热线：(010)81055410　印装质量热线：(010)81055316
反盗版热线：(010)81055315
广告经营许可证：京东市监广登字20170147号

内容提要

作为一款轻量级、模块化的开源深度学习框架，Keras 以容易上手、利于快速原型实现、能够与 TensorFlow 和 Theano 等后端计算平台很好兼容等优点，深受众多开发人员和研究人员的喜爱。

本书结合大量实例，简明扼要地介绍了目前热门的神经网络技术和深度学习技术。从经典的多层感知机到用于图像处理的深度卷积网络，从处理序列化数据的循环网络到伪造仿真数据的生成对抗网络，从词嵌入到 AI 游戏应用中的强化学习，引领读者一层一层揭开深度学习的面纱，并在逐渐清晰的理论框架下，提供多个 Python 编码实例，方便读者动手实践。

通过阅读本书，读者不仅能学会使用 Keras 快捷构建各个类型的深度网络，还可以按需自定义网络层和后端功能，从而提升自己的 AI 编程能力，在成为深度学习专家的路上更进一步。

本书赞誉

绕开晦涩的理论和艰深的数学逻辑，你可以像搭建乐高积木一样搭建自己的深度学习模型，是不是很神奇呢？这就是 Keras 框架带给我们的乐趣。而本书作为一本展现诸多实现细节的指导书，定会成为你桌头案边的最佳伙伴。

——云从科技副总裁　张立

Keras 是深度学习领域最受欢迎的框架之一。译者李昉一直在集智俱乐部参与学术文章的翻译工作。本书的出版对有志于了解、学习深度学习的读者来说是一个非常好的消息。

——北京师范大学系统科学学院教授，博士生导师，集智俱乐部、AI 学园创始人，腾讯研究院、阿里研究院、网络智库专家　张江

很高兴看到这本书中文译本的出版。本书译者都曾在我的培训班学习，他们为此付出很多时间。如果你了解一些深度学习理论，如果你想快速构建自己的应用，那么这本书无疑可以给你提供巨大的帮助。

——炼数成金创始人、首席科学家　黄志洪

Keras 为支持快速实验而生，这个基于模块化和易扩展性的 API 一直以“user friendly”著称。作者 Antonio Gulli 作为谷歌在机器学习领域重量级专家之一，发表过很多篇有行业影响力的专业论述。本书是一本实用操作手册，译者也是深耕机器学习领域的先行者和实践者，强烈推荐给所有致力于在此领域摸索和创新的从业者。

——上海前隆信息科技有限公司数据中心总监　苏波

本书以由浅入深、由原理到场景的方式介绍了深度学习框架 Keras 的应用。通过基础神经网络到复杂模型的深度剖析，配以丰富的实例展示，让每一位读者都能深刻地体会到 Keras 及深度学习的魅力。本书的中文译本忠实于英文原著，讲解详尽，内容充实，是每一位深度学习的技术爱好者必读的书目，也是每一位 Keras 爱好者的必备宝典。

——Splunk 系统架构师　张天犁

作者简介

作者 Antonio Gulli 是企业领导和软件部门高管，极具创新精神和执行力，并乐于发现和管理全球高科技人才。他是搜索引擎、在线服务、机器学习、信息检索、数据分析以及云计算等多方面的专家。目前，他幸运地拥有欧洲 4 个不同国家的工作经验，并管理过来自欧洲和美国 6 个不同国家的员工。Antonio 在出版业（Elsevier）、消费者互联网（Ask.com 和 Tiscali）以及高科技研发（微软和谷歌）等多个跨度的行业里历任 CEO、GM、CTO、副总裁、总监及区域主管。

我要感谢我的共同作者 Sujit Pal，他如此聪明、谦逊，并总是乐于提供帮助。我一直很赞赏他的团队精神，这种精神成就了本书。

我要感谢 Francois Chollet（以及 Keras 的其他的很多贡献者），他们花费了大量时间和精力构建了这个如此容易上手但又不牺牲过多功能的深度学习工具。

我还要感谢本书的编辑们，来自 Packt 的 Divya Poojari、Cheryl Dsa 和 Dinesh Pawar，以及来自 Packt 和谷歌的审稿者，非常感谢他们的支持和诸多有价值的建议。如果没有他们就没有本书。

我要感谢我在谷歌工作时的经理 Brad 以及同事 Mick 和 Corrado，他们鼓励我撰写本书，并一直帮助我审核书中内容。

我要感谢位于华沙的知名茶馆和咖啡厅 Same Fusy，我就是在这里喝茶时获得了编写本书的灵感，这里的茶是从上百种选择里选出来的。这个地方很棒，如果你正在寻找一个激发你创造力的地方，我强烈推荐你来这里。

我还要感谢谷歌的 HRBP 对我将本书版税悉数捐献给民族多样性奖学金的支持。

我要感谢我的朋友 Eric、Laura、Francesco、Ettore 和 Antonella 在我需要的时候给予我的帮助。友谊之树常青，你们是我永远的朋友。

我要感谢我的儿子 Lorenzo 对我加入谷歌的鼓励，感谢我儿子 Leonardo 持久发现新事物的热忱，感谢我女儿 Aurora 每天都带给我微笑。

最后感谢我的父亲 Elio、母亲 Maria 给我的爱。

Sujit Pal 是 Elsevier Labs 技术研发主管，致力于构建围绕研发内容和元数据的智能系统。他的主要兴趣包括信息检索、本体论、自然语言处理、机器学习，以及分布式处理。他现在的工作是利用深度学习模型对图像进行分类和相似度识别。在此之前，他在客户卫生保健行业工作，帮助构建基于本体论的语义搜索、关联广告，以及 EMR 数据处理平台。他在他的博客 Salmon Run 上发表技术文章。

我要感谢本书的共同作者 Antonio Gulli，感谢他邀请我共同写作本书。这对我是一个非常难得的机会，我从中学到了很多。假如他不曾邀请我，我就绝不可能取得今日的成绩。

我要感谢 Elsevier 实验室的主管 Ron Daniel 和首席架构师 Bradley P Allen，他们引导我进入深度学习的领域，并让我对此痴迷不已。

我要感谢 Francois Chollet（以及 Keras 的其他的很多贡献者），他们花费了大量时间和精力构建了这个如此容易上手但又不牺牲过多功能的深度学习工具。

感谢来自 Packt 的编辑们——Divya Poojari、Cheryl Dsa 和 Dinesh Pawar，以及来自 Packt 和谷歌的审稿者，非常感谢他们的支持和诸多有价值的建议。如果没有他们就没有本书。

我要感谢我历年的同事和经理们，特别是那些曾经帮助过我并让我的职业生涯不断进取、改变的人们。

最后，我要感谢我的家人，在过去的几个月里容忍我工作第一、写书第二，然后才是顾家。希望你们都觉得这是值得的。

英文版审稿人简介

Nick McClure 是一名资深数据科学家，现供职于美国西雅图市的 PayScale 公司。此前，他曾在 Zillow 和凯撒娱乐工作。他分别于蒙大拿大学、圣本迪克学院和圣约翰大学获得应用数学的相关学位。Nick 著有一本由 Packt 出版公司出版的书籍《TensorFlow Machine Learning Cookbook》。他热衷于学习研究数据分析、机器学习和人工智能技术。有时他会把突然得到的奇思妙想发表在他的博客上或是他的推特上。

译者简介

王海玲

大学毕业于吉林大学计算机系，从小喜爱数学，曾获得华罗庚数学竞赛全国二等奖。拥有世界 500 强企业多年研发经验。作为项目骨干成员，参与过美国惠普实验室机器学习项目。

李　昉

毕业于东北大学自动化系，大学期间曾获得“挑战杯”全国一等奖。拥有世界 500 强企业多年研发经验，随后加入互联网创业公司。2013 年开始带领研发团队将大数据分析运用于“预订电商”价格分析预测（《IT 经理世界》2013 年第 6 期）。现在中体彩彩票运营公司负责大数据和机器学习方面的研发。同时是集智俱乐部成员，参与翻译人工智能图书《Deep Thinking》。

中文版审校者简介

于立国，现任国美大数据研究院研发总监，曾任知名上市互联网广告公司——品众互动研发总监，也曾在 Adobe 数字化营销部门担任资深负责人，对大数据、人工智能、互联网广告领域深有研究。

前言

本书特为软件工程师和数据科学家编写，书中简明而全面地介绍了目前的神经网络、人工智能和深度学习技术。

本书的目标

这本书展示了基于 Keras 框架、以 Python 编码的 20 多种有效的神经网络。Keras 是一个模块化的神经网络库，它能运行于谷歌的 TensorFlow 和 Lisa 实验室的 Theano 的后端之上。

本书循序渐进地介绍了简单线性回归、传统多层感知机，以及更复杂的深度卷积网络和生成对抗网络等监督学习算法。另外，本书还介绍了自动感知机和生成式网络等非监督学习算法，并详细阐述了回归网络和长短期记忆网络（LSTM）。本书后续章节将陆续介绍 Keras 的各种函数 API，以及用户实例在现有的丰富的函数库没有涵盖的情况下，如何自定义 Keras。本书还探讨了用前面提到的模块构造更大型、更复杂的系统。本书最后介绍了深度强化学习和如何应用其构建游戏 AI。

练习的应用程序代码包括新闻分类、文本句法分析、情感分析、人工文本合成，以及语音标注。我们也探讨了图像处理技术，包括如何识别手写数字图像、图像的自动归类，以及基于相关图像注释的高级对象识别。我们还提供了一个面部凸点检测识别的实例。声音识别包括了对来自不同讲话者的离散语音识别。强化学习则被用来构建一个可以自主玩游戏的深度 Q 学习网络。

实验是本书的核心，通过多个变量改变输入的参数、网络模型、损失函数和优化算法，我们得以逐步改进神经网络的学习性能。我们还会比较不同 CPU 和 GPU 运行条件下的训练效率。

深度学习和机器学习、人工智能的区别

人工智能是一个非常广泛的研究领域，主要研究如何让机器表现出人类的认知能力，

例如学习行为、和环境的主动交互、演绎推理、计算机视觉、语音识别、问题解决、知识展现、感知能力等（更多信息请参考《Artificial Intelligence: A Modern Approach》，作者 S. Russell 和 P. Norvig，Prentice Hall，2003）。通俗来讲，人工智能就是任何让机器模仿人类的智能行为的技术。人工智能从计算机科学、数学和统计学等学科中获得了很大的启发。

机器学习是人工智能的一个分支，主要研究如何使机器在不必额外编程的情况下，学会执行特定任务（更多信息请参考《Pattern Recognition and Machine Learning》，作者 C. M. Bishop，Springer，2006）。事实上，机器学习的核心思想在于可以通过创建算法让机器通过数据进行学习并预测数据。现在的机器学习有 3 个大的分类：第一种是监督学习，机器通过已知的输入和对应的预期输出进行样本训练，以对全新的未知数据进行有意义的预测；第二种是无监督学习，机器只能通过输入的数据，在没有外界监督的情况下自己发现有意义的结构；第三种是强化学习，机器作为同环境进行交互的代理，学习哪些行为能获得奖赏。

深度学习是利用人工神经网络进行机器学习的方法论里的一个特定子集，如图 0.1 所示。而人工神经网络的灵感来自于人类大脑神经元的结构（更多信息请参考文章《Learning Deep Architectures for AI》，作者 Y. Bengio，Found. Trends，vol. 2，2009）。非正式地讲，deep 这个词通常指的是人工神经网络中存在多个层次，但这种说法已随着时间的推移而改变。4 年前，10 层就是一个很高效的深度学习网络，而今天，至少几百层的网络才被认为是深度的。

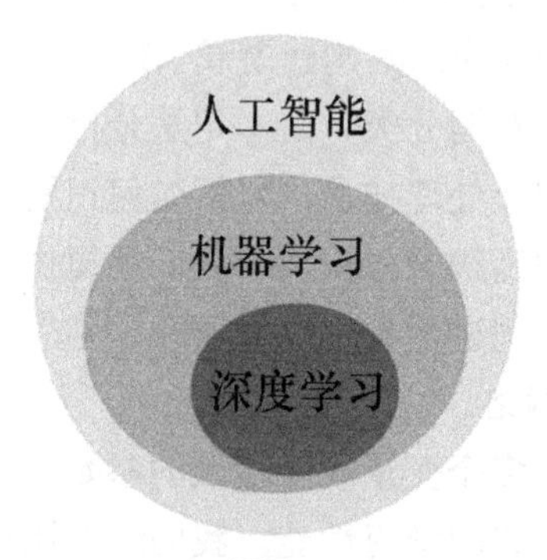

图 0.1

深度学习对机器学习来说是一次真正的海啸（更多信息请参考《Computational Linguistics and Deep Learning》，作者 C.D.Manning，Computational Linguistics，vol. 41，2015），它虽然只有相对较少的巧妙的方法，却被成功地应用到非常多的不同的领域（图像、文本、视频、语音和视觉），显著改进了过去几十年的技术发展水平。深度学习的成功还因为现在有了更多的可用于训练的数据（如来自 ImageNet 的图像），以及可用于高效数值计算的相对低廉、可用的 GPU。谷歌、微软、亚马逊、苹果、脸书，以及其他很多公司每天都在应用这种深度学习技术进行大量的数据分析。目前，此类专项工作不再局限于纯学术研究领域以及大型工业化公司，它已经成为软件产业里一个不可分割的部分，读者应该对此有所掌握。本书不要求特定的数学背景知识，但我们将假设读者是一个 Python 程序员。

本书涵盖的内容

第 1 章，神经网络基础，讲述神经网络的基础知识。

第 2 章，Keras 安装和 API，展示如何在 AWS、Microsoft Azure、Google Cloud，以及你自己的机器上安装 Keras，并提供对 Keras API 的概览。

第 3 章，深度学习之卷积网络，介绍卷积网络的概念。这是深度学习的一个重要创新，最初的构想是为了图像处理，但现在在文本、视频和语音等多领域都有成功的应用。

第 4 章，生成对抗网络和 WaveNet，介绍了利用生成对抗网络来合成如同人类自己产生的数据。我们还会介绍 WaveNet，这是一个可用于生成高质量人类语音以及乐器音的深度神经网络。

第 5 章，词嵌入，讨论词向量相关的一套深度学习方法，用于检测词汇和相似语义词汇组的关系。

第 6 章，循环神经网络 RNN，讲述循环神经网络的技术和应用，这是一类优化过的用于处理文本等序列化数据的网络。

第 7 章，其他深度学习模型，简要介绍 Keras API、回归网络，以及自动编码机等。

第 8 章，游戏中的 AI，教你如何进行深度强化学习，以及如何用 Keras 构建基于奖赏反馈的街机游戏玩儿法的深度学习网络。

第 9 章，结束语，快速回顾本书内容，并向用户介绍 Keras 2.0 的新特性。

本书的阅读前提

为了让您流畅地阅读各个章节，你需要准备以下软件：

TensorFlow 1.0.0 或者更高版本；

Keras 2.0.2 或者更高版本；

Matplotlib 1.5.3 或者更高版本；

Scikit-learn 0.18.1 或者更高版本；

NumPy 1.12.1 或者更高版本。

推荐硬件清单如下：

32 位或者 64 位架构；

2GHz 以上 CPU；

4GB RAM；

至少 10GB 硬盘空间。

本书的目标读者

如果您是有经验的机器学习数据科学家或者有过神经网络实践的人工智能程序员，您会发现这是一本很好的关于 Keras 深度学习的入门教材。

阅读本书需要一些 Python 的知识。

资源与支持

本书由异步社区出品，社区（https://www.epubit.com/）为您提供相关资源和后续服务。

配套资源

本书提供如下资源：

- 本书源代码；
- 书中彩图文件。

要获得以上配套资源，请在异步社区本书页面中点击 配套资源 ，跳转到下载界面，按提示进行操作即可。注意：为保证购书读者的权益，该操作会给出相关提示，要求输入提取码进行验证。

提交勘误

作者和编辑尽最大努力来确保书中内容的准确性，但难免会存在疏漏。欢迎您将发现的问题反馈给我们，帮助我们提升图书的质量。

当您发现错误时，请登录异步社区，按书名搜索，进入本书页面，单击“提交勘误”，输入勘误信息，点击“提交”按钮即可。本书的作者和编辑会对您提交的勘误进行审核，确认并接受后，您将获赠异步社区的 100 积分。积分可用于在异步社区兑换优惠券、样书或奖品。

详细信息　写书评　提交勘误

页码：　页内位置（行数）：　勘误印次：

字数统计

提交

扫码关注本书

扫描下方二维码，您将会在异步社区微信服务号中看到本书信息及相关的服务提示。

与我们联系

我们的联系邮箱是 contact@epubit.com.cn。

如果您对本书有任何疑问或建议，请您发邮件给我们，并请在邮件标题中注明本书书名，以便我们更高效地做出反馈。

如果您有兴趣出版图书、录制教学视频，或者参与图书翻译、技术审校等工作，可以发邮件给我们；有意出版图书的作者也可以到异步社区在线提交投稿（直接访问 www.epubit.com/selfpublish/submission 即可）。

如果您是学校、培训机构或企业，想批量购买本书或异步社区出版的其他图书，也可以发邮件给我们。

如果您在网上发现有针对异步社区出品图书的各种形式的盗版行为，包括对图书全部或部分内容的非授权传播，请您将怀疑有侵权行为的链接发邮件给我们。您的这一举动是对作者权益的保护，也是我们持续为您提供有价值的内容的动力之源。

关于异步社区和异步图书

“异步社区”是人民邮电出版社旗下 IT 专业图书社区，致力于出版精品 IT 技术图书和相关学习产品，为作译者提供优质出版服务。异步社区创办于 2015 年 8 月，提供大量精品 IT 技术图书和电子书，以及高品质技术文章和视频课程。更多详情请访问异步社区官网 https://www.epubit.com。

“异步图书”是由异步社区编辑团队策划出版的精品 IT 专业图书的品牌，依托于人民邮电出版社近 30 年的计算机图书出版积累和专业编辑团队，相关图书在封面上印有异步图书的 LOGO。异步图书的出版领域包括软件开发、大数据、AI、测试、前端、网络技术等。

异步社区

微信服务号

目录

第 1 章 神经网络基础

人工神经网络表示一类机器学习的模型，最初是受到了哺乳动物中央神经系统研究的启发。网络由相互连接的分层组织的神经元组成，这些神经元在达到一定条件时就会互相交换信息（专业术语是激发（fire））。最初的研究开始于 20 世纪 50 年代后期，当时引入了感知机（Perceptron）模型（更多信息请参考文章《The Perceptron: A Probabilistic Model for Information Storage and Organization in the Brain》，作者 F. Rosenblatt，Psychological Review，vol. 65，pp. 386～408，1958）。感知机是一个可以实现简单操作的两层网络，并在 20 世纪 60 年代后期引入反向传播算法（backpropagation algorithm）后得到进一步扩展，用于高效的多层网络的训练（据以下文章《Backpropagation through Time: What It Does and How to Do It》，作者 P. J. Werbos，Proceedings of the IEEE，Neural Networks，vol. 78，pp. 1550～1560，1990；《A Fast Learning Algorithm for Deep Belief Nets》，作者 G. E. Hinton，S. Osindero，Y. W. Teh，Neural Computing，vol. 18，pp. 1527～1554，2006）。有些研究认为这些技术起源可以追溯到比通常引述的更早的时候（更多信息，请参考文章《Deep Learning in Neural Networks: An Overview》，作者 J. Schmidhuber，vol. 61，pp. 85～117，2015）。直到 20 世纪 80 年代，人们才对神经网络进行了大量的学术研究，那时其他更简单的方法正变得更加有用。然后，由于 G.Hinton 提出的快速学习算法（更多信息，请参考文章《The Roots of Backpropagation: From Ordered Derivatives to Neural Networks and Political Forecasting》，作者 S. Leven，Neural Networks，vol. 9，1996；《Learning Representations by Backpropagating Errors》，作者 D. E. Rumelhart，G. E. Hinton，R. J. Williams，Nature，vol. 323，1986），以及 2011 年前后引入 GPU 后使大量数值计算成为可能，开始再度出现了神经网络研究的热潮。

这些进展打开了现代深度学习的大门。深度学习是以一定数量网络层的神经元为标志的神经网络，它可以基于渐进的层级抽象学习相当复杂的模型。几年前，3～5 层的网络就是深度的，而现在的深度网络已经是指 100～200 层。

这种渐进式抽象的学习模型，模仿了历经几百万年演化的人类大脑的视觉模型。人类大脑视觉系统由不同的层组成。我们人眼关联的大脑区域叫作初级视觉皮层 V1，它位于大脑后下方。视觉皮层为多数哺乳动物所共有，它承担着感知和区分视觉定位、空间频率以及色彩等方面的基本属性和微小变化的角色。据估计，初级视觉层包含了 1 亿 4000 万个神经元，以及 100 亿个神经元之间的连接。V1 层随后和其他视觉皮层 V2、V3、V4、V5 和 V6 连接，以进一步处理更复杂的图像信息，并识别更复杂的视觉元素，如形状、面部、动物等。这种分层组织是 1 亿年间无数次尝试的结果。据估计，人类大脑包含大约 160 亿个脑皮质神经细胞，其中 10%～25%是负责视觉信息处理的（更多信息，请参考文章《The Human Brain in Numbers: A Linearly Scaled-up Primate Brain》，作者 S. Herculano-Houzel，vol. 3，2009)。深度学习就是从人类大脑视觉系统的层次结构中获得了启发，前面的人工神经网络层负责学习图像基本信息，更深的网络层负责学习更复杂的概念。

本书涵盖了神经网络的几个主要方面，并提供了基于 Keras 和最小有效 Python 库作为深度学习计算的可运行网络实例编码，后端基于谷歌的 TensorFlow 或者蒙特利尔大学的 Theano 框架。

好的，让我们切入正题。

在本章，我们将介绍以下内容：

- 感知机
- 多层感知机
- 激活函数
- 梯度下降
- 随机梯度下降
- 反向传播算法

1.1　感知机

感知机是一个简单的算法，给定 n 维向量 $\boldsymbol{x}$（$x_1, x_2, \cdots, x_n$）作为输入，通常称作输入特征或者简单特征，输出为 1（是）或 0（否）。数学上，我们定义以下函数：

$$f(x)=\begin{cases}1, & \boldsymbol{wx}+b>0\\0, & \text{其他}\end{cases}$$

这里，$\boldsymbol{w}$ 是权重向量，$\boldsymbol{wx}$ 是点积（译者注：也称内积、数量积或标量积）$\sum_{i=1}^{n} w_i x_i$，b 是偏差。如果你还记得基础的几何知识，就应该知道 $\boldsymbol{wx}+b$ 定义了一个边界超平面，我们可以通过设置 $\boldsymbol{w}$ 和 b 的值来改变它的位置。如果 $\boldsymbol{x}$ 位于直线之上，则结果为正，否则为负。非常简单的算法！感知机不能表示非确定性答案。如果我们知道如何定义 $\boldsymbol{w}$ 和 b，就能回答是（1）或否（0）。接下来我们将讨论这个训练过程。

第一个 Keras 代码示例

Keras 的原始构造模块是模型，最简单的模型称为序贯模型，Keras 的序贯模型是神经网络层的线性管道（堆栈）。以下代码段定义了一个包含 12 个人工神经元的单层网络，它预计有 8 个输入变量（也称为特征）：

```
from keras.models import Sequential
model = Sequential()
model.add(Dense(12, input_dim=8, kernel_initializer='random_uniform'))
```

每个神经元可以用特定的权重进行初始化。Keras 提供了几个选择，其中最常用的选择如下所示。

- random_uniform：初始化权重为（–0.05，0.05）之间的均匀随机的微小数值。换句话说，给定区间里的任何值都可能作为权重。
- random_normal：根据高斯分布初始化权重，平均值为 0，标准差为 0.05。如果你不熟悉高斯分布，可以回想一下对称钟形曲线。
- zero：所有权重初始化为 0。

完整选项列表请参考 Keras 官网。

1.2　多层感知机——第一个神经网络的示例

在本章中，我们将定义一个多层线性网络，并将其作为本书的第一个代码示例。从历史上来看，感知机这个名称是指具有单一线性层的模型，因此，如果它有多层，我们就可以称之为多层感知机（Multilayer perceptron，MLP）。图 1.1 展示了一个一般的神经网络，它具有一个输入层、一个中间层和一个输出层。

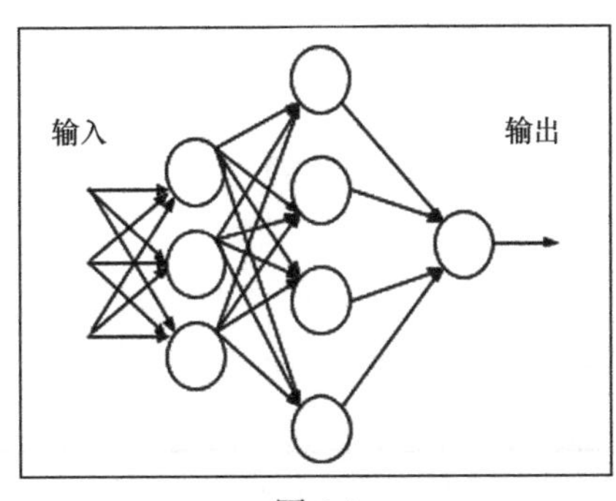

图 1.1

在图 1.1 中，第一层中的每个节点接收一个输入，并根据预设的本地决策边界值确定是否激发。然后，第一层的输出传递给中间层，中间层再传递给由单一神经元组成的最终的输出层。有趣的是，这种分层组织似乎模仿了我们前面讨论过的人类的视觉系统。

全连接的网络是指每层中的每个神经元和上一层的所有神经元有连接，和下一层的所有神经元也都有连接。

1.2.1　感知机训练方案中的问题

让我们来考虑一个单一的神经元如何选择最佳的权重 w 和偏差 b？理想情况下，我们想提供一组训练样本，让机器通过调整权重值和偏差值，使输出误差最小化。为了更加的具体，我们假设有一组包含猫的图像，以及另外单独的一组不包含猫的图像。为了简单起见，假设每个神经元只考虑单个输入像素值。当计算机处理这些图像时，我们希望我们的神经元调整其权重和偏差，使得越来越少的图像被错误识别为非猫。这种方法似乎非常直观，但是它要求权重（和/或偏差）的微小变化只会在输出上产生微小变化。

如果我们有一个较大的输出增量，我们就不能进行渐进式学习（而非在所有的方向上进行尝试——这样的过程称为穷举搜索——我们不知道是否在改进）。毕竟，小孩子是一点一点学习的。不幸的是，感知机并不表现出这种一点一点学习的行为，感知机的结果是 0 或 1，这是一个大的增量，它对学习没有帮助，如图 1.2 所示。

我们需要一些更平滑的东西，一个从 0 到 1 逐渐变化不间断的函数。在数学上，这意味着我们需要一个可以计算其导数的连续的函数。

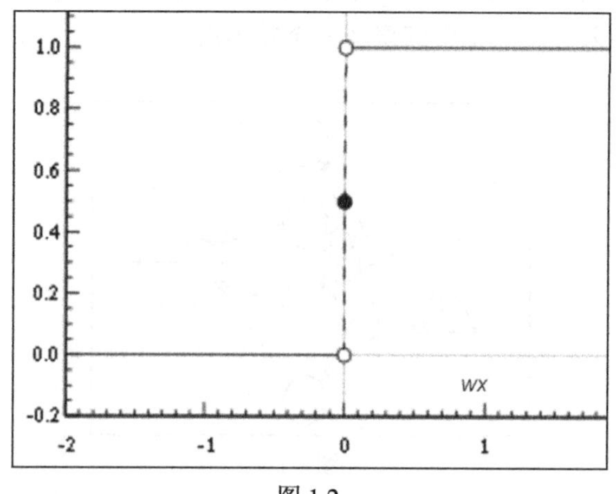

图 1.2

1.2.2 激活函数——sigmoid

sigmoid 函数的定义如下：

$$\sigma(x)=\frac{1}{1+\mathrm{e}^{-x}}$$

如图 1.3 所示，当输入在$(-\infty,\infty)$的区间上变化时，位于（0,1）区间上的输出值变化很小。从数学的角度讲，该函数是连续的。典型的 sigmoid 函数如图 1.3 所示。

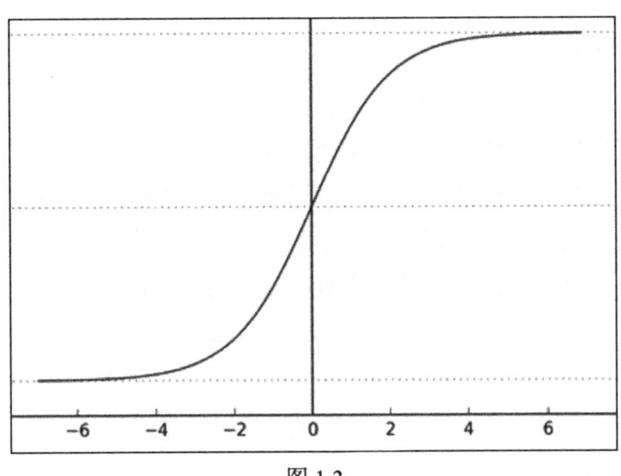

图 1.3

神经元可以使用 sigmoid 来计算非线性函数 $\sigma(z=wx+b)$。注意，如果 $z=wx+b$ 是非常大的正值，那么 $\mathrm{e}^{-z}\to 0$，因而 $\sigma(z)\to 1$；而如果 $z=wx+b$ 是非常大的负值，$\mathrm{e}^{-z}\to\infty$，因而 $\sigma(z)\to 0$。换句话说，以 sigmoid 为激活函数的神经元具有和感知机类似的行为，但它的变化是渐进的，输出值如 0.553 9 或 0.123 191 非常合理。在这个意义上，sigmoid 神经元可能正是我们所要的。

1.2.3 激活函数——ReLU

sigmoid 并非可用于神经网络的唯一的平滑激活函数。最近，一个被称为修正线性单元（Rectified Linear Unit，ReLU）的激活函数很受欢迎，因为它可以产生非常好的实验结果。

ReLU 函数简单定义为 $f(x)=\max(0,x)$，这个非线性函数如图 1.4 所示。对于负值，函数值为零；对于正值，函数呈线性增长。

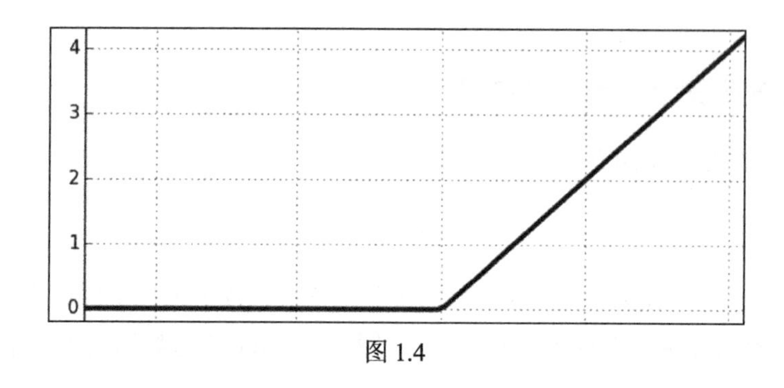

图 1.4

1.2.4　激活函数

在神经网络领域，sigmoid 和 ReLU 通常被称为激活函数。在“Keras 中的不同优化器测试”一节中，我们将看到，那些通常由 sigmoid 和 ReLU 函数产生的渐进的变化，构成了开发学习算法的基本构件，这些构件通过逐渐减少网络中发生的错误，来一点一点进行调整。图 1.5 给出了一个使用 σ 激活函数的例子，其中（$x_1, x_2, \cdots, x_m$）为输入向量，（$w_1, w_2, \cdots, w_m$）为权重向量，b 为偏差，$\sum$ 表示总和。

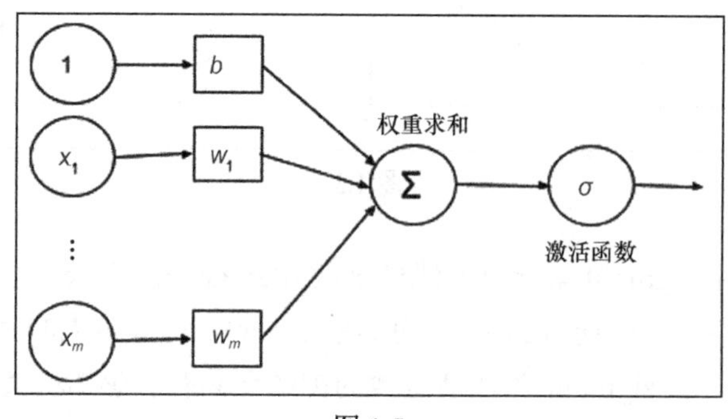

图 1.5

Keras 支持多种激活函数，完整列表请参考 Keras 官网。

1.3　实例——手写数字识别

在本节中，我们将构建一个可识别手写数字的网络。为此，我们使用 MNIST 数据集，这是一个由 60 000 个训练样例和 10 000 个测试样例组成的手写数字数据库。训练样例由人标注出正确答案，例如，如果手写数字是“3”，那么“3”就是该样例关联的标签。

在机器学习中，如果使用的是带有正确答案的数据集，我们就说我们在进行监督学习。 在这种情况下，我们可以使用训练样例调整网络。测试样例也带有与每个数字关联的正确答案。然而，这种情况下，我们要假装标签未知，从而让网络进行预测，稍后再借助标签来评估我们的神经网络对于识别数字的学习程度。因此，如你所料，测试样例只用于测试我们的网络。

每个 MNIST 图像都是灰度的，它由 28×28 像素组成。这些数字的一个子集如图 1.6 所示。

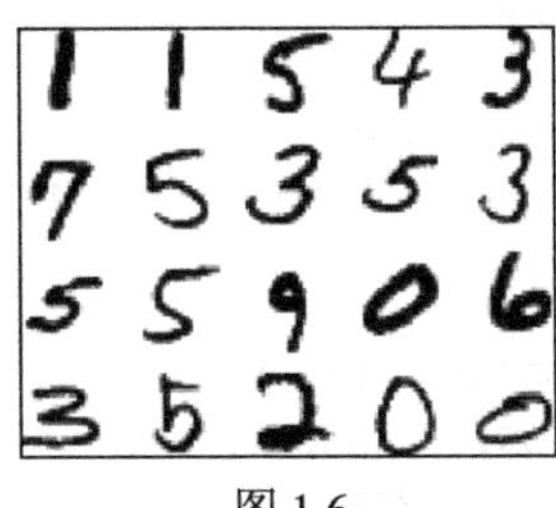

图 1.6

1.3.1 One-hot 编码——OHE

在很多应用中，将类别（非数字）特征转换为数值变量都很方便。例如，[0-9]中值为 d 的分类特征数字可以编码为 10 位二进制向量，除了第 d 位为 1，其他位始终为 0。这类表示法称为 One-hot 编码（OHE），当数据挖掘中的学习算法专门用于处理数值函数时，这种编码的使用非常普遍。

1.3.2 用 Keras 定义简单神经网络

这里，我们使用 Keras 定义一个识别 MNIST 手写数字的网络。我们从一个非常简单的神经网络开始，然后逐步改进。

Keras 提供了必要的库来加载数据集，并将其划分成用于微调网络的训练集 X_train，以及用于评估性能的测试集 X_test。数据转换为支持 GPU 计算的 float32 类型，并归一化为[0, 1]。另外，我们将真正的标签各自加载到 Y_train 和 Y_test 中，并对其进行 One-hot 编码。我们来看以下代码：

```
from __future__ import print_function
import numpy as np
from keras.datasets import mnist
from keras.models import Sequential
from keras.layers.core import Dense, Activation
from keras.optimizers import SGD
from keras.utils import np_utils
np.random.seed(1671) #重复性设置

#网络和训练
```

```
NB_EPOCH = 200
BATCH_SIZE = 128
VERBOSE = 1
NB_CLASSES = 10 #输出个数等于数字个数
OPTIMIZER = SGD()#SGD优化器，本章稍后介绍
N_HIDDEN = 128
VALIDATION_SPLIT=0.2 #训练集中用作验证集的数据比例

#数据：混合并划分训练集和测试集数据
#
(X_train, y_train), (X_test, y_test) = mnist.load_data()
#X_train是60 000行28×28的数据，变形为60000×784
RESHAPED = 784
#
X_train = X_train.reshape(60000, RESHAPED)
X_test = X_test.reshape(10000, RESHAPED)
X_train = X_train.astype('float32')
X_test = X_test.astype('float32')
# 归一化
#
X_train /= 255
X_test /= 255
print(X_train.shape[0], 'train samples')
print(X_test.shape[0], 'test samples')
#将类向量转换为二值类别矩阵
Y_train = np_utils.to_categorical(y_train, NB_CLASSES)
Y_test = np_utils.to_categorical(y_test, NB_CLASSES)
```

输入层中，每个像素都有一个神经元与其关联，因而共有 $28\times28=784$ 个神经元，每个神经元对应 MNIST 图像中的一个像素。

通常来说，与每个像素关联的值被归一化到[0,1]区间中(即每个像素的亮度除以255，255 是最大亮度值)。 输出为 10 个类别，每个数字对应一个类。

最后一层是使用激活函数 softmax 的单个神经元，它是 sigmoid 函数的扩展。softmax 将任意 k 维实向量压缩到区间(0, 1)上的 k 维实向量。在我们的例子中，它聚合了上一层中由 10 个神经元给出的 10 个答案。

```
#10 个输出
#最后是 softmax 激活函数
model = Sequential()
model.add(Dense(NB_CLASSES, input_shape=(RESHAPED,)))
model.add(Activation('softmax'))
model.summary()
```

一旦我们定义好模型，我们就要对它进行编译，这样它才能由 Keras 后端（Theano 或 TensorFlow）执行。编译期间有以下几个选项。

- 我们需要选择优化器，这是训练模型时用于更新权重的特定算法。
- 我们需要选择优化器使用的目标函数，以确定权重空间（目标函数往往被称为损失函数，优化过程也被定义为损失最小化的过程）。
- 我们需要评估训练好的模型。

目标函数的一些常见选项（Keras 目标函数的完整列表请参考官网）如下所示。

- ***MSE***：预测值和真实值之间的均方误差。从数学上讲，如果 γ 是 n 个预测值的向量，$\boldsymbol{Y}$ 是 n 个观测值的向量，则它们满足以下等式：

$$MSE = \frac{1}{n}\sum_{i=1}^{n}(\gamma - \boldsymbol{Y})^2$$

> 这些目标函数平均了所有预测错误，并且如果预测远离真实值，平方运算将让该差距更加明显。

- **Binary cross-entropy**：这是二分对数损失。假设我们的模型在目标值为 t 时预测结果为 p，则二分交叉熵定义如下：

$$-t\log(p)-(1-t)\log(1-p)$$

> 该目标函数适用于二元标签预测。

- **Categorical cross-entropy**：这是多分类对数损失。如果目标值为 $t_{i,j}$ 时预测结果为 $p_{i,j}$，则分类交叉熵是：

$$L_i = -\sum_j t_{i,j}\log(p_{i,j})$$

> 该目标函数适用于多分类标签预测。它也是与激活函数 softmax 关联的默认选择。

一些常见的性能评估指标（Keras 性能评估指标的完整列表请参考官网）如下所示。

- **Accuracy**：准确率，针对预测目标的预测正确的比例。
- **Precision**：查准率，衡量多分类问题中多少选择项是关联正确的。
- **Recall**：查全率，衡量多分类问题中多少关联正确的数据被选出。

性能评估与目标函数类似，唯一的区别是它们不用于训练模型，而只用于评估模型。在 Keras 中编译模型很容易：

```
model.compile(loss='categorical_crossentropy', optimizer=OPTIMIZER, metrics=['accuracy'])
```

一旦模型编译好，就可以用 fit()函数进行训练了，该函数指定了以下参数。

- epochs：训练轮数，是模型基于训练集重复训练的次数。在每次迭代中，优化器尝试调整权重，以使目标函数最小化。
- batch_size：这是优化器进行权重更新前要观察的训练实例数。

在 Keras 中训练一个模型很简单。假设我们要迭代 NB_EPOCH 步：

```
history = model.fit(X_train, Y_train,
batch_size=BATCH_SIZE, epochs=NB_EPOCH,
verbose=VERBOSE, validation_split=VALIDATION_SPLIT)
```

我们留出训练集的部分数据用于验证。关键的思想是我们要基于这部分留出的训练集数据做性能评估。对任何机器学习任务，这都是值得采用的最佳实践方法，我们也将这一方法应用在所有的例子中。

一旦模型训练好，我们就可以在包含全新样本的测试集上进行评估。这样，我们就可以通过目标函数获得最小值，并通过性能评估获得最佳值。

注意，训练集和测试集应是严格分开的。 在一个已经用于训练的样例上进行模型的性能评估是没有意义的。学习本质上是一个推测未知事实的过程，而非记忆已知的内容。

```
score = model.evaluate(X_test, Y_test, verbose=VERBOSE)
print("Test score:", score[0])
print('Test accuracy:', score[1])
```

恭喜，你已在 Keras 中定义了你的第一个神经网络。仅几行代码，你的计算机已经能识别手写数字了。让我们运行代码，并看看其性能。

1.3.3　运行一个简单的 Keras 网络并创建基线

让我们看看代码运行结果，如图 1.7 所示。

```
code — -bash — 118×71
gulli-macbookpro:code gulli$ python keras_MINST_V1.py
Using TensorFlow backend.
60000 train samples
10000 test samples
____________________________________________________________________________________________________
Layer (type)                     Output Shape          Param #     Connected to
====================================================================================================
dense_1 (Dense)                  (None, 10)            7850        dense_input_1[0][0]
____________________________________________________________________________________________________
activation_1 (Activation)        (None, 10)            0           dense_1[0][0]
====================================================================================================
Total params: 7850
____________________________________________________________________________________________________
Train on 48000 samples, validate on 12000 samples
Epoch 1/200
48000/48000 [==============================] - 0s - loss: 1.4102 - acc: 0.6554 - val_loss: 0.9073 - val_acc: 0.8244
Epoch 2/200
48000/48000 [==============================] - 0s - loss: 0.8006 - acc: 0.8279 - val_loss: 0.6625 - val_acc: 0.8567
Epoch 3/200
48000/48000 [==============================] - 0s - loss: 0.6467 - acc: 0.8495 - val_loss: 0.5650 - val_acc: 0.8704
Epoch 4/200
48000/48000 [==============================] - 0s - loss: 0.5728 - acc: 0.8600 - val_loss: 0.5112 - val_acc: 0.8778
Epoch 5/200
48000/48000 [==============================] - 0s - loss: 0.5280 - acc: 0.8677 - val_loss: 0.4767 - val_acc: 0.8822
```

图 1.7

首先，网络结构被铺开，我们可以看到使用的不同类型的网络层、它们的输出形状、需要优化的参数个数，以及它们的连接方式。之后，网络在 48 000 个样本上进行训练，12 000 个样本被保留并用于验证。一旦构建好神经网络模型，就可以在 10 000 个样本上进行测试。如你所见，Keras 内部使用了 TensorFlow 作为后端系统进行计算。现在，我们不探究内部训练细节，但我们可以注意到该程序运行了 200 次迭代，每次迭代后，准确率都有所提高。

训练结束后，我们用测试数据对模型进行测试，其中训练集上达到的准确率为 92.36%，验证集上的准确率为 92.27%，测试集上的准确率为 92.22%。

这意味着 10 个手写数字中只有不到一个没有被正确识别。当然我们可以比这做得更好。在图 1.8 中，我们可以看到测试的准确率。

```
Epoch 198/200
48000/48000 [==============================] - 0s - loss: 0.2761 - acc: 0.9230 - val_loss: 0.2762 - val_acc: 0.9224
Epoch 199/200
48000/48000 [==============================] - 0s - loss: 0.2760 - acc: 0.9231 - val_loss: 0.2762 - val_acc: 0.9223
Epoch 200/200
48000/48000 [==============================] - 0s - loss: 0.2758 - acc: 0.9236 - val_loss: 0.2761 - val_acc: 0.9227
 9888/10000 [============================>.] - ETA: 0s
Test score: 0.277792117235
Test accuracy: 0.9222
gulli-macbookpro:code gulli$
```

图 1.8

1.3.4 用隐藏层改进简单网络

现在我们有了基线精度，训练集上的准确率为 92.36%，验证集上的准确率为 92.27%，测试集上的准确率为 92.22%，这是一个很好的起点，当然我们还能对它进行提升，我们看一下如何改进。

第一个改进方法是为我们的网络添加更多的层。所以在输入层之后，我们有了第一个具有 N_HIDDEN 个神经元并将 ReLU 作为激活函数的 dense 层。这一个追加层被认为是隐藏的，因为它既不与输入层也不与输出层直接相连。在第一个隐藏层之后，是第二个隐藏层，这一隐藏层同样具有 N_HIDDEN 个神经元，其后是一个具有 10 个神经元的输出层，当相关数字被识别时，对应的神经元就会被触发。以下代码定义了这个新网络。

```
from __future__ import print_function
import numpy as np
from keras.datasets import mnist
from keras.models import Sequential
from keras.layers.core import Dense, Activation
from keras.optimizers import SGD
from keras.utils import np_utils
np.random.seed(1671) #重复性设置
#网络和训练
```

```
NB_EPOCH = 20
BATCH_SIZE = 128
VERBOSE = 1
NB_CLASSES = 10 #输出个数等于数字个数
OPTIMIZER = SGD() #优化器，本章稍后介绍
N_HIDDEN = 128
VALIDATION_SPLIT=0.2 #训练集用于验证的划分比例
#数据：混合并划分训练集和测试集数据
(X_train, y_train), (X_test, y_test) = mnist.load_data()
#X_train 是 60000 行 28×28 的数据，变形为 60000×784
RESHAPED = 784
#
X_train = X_train.reshape(60000, RESHAPED)
X_test = X_test.reshape(10000, RESHAPED)
X_train = X_train.astype('float32')
X_test = X_test.astype('float32')
#归一化
X_train /= 255
X_test /= 255
print(X_train.shape[0], 'train samples')
print(X_test.shape[0], 'test samples')
#将类向量转换为二值类别矩阵
Y_train = np_utils.to_categorical(y_train, NB_CLASSES)
Y_test = np_utils.to_categorical(y_test, NB_CLASSES)
#N_HIDDEN 个隐藏层
#10 个输出
#最后是 softmax 激活函数
model = Sequential()
model.add(Dense(N_HIDDEN, input_shape=(RESHAPED,)))
model.add(Activation('relu'))
model.add(Dense(N_HIDDEN))
model.add(Activation('relu'))
model.add(Dense(NB_CLASSES))
model.add(Activation('softmax'))
model.summary()
model.compile(loss='categorical_crossentropy',
optimizer=OPTIMIZER,
metrics=['accuracy'])
history = model.fit(X_train, Y_train,
batch_size=BATCH_SIZE, epochs=NB_EPOCH,
verbose=VERBOSE, validation_split=VALIDATION_SPLIT)
score = model.evaluate(X_test, Y_test, verbose=VERBOSE)
print("Test score:", score[0])
print('Test accuracy:', score[1])
```

让我们运行代码并查看这一多层网络获取的结果。还不错，通过增加两个隐藏层，我们在训练集上达到的准确率为 94.50%，验证集上为 94.63%，测试集上为 94.41%。这意味着相比之前的网络，准确率提高了 2.2%。然而，我们将迭代次数从 200 显著减少到了 20。这很好，但是我们要更进一步。

如果你想，你可以自己尝试，看看如果只添加一个隐藏层而非两个，或者添加两个以上的隐藏层结果会怎样。我把这个实验留作练习。图 1.9 显示了前例的输出结果。

```
code — -bash — 118×66
gulli-macbookpro:code gulli$ python keras_MINST_V2.py
Using TensorFlow backend.
60000 train samples
10000 test samples
____________________________________________________________________________________________________
Layer (type)                     Output Shape          Param #     Connected to
====================================================================================================
dense_1 (Dense)                  (None, 128)           100480      dense_input_1[0][0]
____________________________________________________________________________________________________
activation_1 (Activation)        (None, 128)           0           dense_1[0][0]
____________________________________________________________________________________________________
dense_2 (Dense)                  (None, 128)           16512       activation_1[0][0]
____________________________________________________________________________________________________
activation_2 (Activation)        (None, 128)           0           dense_2[0][0]
____________________________________________________________________________________________________
dense_3 (Dense)                  (None, 10)            1290        activation_2[0][0]
____________________________________________________________________________________________________
activation_3 (Activation)        (None, 10)            0           dense_3[0][0]
====================================================================================================
Total params: 118282
____________________________________________________________________________________________________
Train on 48000 samples, validate on 12000 samples
Epoch 1/20
48000/48000 [==============================] - 1s - loss: 1.5266 - acc: 0.6101 - val_loss: 0.7839 - val_acc: 0.8296
Epoch 2/20
48000/48000 [==============================] - 1s - loss: 0.6108 - acc: 0.8464 - val_loss: 0.4603 - val_acc: 0.8796
Epoch 3/20
48000/48000 [==============================] - 1s - loss: 0.4422 - acc: 0.8794 - val_loss: 0.3765 - val_acc: 0.8963
Epoch 4/20
48000/48000 [==============================] - 1s - loss: 0.3796 - acc: 0.8946 - val_loss: 0.3374 - val_acc: 0.9065
Epoch 5/20
48000/48000 [==============================] - 1s - loss: 0.3450 - acc: 0.9027 - val_loss: 0.3119 - val_acc: 0.9116
Epoch 6/20
48000/48000 [==============================] - 1s - loss: 0.3214 - acc: 0.9090 - val_loss: 0.2940 - val_acc: 0.9165
Epoch 7/20
48000/48000 [==============================] - 1s - loss: 0.3033 - acc: 0.9148 - val_loss: 0.2794 - val_acc: 0.9213
Epoch 8/20
48000/48000 [==============================] - 1s - loss: 0.2885 - acc: 0.9181 - val_loss: 0.2668 - val_acc: 0.9251
Epoch 9/20
48000/48000 [==============================] - 1s - loss: 0.2763 - acc: 0.9220 - val_loss: 0.2569 - val_acc: 0.9287
Epoch 10/20
48000/48000 [==============================] - 1s - loss: 0.2654 - acc: 0.9245 - val_loss: 0.2491 - val_acc: 0.9304
Epoch 11/20
48000/48000 [==============================] - 1s - loss: 0.2556 - acc: 0.9274 - val_loss: 0.2400 - val_acc: 0.9335
Epoch 12/20
48000/48000 [==============================] - 1s - loss: 0.2464 - acc: 0.9299 - val_loss: 0.2329 - val_acc: 0.9355
Epoch 13/20
48000/48000 [==============================] - 1s - loss: 0.2382 - acc: 0.9321 - val_loss: 0.2279 - val_acc: 0.9369
Epoch 14/20
48000/48000 [==============================] - 1s - loss: 0.2309 - acc: 0.9342 - val_loss: 0.2208 - val_acc: 0.9388
Epoch 15/20
48000/48000 [==============================] - 1s - loss: 0.2237 - acc: 0.9365 - val_loss: 0.2140 - val_acc: 0.9413
Epoch 16/20
48000/48000 [==============================] - 1s - loss: 0.2172 - acc: 0.9380 - val_loss: 0.2085 - val_acc: 0.9423
Epoch 17/20
48000/48000 [==============================] - 1s - loss: 0.2110 - acc: 0.9397 - val_loss: 0.2035 - val_acc: 0.9435
Epoch 18/20
48000/48000 [==============================] - 1s - loss: 0.2051 - acc: 0.9415 - val_loss: 0.1993 - val_acc: 0.9445
Epoch 19/20
48000/48000 [==============================] - 1s - loss: 0.1997 - acc: 0.9427 - val_loss: 0.1954 - val_acc: 0.9461
Epoch 20/20
48000/48000 [==============================] - 1s - loss: 0.1947 - acc: 0.9450 - val_loss: 0.1914 - val_acc: 0.9463
 9696/10000 [============================>.] - ETA: 0s
Test score: 0.191052276902
Test accuracy: 0.9441
gulli-macbookpro:code gulli$
```

图 1.9

1.3.5 用 dropout 进一步改进简单网络

现在我们的基线在训练集上的准确率为 94.50%，验证集上为 94.63%，测试集上为 94.41%。第二个改进方法很简单。我们决定在内部全连接的隐藏层上传播的值里，按 dropout 概率随机丢弃某些值。在机器学习中，这是一种众所周知的正则化形式。很惊奇，这种随机丢弃一些值的想法可以提高我们的性能。

```
from __future__ import print_function
import numpy as np
from keras.datasets import mnist
from keras.models import Sequential
from keras.layers.core import Dense, Dropout, Activation
from keras.optimizers import SGD
from keras.utils import np_utils
np.random.seed(1671) # 重复性设置
#网络和训练
NB_EPOCH = 250
BATCH_SIZE = 128
VERBOSE = 1
NB_CLASSES = 10 #输出个数等于数字个数
OPTIMIZER = SGD() #优化器，本章稍后介绍
N_HIDDEN = 128
VALIDATION_SPLIT=0.2 #训练集用于验证的划分比例
DROPOUT = 0.3
#数据: 混合并划分训练集和测试集数据
(X_train, y_train), (X_test, y_test) = mnist.load_data()
#X_train是 60 000 行 28×28 的数据，变形为 60 000×784
RESHAPED = 784
#
X_train = X_train.reshape(60000, RESHAPED)
X_test = X_test.reshape(10000, RESHAPED)
X_train = X_train.astype('float32')
X_test = X_test.astype('float32')
#归一化
X_train /= 255
X_test /= 255
#将类向量转换为二值类别矩阵
Y_train = np_utils.to_categorical(y_train, NB_CLASSES)
Y_test = np_utils.to_categorical(y_test, NB_CLASSES)
#N_HIDDEN个隐藏层,10 个输出
model = Sequential()
model.add(Dense(N_HIDDEN, input_shape=(RESHAPED,)))
model.add(Activation('relu'))
model.add(Dropout(DROPOUT))
model.add(Dense(N_HIDDEN))
model.add(Activation('relu'))
```

```
model.add(Dropout(DROPOUT))
model.add(Dense(NB_CLASSES))
model.add(Activation('softmax'))
model.summary()
model.compile(loss='categorical_crossentropy',
optimizer=OPTIMIZER,
metrics=['accuracy'])
history = model.fit(X_train, Y_train,
batch_size=BATCH_SIZE, epochs=NB_EPOCH,
verbose=VERBOSE, validation_split=VALIDATION_SPLIT)
score = model.evaluate(X_test, Y_test, verbose=VERBOSE)
print("Test score:", score[0])
print('Test accuracy:', score[1])
```

让我们将代码像之前一样运行 20 次迭代。我们看到网络在训练集上达到了 91.54% 的准确率，验证集上为 94.48%，测试集上为 94.25%，如图 1.10 所示。

```
code — -bash — 118×70
gulli-macbookpro:code gulli$ python keras_MINST_V3_1.py
Using TensorFlow backend.
60000 train samples
10000 test samples
____________________________________________________________________________________________________
Layer (type)                     Output Shape          Param #     Connected to
====================================================================================================
dense_1 (Dense)                  (None, 128)           100480      dense_input_1[0][0]
____________________________________________________________________________________________________
activation_1 (Activation)        (None, 128)           0           dense_1[0][0]
____________________________________________________________________________________________________
dropout_1 (Dropout)              (None, 128)           0           activation_1[0][0]
____________________________________________________________________________________________________
dense_2 (Dense)                  (None, 128)           16512       dropout_1[0][0]
____________________________________________________________________________________________________
activation_2 (Activation)        (None, 128)           0           dense_2[0][0]
____________________________________________________________________________________________________
dropout_2 (Dropout)              (None, 128)           0           activation_2[0][0]
____________________________________________________________________________________________________
dense_3 (Dense)                  (None, 10)            1290        dropout_2[0][0]
____________________________________________________________________________________________________
activation_3 (Activation)        (None, 10)            0           dense_3[0][0]
====================================================================================================
Total params: 118282
____________________________________________________________________________________________________
Train on 48000 samples, validate on 12000 samples
Epoch 1/20
48000/48000 [==============================] - 1s - loss: 1.7206 - acc: 0.4625 - val_loss: 0.9125 - val_acc: 0.8036
Epoch 2/20
48000/48000 [==============================] - 1s - loss: 0.9254 - acc: 0.7149 - val_loss: 0.5374 - val_acc: 0.8621
Epoch 3/20
48000/48000 [==============================] - 1s - loss: 0.6938 - acc: 0.7883 - val_loss: 0.4240 - val_acc: 0.8872
Epoch 4/20
48000/48000 [==============================] - 1s - loss: 0.5917 - acc: 0.8205 - val_loss: 0.3724 - val_acc: 0.8958
Epoch 5/20
48000/48000 [==============================] - 1s - loss: 0.5307 - acc: 0.8398 - val_loss: 0.3370 - val_acc: 0.9038
Epoch 6/20
48000/48000 [==============================] - 1s - loss: 0.4868 - acc: 0.8546 - val_loss: 0.3126 - val_acc: 0.9084
Epoch 7/20
48000/48000 [==============================] - 1s - loss: 0.4563 - acc: 0.8654 - val_loss: 0.2939 - val_acc: 0.9126
Epoch 8/20
48000/48000 [==============================] - 1s - loss: 0.4322 - acc: 0.8726 - val_loss: 0.2789 - val_acc: 0.9173
Epoch 9/20
48000/48000 [==============================] - 1s - loss: 0.4061 - acc: 0.8799 - val_loss: 0.2666 - val_acc: 0.9196
Epoch 10/20
48000/48000 [==============================] - 1s - loss: 0.3908 - acc: 0.8848 - val_loss: 0.2556 - val_acc: 0.9236
Epoch 11/20
48000/48000 [==============================] - 1s - loss: 0.3758 - acc: 0.8893 - val_loss: 0.2463 - val_acc: 0.9263
Epoch 12/20
48000/48000 [==============================] - 1s - loss: 0.3592 - acc: 0.8938 - val_loss: 0.2372 - val_acc: 0.9297
Epoch 13/20
48000/48000 [==============================] - 1s - loss: 0.3491 - acc: 0.8970 - val_loss: 0.2294 - val_acc: 0.9323
Epoch 14/20
48000/48000 [==============================] - 1s - loss: 0.3361 - acc: 0.9009 - val_loss: 0.2224 - val_acc: 0.9344
Epoch 15/20
48000/48000 [==============================] - 1s - loss: 0.3266 - acc: 0.9036 - val_loss: 0.2165 - val_acc: 0.9348
Epoch 16/20
48000/48000 [==============================] - 1s - loss: 0.3182 - acc: 0.9064 - val_loss: 0.2102 - val_acc: 0.9371
Epoch 17/20
48000/48000 [==============================] - 1s - loss: 0.3073 - acc: 0.9103 - val_loss: 0.2035 - val_acc: 0.9395
Epoch 18/20
48000/48000 [==============================] - 1s - loss: 0.2998 - acc: 0.9109 - val_loss: 0.1987 - val_acc: 0.9418
Epoch 19/20
48000/48000 [==============================] - 1s - loss: 0.2930 - acc: 0.9131 - val_loss: 0.1930 - val_acc: 0.9423
Epoch 20/20
48000/48000 [==============================] - 1s - loss: 0.2855 - acc: 0.9154 - val_loss: 0.1893 - val_acc: 0.9448
 9888/10000 [============================>.] - ETA: 0s
Test score: 0.191873697177
Test accuracy: 0.9425
gulli-macbookpro:code gulli$
```

图 1.10

注意，训练集上的准确率仍应高于测试集上的准确率，否则说明我们的训练时间还不够长。所以我们试着将训练轮数大幅增加至 250，这时训练集上的准确率达到了 98.1%，验证集上为 97.73%，测试集上为 97.7%，如图 1.11 所示。

```
Epoch 248/250
48000/48000 [==============================] - 1s - loss: 0.0630 - acc: 0.9804 - val_loss: 0.0785 - val_acc: 0.9769
Epoch 249/250
48000/48000 [==============================] - 1s - loss: 0.0634 - acc: 0.9799 - val_loss: 0.0789 - val_acc: 0.9775
Epoch 250/250
48000/48000 [==============================] - 1s - loss: 0.0616 - acc: 0.9810 - val_loss: 0.0787 - val_acc: 0.9773
 9696/10000 [============================>.] - ETA: 0s
Test score: 0.0726828922328
Test accuracy: 0.9777
gulli-macbookpro:code gulli$
```

图 1.11

当训练轮数增加时，观察训练集和测试集上的准确率是如何增加的，这一点很有用。你可以从图 1.12 中看出，这两条曲线在训练约 250 轮时相交，而这一点后就没必要进一步训练了。

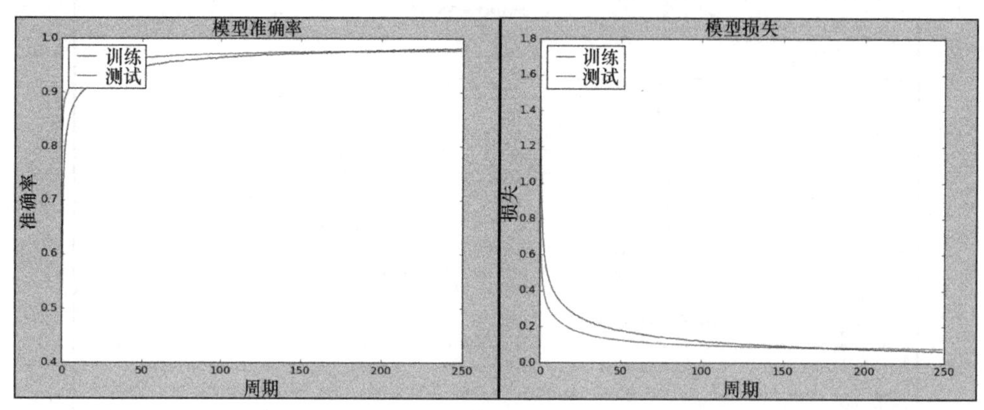

图 1.12

注意，我们往往会观察到，内部隐藏层中带有随机 dropout 层的网络，可以对测试集中的全新样本做出更好的推测。直观地讲，你可以想象成：正因为神经元知道不能依赖于邻近神经元，它自身的能力才能更好发挥。测试时，先不加入 dropout 层，我们运行的是所有经过高度调整过的神经元。简而言之，要测试网络加入某些 dropout 功能时的表现，这通常是一种很好的方法。

1.3.6　Keras 中的不同优化器测试

我们已定义和使用了一个网络，给出网络如何训练的直观解释非常有用。让我们关注一种被称为梯度下降（Gradient Descent，GD）的流行的训练方法。想象一个含有单一变量 w 的一般成本函数 $C(w)$，如图 1.13 所示。

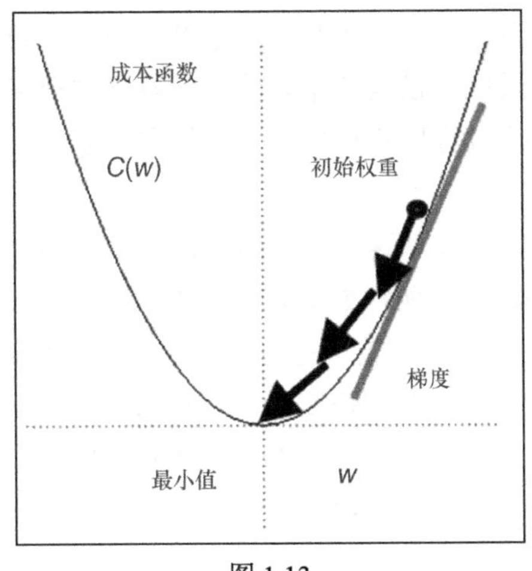

图 1.13

梯度下降可以看成一个要从山上到山谷的背包客，山上表示成函数 C，山谷表示成最小值 C_{min}，背包客的起点为 w_0。背包客慢慢移动，对每一步 r，梯度就是最大增量的方向。从数学上讲，该方向就是在步 r 到达的点 w_r 上求得的偏导数 $\frac{\partial c}{\partial w}$。因此，走相反的方向 $-\frac{\partial c}{\partial w}(w_r)$，背包客就可以向山谷移动。每一步，背包客都能在下一步之前判别步长，这就是梯度下降中讲的学习率 $\eta \geqslant 0$。注意，如果步长太小，背包客就会移动得很慢；如果过大，背包客又很可能错过山谷。现在，你应该记住 sigmoid 是一个连续函数，并可以计算导数。可以证明 sigmoid 函数如下所示：

$$\sigma(x)=\frac{1}{1+\mathrm{e}^{-x}}$$

它的导数如下：

$$\frac{\mathrm{d}\sigma(x)}{\mathrm{d}x}=\sigma(x)(1-\sigma(x))$$

ReLU 函数在点 0 处不可微，然而，我们可以将点 0 处的一阶导数扩展到整个定义域，使其为 0 或 1。这种和点相关的 ReLU 函数 y=max(0, x)的导数如下：

$$\frac{\mathrm{d}y}{\mathrm{d}x}=\begin{cases}0 & x\leqslant 0\\ 1 & x>0\end{cases}$$

一旦我们有了导数，就可以用梯度下降技术来优化网络。Keras 使用它的后端（TensorFlow 或者 Theano）来帮助我们计算导数，所以我们不用担心如何实现或计算它。我们只需选择激活函数，Keras 会替我们计算导数。

神经网络本质上是带有几千个甚至几百万个参数的多个函数的组合。每个网络层计算一个函数，使其错误率最低，以改善学习阶段观察到的准确率。当我们讨论反向传播时，我们会发现这个最小化过程比我们的简单示例更加复杂。然而，它同样基于降至山谷的直观过程。

Keras 实现了梯度下降的一个快速变体，称为随机梯度下降（Stochastic Gradient Descent，SGD），以及 RMSprop 和 Adam 这两种更先进的优化技术。除 SGD 具有的加速度分量之外，RMSprop 和 Adam 还包括了动量的概念（速度分量）。这样可以通过更多的计算代价实现更快的收敛。Keras 支持的优化器的完整列表请参考官网。SGD 是我们到目前为止的默认选择。现在让我们尝试另外两个，这很简单，我们只需要改几行代码：

```
from keras.optimizers import RMSprop, Adam
...
OPTIMIZER = RMSprop() #优化器
```

好了，我们来进行测试，如图 1.14 所示。

```
code — python keras_MINST_V4.py — 118×71
gulli-macbookpro:code gulli$ python keras_MINST_V4.py
Using TensorFlow backend.
60000 train samples
10000 test samples
____________________________________________________________________________________________________
Layer (type)                     Output Shape          Param #     Connected to
====================================================================================================
dense_1 (Dense)                  (None, 128)           100480      dense_input_1[0][0]
____________________________________________________________________________________________________
activation_1 (Activation)        (None, 128)           0           dense_1[0][0]
____________________________________________________________________________________________________
dropout_1 (Dropout)              (None, 128)           0           activation_1[0][0]
____________________________________________________________________________________________________
dense_2 (Dense)                  (None, 128)           16512       dropout_1[0][0]
____________________________________________________________________________________________________
activation_2 (Activation)        (None, 128)           0           dense_2[0][0]
____________________________________________________________________________________________________
dropout_2 (Dropout)              (None, 128)           0           activation_2[0][0]
____________________________________________________________________________________________________
dense_3 (Dense)                  (None, 10)            1290        dropout_2[0][0]
____________________________________________________________________________________________________
activation_3 (Activation)        (None, 10)            0           dense_3[0][0]
====================================================================================================
Total params: 118282
____________________________________________________________________________________________________
Train on 48000 samples, validate on 12000 samples
Epoch 1/20
48000/48000 [==============================] - 2s - loss: 0.4714 - acc: 0.8571 - val_loss: 0.1780 - val_acc: 0.9478
Epoch 2/20
48000/48000 [==============================] - 1s - loss: 0.2257 - acc: 0.9328 - val_loss: 0.1350 - val_acc: 0.9608
Epoch 3/20
48000/48000 [==============================] - 1s - loss: 0.1737 - acc: 0.9477 - val_loss: 0.1217 - val_acc: 0.9643
Epoch 4/20
48000/48000 [==============================] - 1s - loss: 0.1522 - acc: 0.9542 - val_loss: 0.1095 - val_acc: 0.9687
Epoch 5/20
48000/48000 [==============================] - 1s - loss: 0.1312 - acc: 0.9609 - val_loss: 0.1039 - val_acc: 0.9703
Epoch 6/20
48000/48000 [==============================] - 1s - loss: 0.1222 - acc: 0.9640 - val_loss: 0.1004 - val_acc: 0.9710
Epoch 7/20
48000/48000 [==============================] - 1s - loss: 0.1134 - acc: 0.9660 - val_loss: 0.0985 - val_acc: 0.9730
Epoch 8/20
48000/48000 [==============================] - 1s - loss: 0.1046 - acc: 0.9688 - val_loss: 0.0975 - val_acc: 0.9739
Epoch 9/20
48000/48000 [==============================] - 1s - loss: 0.1009 - acc: 0.9705 - val_loss: 0.1014 - val_acc: 0.9732
Epoch 10/20
48000/48000 [==============================] - 1s - loss: 0.0970 - acc: 0.9717 - val_loss: 0.0967 - val_acc: 0.9748
Epoch 11/20
48000/48000 [==============================] - 1s - loss: 0.0922 - acc: 0.9726 - val_loss: 0.0956 - val_acc: 0.9764
Epoch 12/20
48000/48000 [==============================] - 1s - loss: 0.0874 - acc: 0.9751 - val_loss: 0.0975 - val_acc: 0.9747
Epoch 13/20
48000/48000 [==============================] - 1s - loss: 0.0853 - acc: 0.9750 - val_loss: 0.0980 - val_acc: 0.9760
Epoch 14/20
48000/48000 [==============================] - 1s - loss: 0.0807 - acc: 0.9754 - val_loss: 0.1003 - val_acc: 0.9760
Epoch 15/20
48000/48000 [==============================] - 1s - loss: 0.0777 - acc: 0.9771 - val_loss: 0.1025 - val_acc: 0.9766
Epoch 16/20
48000/48000 [==============================] - 1s - loss: 0.0742 - acc: 0.9778 - val_loss: 0.1074 - val_acc: 0.9765
Epoch 17/20
48000/48000 [==============================] - 1s - loss: 0.0746 - acc: 0.9786 - val_loss: 0.1104 - val_acc: 0.9750
Epoch 18/20
48000/48000 [==============================] - 1s - loss: 0.0730 - acc: 0.9788 - val_loss: 0.1046 - val_acc: 0.9776
Epoch 19/20
48000/48000 [==============================] - 1s - loss: 0.0711 - acc: 0.9793 - val_loss: 0.1112 - val_acc: 0.9769
Epoch 20/20
48000/48000 [==============================] - 1s - loss: 0.0725 - acc: 0.9797 - val_loss: 0.1060 - val_acc: 0.9759
 9888/10000 [============================>.] - ETA: 0s
Test score: 0.0962571567255
Test accuracy: 0.9784
['acc', 'loss', 'val_acc', 'val_loss']
```

图 1.14

从图 1.14 可以看出，RMSprop 比 SDG 快，因为仅在 20 次迭代后我们就改进了 SDG，并能在训练集上达到 97.97%的准确率，验证集上为 97.59%，测试集上为 97.84%。为完整起见，让我们看看准确率和损失函数如何随训练轮数的变化而改变，如图 1.15 所示。

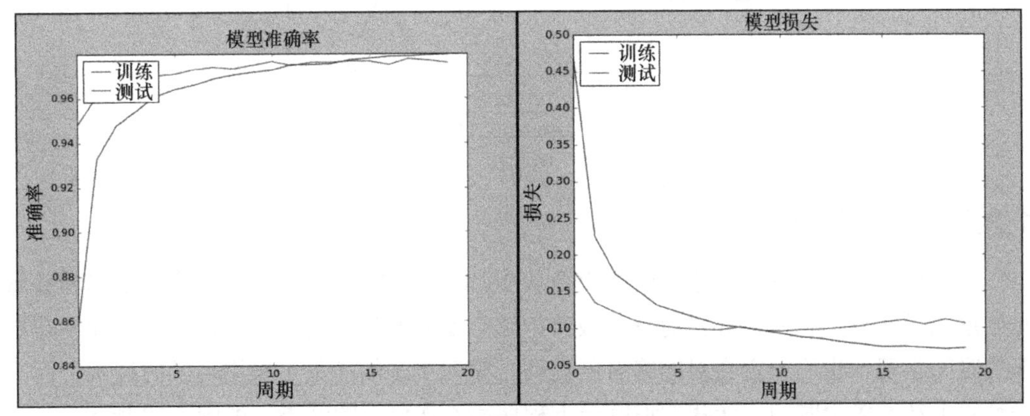

图 1.15

现在我们试试另一个优化器 Adam()。这相当简单，如下：

```
OPTIMIZER = Adam() #优化器
```

正如我们所看到的，Adam 稍好些。使用 Adam，训练 20 轮后，我们在训练集上的准确率达到了 98.28%，验证集上达到了 98.03%，测试集上达到了 97.93%，如图 1.16 所示。

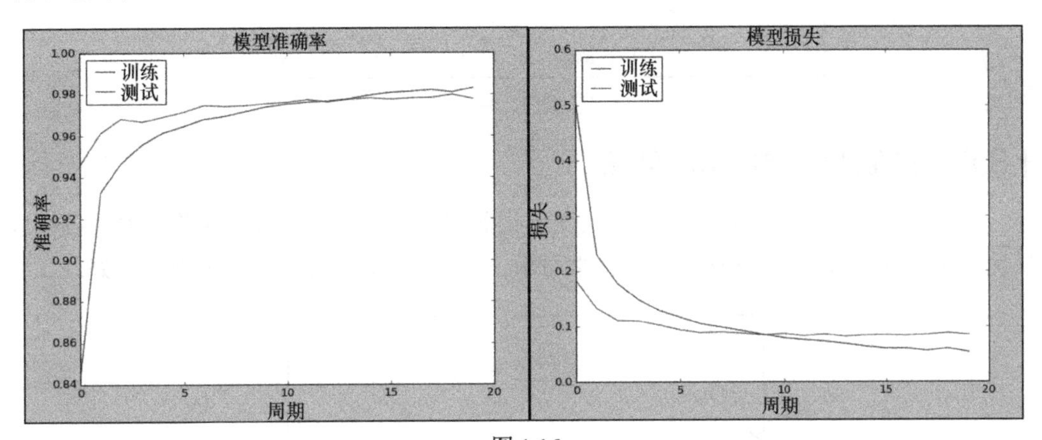

图 1.16

这是我们修改过的第 5 个版本，请记住我们的初始基线是 92.36%。

到目前为止，我们做了渐进式的改进；然而，获得更高的准确率现在越来越难。注意，我们使用了 30%的 dropout 概率进行优化。为完整起见，我们在选用 Adam()作为优化器的条件下，测试其他 dropout 概率下测试集上的准确率报表，如图 1.17 所示。

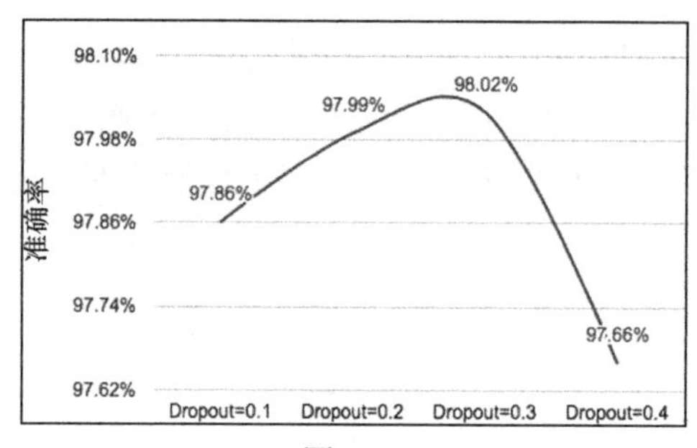

图 1.17

1.3.7　增加训练轮数

让我们尝试将训练中使用的轮转次数从 20 增加到 200，不幸的是，这让我们的计算时间增加了 1 倍，但网络并没有任何改善。这个实验并没成功，但我们知道了即使花更多的时间学习，也不一定会对网络有所提高。学习更多的是关于采用巧妙的技术，而不是计算上花费多少时间。让我们追踪一下程序第 6 次修改的结果，如图 1.18 所示。

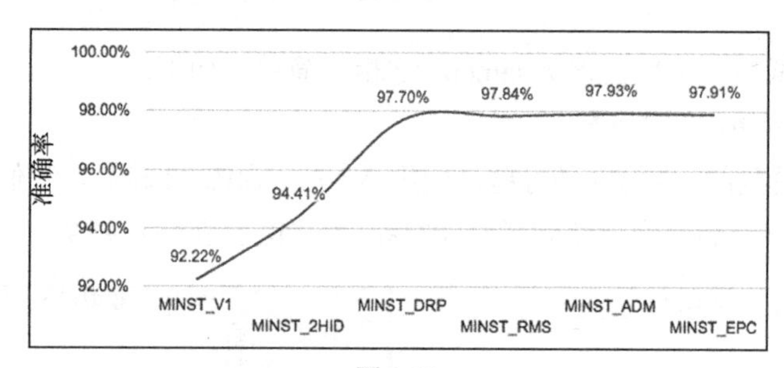

图 1.18

1.3.8　控制优化器的学习率

另外一个我们可以进行的尝试是改变优化器的学习参数。 你可以从图 1.19 中看出，最优值接近 0.001，这是优化器的默认学习率。不错，Adam 优化器表现得非常好。

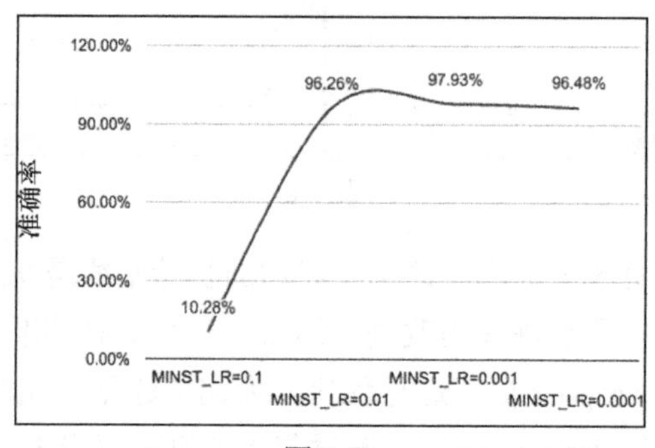

图 1.19

1.3.9 增加内部隐藏神经元的数量

我们还可以做另一个尝试，那就是改变内部隐藏神经元的数量。我们用不断增加的隐藏神经元汇总得出实验结果。我们可以从图 1.20 中看到，通过增加模型的复杂性，运行时间也显著增加，因为有越来越多的参数需要优化。然而，随着网络的增长，我们通过增加网络规模获得的收益也越来越少。

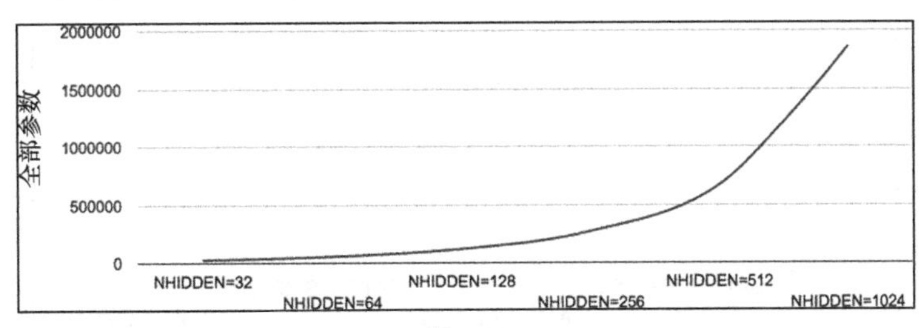

图 1.20

图 1.21 显示了随着隐藏神经元的增多，每次迭代所需的时间。

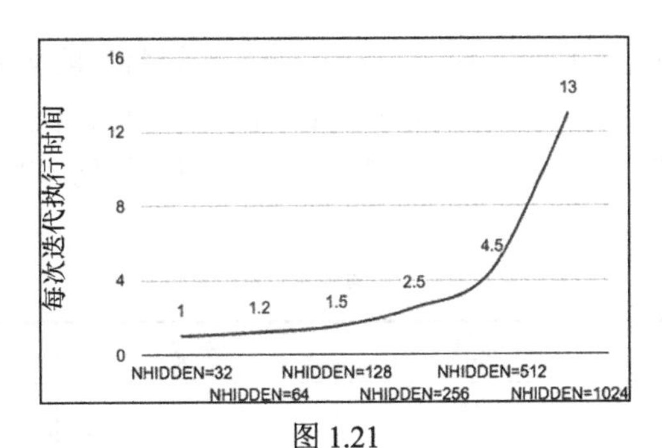

图 1.21

图 1.22 显示了随着隐藏神经元的增多，准确率的变化。

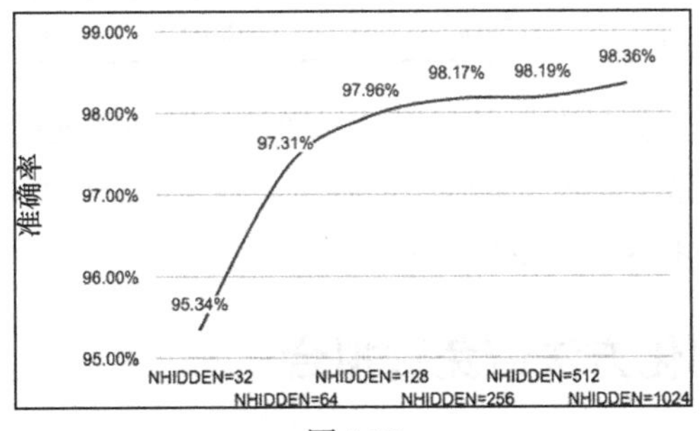

图 1.22

1.3.10　增加批处理的大小

对训练集中提供的所有样例，同时对输入中给出的所有特征，梯度下降都尝试将成本函数最小化。随机梯度下降开销更小，它只考虑 BATCH_SIZE 个样例。因此，让我们看一下改变这个参数时的效果。如图 1.23 所示，最优的准确率在 BATCH_SIZE=128 时取得。

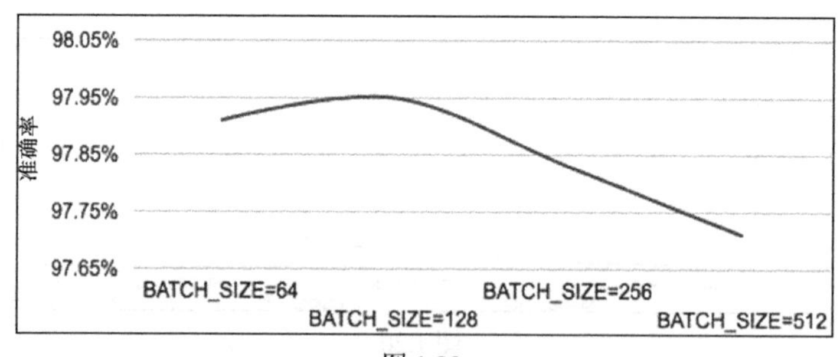

图 1.23

1.3.11　识别手写数字的实验总结

现在我们总结一下：使用 5 种不同的修改，我们可以将性能从 92.36%提高到 97.93%。首先，我们在 Keras 中定义一个简单层的网络；然后，我们通过增加隐藏层提高性能；最后，我们通过添加随机的 dropout 层及尝试不同类型的优化器改善了测试集上的性能。结果汇总如表 1.1 所示。

表 1.1

模型/准确率	训练	验证	测试
Simple	92.36%	92.37%	92.22%
Two hidden(128)	94.50%	94.63%	94.41%
Dropout(30%)	98.10%	97.73%	97.7%(200 次)
RMSprop	97.97%	97.59%	97.84%(20 次)
Adam	98.28%	98.03%	97.93%(20 次)

然而，接下来的两个实验没有显著提高。增加内部神经元的数量会产生更复杂的模型，并需要更昂贵的计算，但它只有微小的收益。即使增加训练轮数，也是同样的结果。最后一个实验是修改优化器的 BATCH_SIZE。

1.3.12　采用正则化方法避免过拟合

直观地说，良好的机器学习模型应在训练数据上取得较低的误差。在数学上，这等同于给定构建好的机器学习模型，使其在训练数据上的损失函数最小化，其公式表示如下：

```
min:{loss(训练数据|模型)}
```

然而，这可能还不够。为捕捉训练数据内在表达的所有关系，模型可能会变得过度复杂。而复杂性的增加可能会产生两个负面后果。第一，复杂的模型可能需要大量的时间来执行；第二，因其所有内在关系都被记忆下来，复杂的模型可能在训练数据上会取得优秀的性能，但在验证数据上的性能却并不好，因为对于全新的数据，模型不能进行很好的泛化。再次重申，学习更多的是关于泛化而非记忆。图 1.24 表示了在验证集和训练集上均呈下降的损失函数。然而，由于过度拟合，验证集上的某一点后，损失函数开始增加，如图 1.24 所示。

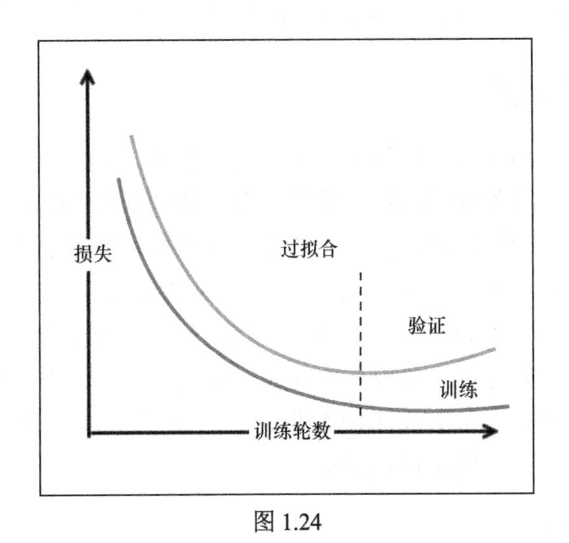

图 1.24

根据经验，如果在训练期间，我们看到损失函数在验证集上初始下降后转为增长，那就是一个过度训练的模型复杂度问题。实际上，过拟合是机器学习中用于准确描述这一问题的名词。

为解决过拟合问题，我们需要一种捕捉模型复杂度的方法，即模型的复杂程度。 解决方案会是什么呢？其实，模型不过是权重向量，因此，模型复杂度可以方便地表示成非零权重的数量。换句话说，如果我们有两个模型 *M*1 和 *M*2，在损失函数上几乎实现了同样的性能，那么我们应选择最简单的包含最小数量非零权重的模型。如下所示，我们可以使用超参数 $\lambda \geqslant 0$ 来控制拥有简单模型的重要性：

```
min:{loss(训练数据|模型)}+λ*complexity(模型)
```

机器学习中用到了 3 种不同类型的正则化方法。

- L1 正则化（也称为 lasso）：模型复杂度表示为权重的绝对值之和
- L2 正则化（也称为 ridge）：模型复杂度表示为权重的平方和
- 弹性网络正则化：模型复杂度通过联合前述两种技术捕捉

注意，相同的正则化方案可以独立地应用于权重、模型和激活函数。

因此，应用正则化方案会是一个提高网络性能的好方法，特别是在明显出现了过拟合的情况下。这些实验可以留给对此感兴趣的读者作为练习。

请注意，Keras 同时支持 L1、L2 和弹性网络这 3 种类型的正则化方法。加入正则化方法很简单。举个例子，这里我们在内核（权重 W）上使用了 L2 正则化方法：

```
from keras import regularizers model.add(Dense(64, input_dim=64,
kernel_regularizer= regularizers.l2(0.01)))
```

关于可用参数的完整说明，请参见 Keras 官网。

1.3.13 超参数调优

上述实验让我们了解了微调网络的可能方式。然而，对一个例子有效的方法不一定对其他例子也有效。对于给定的网络，实际上有很多可以优化的参数（如隐藏神经元的数量、BATCH_SIZE、训练轮数，以及更多关于网络本身复杂度的参数等）。

超参数调优是找到使成本函数最小化的那些参数组合的过程。关键思想是，如果我们有 n 个参数，可以想象成它们定义了一个 n 维空间，目标是找出空间中和成本函数最优值对应的点。实现此目标的一种方法是在该空间中创建一个网格，并系统地检查每个网格顶点的成本函数值。换句话说，这些参数被划分成多个桶，并且通过蛮力法来检查值的不同组合。

1.3.14 输出预测

当网络训练好后，它就可以用于预测。在 Keras 中，这很简单。我们可以使用以下方法：

```
#计算预测
predictions = model.predict(X)
```

对于给定的输入，可以计算出几种类型的输出，包括以下方法。

- model.evaluate()：用于计算损失值
- model.predict_classes()：用于计算输出类别
- model.predict_proba()：用于计算类别概率

1.4 一种实用的反向传播概述

多层感知机通过称为反向传播的过程在训练数据上学习。这是个错误一经发现就逐渐改进的过程。让我们看看它是如何工作的。

请记住，每个神经网络层都有一组相关的权重，用于确定给定输入集合的输出值。此外，还请记住神经网络可以有多个隐藏层。

开始时，所有的权重都是随机分配的。然后，网络被训练集中的每个输入激活：权重值从输入阶段开始向前传播给隐藏层，隐藏层再向前传播给进行输出预测的输出层（注意，在简化图 1.25 中，我们仅用绿色虚线表示几个值，但实际上，所有值都是沿网络前向传播的）。

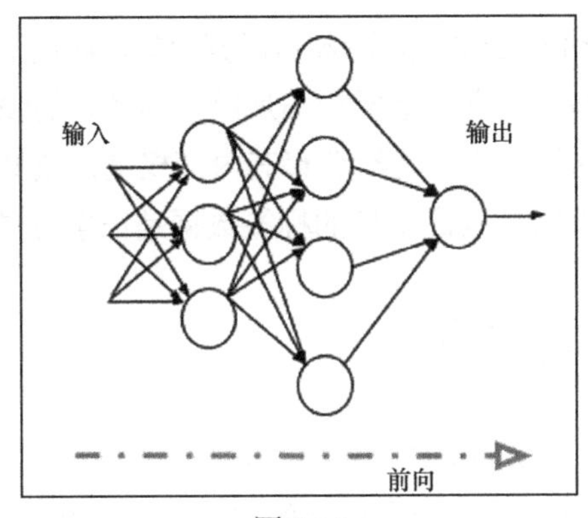

图 1.25

由于我们知道训练集中的真实观察值，因而可以计算预测中产生的误差。回溯的关键点是将误差反向传播，并使用适当的优化器算法，如梯度下降，来调整神经网络的权重，以减小误差（同样为了简单起见，只表示出几个错误值），如图 1.26 所示。

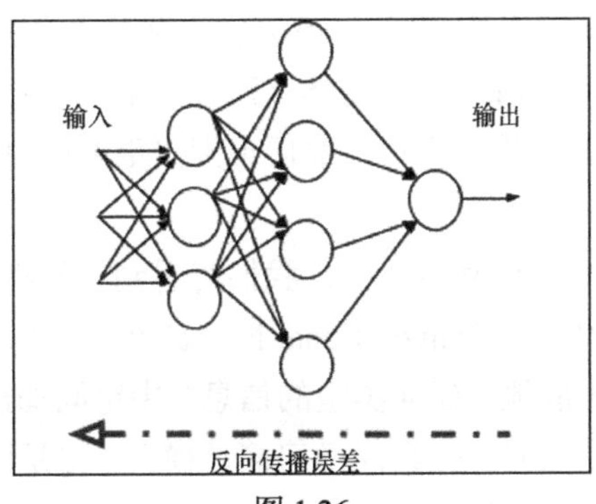

图 1.26

将输入到输出的正向传播和误差的反向传播过程重复几次，直到误差低于预定义的阈值。整个过程如图 1.27 所示。

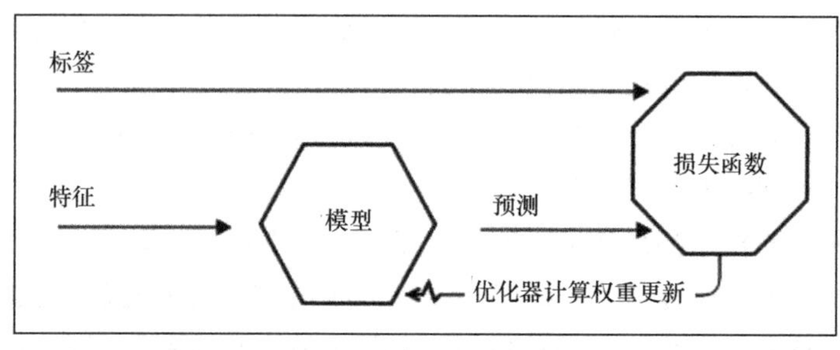

图 1.27

特征表示这里用于驱动学习过程的输入和标签。模型通过这样的方式更新，损失函数被逐渐最小化。在神经网络中，真正重要的不是单个神经元的输出，而是在每层中调整的集体权重。因此，网络以这样的方式逐渐调整其内部权重，预测正确的标签数量也跟着增多。当然，使用正确的集合特征及高质量的标签数据是在学习过程中偏差最小化的基础。

1.5　走向深度学习之路

识别手写数字的同时，我们得出结论，准确率越接近 99%，提升就越困难。如果想要有更多的改进，我们肯定需要一个全新的思路。想一想，我们错过了什么？

基本的直觉是，目前为止，我们丢失了所有与图像的局部空间相关的信息。特别地，这段代码将位图转换成空间局部性消失的平面向量：

```
#X_train 是 60000 行 28x28 的数据，变形为 60000 x 784
X_train = X_train.reshape(60000, 784)
X_test = X_test.reshape(10000, 784)
```

然而，这并非我们大脑工作的方式。请记住，我们的想法是基于多个皮质层，每一层都识别出越来越多的结构化信息，并仍然保留了局部化信息。首先，我们看到单个的像素，然后从中识别出简单的几何形状，最后识别出更多的复杂元素，如物体、面部、人体、动物等。

在第 3 章“深度学习之卷积网络”中，我们将看到一种特殊类型的深度学习网络，这种网络被称为卷积神经网络（Convolutional Neural Network，CNN），它同时考虑了两个方面：既保留图像（更一般地，任何类型的信息）中空间局部性的信息，也保留层次渐进的抽象学习的思想。一层时，你只能学习简单模式；多层时，你可以学习多种模式。在学习 CNN 之前，我们需要了解 Keras 架构方面的内容，并对一些机器学习概念进行实用的介绍。这将是下一章的主题。

1.6 小结

本章中，你学习了神经网络的基础知识。具体包括：什么是感知机，什么是多层感知机，如何在 Keras 中定义神经网络，当确立了良好的基线后如何逐步改进性能，以及如何微调超参数空间。 此外，你现在对一些有用的激活函数（sigmoid 和 ReLU）有了了解，还学习了如何基于反向传播算法来训练网络，如梯度下降、随机梯度下降，或更复杂的方法如 Adam 和 RMSprop。

在下一章中，我们将学习如何在 AWS、微软 Azure、谷歌 Cloud 以及你自己的机器上安装 Keras。除此之外，我们还将给出 Keras API 的概述。

第 2 章
Keras 安装和 API

在上一章中，我们讨论了神经网络的基本原理，并给出了几个可用于识别 MNIST 手写数字的神经网络实例。

本章将给大家介绍如何安装 Keras、Theano 和 TensorFlow，并逐步生成一个可实际运行的环境，以使大家在短时间内快速地由直观印象进入到可运行的神经网络世界。我们还将介绍基于 docker 容器架构下的安装方法，以及谷歌 GCP、亚马逊 AWS 和微软 Azure 云环境下的安装。此外，我们会概括性介绍 Keras 的 API，以及一些常见的使用操作，如加载和保存神经网络架构和权重、早期停止、历史信息保存、检查点，以及与 TensorBoard 和 Quiver 的交互等。我们开始吧。

到本章结束，我们将涵盖以下主题：

- 安装和配置 Keras
- Keras 的架构

2.1 安装 Keras

下面的部分，我们会演示如何在多个不同的平台上安装 Keras。

2.1.1 第 1 步——安装依赖项

首先，我们安装 numpy 包，这个包为大型多维数组和矩阵以及高级数学函数提供了支持。

然后，我们来安装用于科学计算的 scipy 库。之后，比较合适的是安装 scikit-learn 包，这个包被认为是 Python 用于机器学习的“瑞士军刀”。这里，我们用它来做数据探索。作为可选项，我们还可以安装用于图像处理的 pillow 包以及 Keras 模型存储中用于数据序列化的 h5py 包。单一的命令行就可以完成所有安装。或者，我们也可以安装

Anaconda Python，它会自动安装 numpy、scipy、scikit-learn、h5py、pillow 以及许多其他用于科学计算的包（更多信息，请参考《Batch Normalization: Accelerating Deep Network Training by Reducing Internal Covariate Shift》，作者 S. Ioffe 和 C. Szegedy, arXiv.org/abs/1502.03167，2015）。你可以在 Anaconda Python 官方站点找到这些包。图 2.1 展示了如何为我们的机器安装这些包。

```
code — -bash — 103×20
gulli-macbookpro:code gulli$ pip install numpy scipy scikit-learn pillow h5py
Collecting numpy
  Using cached numpy-1.11.2-cp27-cp27m-macosx_10_6_intel.macosx_10_9_intel.macosx_10_9_x86_64.macosx_10
_10_intel.macosx_10_10_x86_64.whl
Collecting scipy
  Using cached scipy-0.18.1-cp27-cp27m-macosx_10_6_intel.macosx_10_9_intel.macosx_10_9_x86_64.macosx_10
_10_intel.macosx_10_10_x86_64.whl
Collecting scikit-learn
  Using cached scikit_learn-0.18.1-cp27-cp27m-macosx_10_6_intel.macosx_10_9_intel.macosx_10_9_x86_64.ma
cosx_10_10_intel.macosx_10_10_x86_64.whl
Collecting pillow
  Using cached Pillow-3.4.2-cp27-cp27m-macosx_10_6_intel.macosx_10_9_intel.macosx_10_9_x86_64.macosx_10
_10_intel.macosx_10_10_x86_64.whl
Collecting h5py
  Using cached h5py-2.6.0-cp27-cp27m-macosx_10_6_intel.macosx_10_9_intel.macosx_10_9_x86_64.macosx_10_1
0_intel.macosx_10_10_x86_64.whl
Requirement already satisfied: six in /Users/gulli/miniconda2/lib/python2.7/site-packages (from h5py)
Installing collected packages: numpy, scipy, scikit-learn, pillow, h5py
Successfully installed h5py-2.6.0 numpy-1.11.2 pillow-3.4.2 scikit-learn-0.18.1 scipy-0.18.1
gulli-macbookpro:code gulli$
```

图 2.1

2.1.2 第 2 步——安装 Theano

我们可以借助 pip 安装 Theano，如图 2.2 所示。

```
google-cloud-sdk — root@7b599d0dcaeb: / — -bash — 117×8
gulli-macbookpro:google-cloud-sdk gulli$ pip install Theano
Collecting Theano
Requirement already satisfied: numpy>=1.7.1 in /Users/gulli/miniconda2/lib/python2.7/site-packages (from Theano)
Requirement already satisfied: scipy>=0.11 in /Users/gulli/miniconda2/lib/python2.7/site-packages (from Theano)
Requirement already satisfied: six>=1.9.0 in /Users/gulli/miniconda2/lib/python2.7/site-packages (from Theano)
Installing collected packages: Theano
Successfully installed Theano-0.8.2
gulli-macbookpro:google-cloud-sdk gulli$
```

图 2.2

2.1.3 第 3 步——安装 TensorFlow

现在我们按照 TensorFlow 网站的指南来安装 TensorFlow。我们仍将借助 pip 来安装正确的包，如图 2.3 所示。例如，如果我们需要使用 GPU，找到合适的包就很重要。

```
code — -bash — 103×27
gulli-macbookpro:code gulli$ export TF_BINARY_URL=https://storage.googleapis.com/tensorflow/mac/cpu/ten
sorflow-0.11.0-py2-none-any.whl
gulli-macbookpro:code gulli$ sudo pip install --upgrade $TF_BINARY_URL --ignore-installed
Collecting tensorflow==0.11.0 from https://storage.googleapis.com/tensorflow/mac/cpu/tensorflow-0.11.0-
py2-none-any.whl
  Using cached https://storage.googleapis.com/tensorflow/mac/cpu/tensorflow-0.11.0-py2-none-any.whl
Collecting mock>=2.0.0 (from tensorflow==0.11.0)
  Using cached mock-2.0.0-py2.py3-none-any.whl
Collecting protobuf==3.0.0 (from tensorflow==0.11.0)
  Using cached protobuf-3.0.0-py2.py3-none-any.whl
Collecting numpy>=1.11.0 (from tensorflow==0.11.0)
  Using cached numpy-1.11.2-cp27-cp27m-macosx_10_6_intel.macosx_10_9_intel.macosx_10_9_x86_64.macosx_10
_10_intel.macosx_10_10_x86_64.whl
Collecting wheel (from tensorflow==0.11.0)
  Using cached wheel-0.29.0-py2.py3-none-any.whl
Collecting six>=1.10.0 (from tensorflow==0.11.0)
  Using cached six-1.10.0-py2.py3-none-any.whl
Collecting funcsigs>=1; python_version < "3.3" (from mock>=2.0.0->tensorflow==0.11.0)
  Using cached funcsigs-1.0.2-py2.py3-none-any.whl
Collecting pbr>=0.11 (from mock>=2.0.0->tensorflow==0.11.0)
  Using cached pbr-1.10.0-py2.py3-none-any.whl
Collecting setuptools (from protobuf==3.0.0->tensorflow==0.11.0)
  Using cached setuptools-28.8.0-py2.py3-none-any.whl
Installing collected packages: six, funcsigs, pbr, mock, setuptools, protobuf, numpy, wheel, tensorflow
Successfully installed funcsigs-1.0.2 mock-2.0.0 numpy-1.11.2 pbr-1.10.0 protobuf-3.0.0 setuptools-28.8
.0 six-1.10.0 tensorflow-0.11.0 wheel-0.29.0
gulli-macbookpro:code gulli$
```

图 2.3

2.1.4　第 4 步——安装 Keras

现在，我们可以简单地安装 Keras，然后来测试安装好的环境，方法相当简单，我们还是用 pip，如图 2.4 所示。

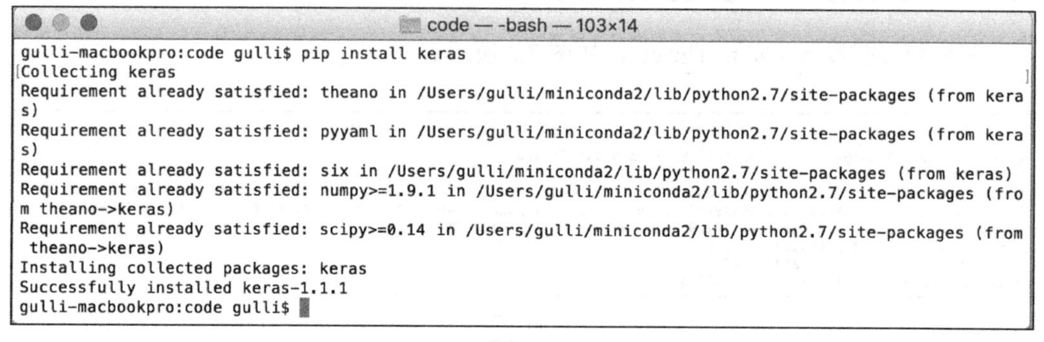

图 2.4

2.1.5　第 5 步——测试 Theano、TensorFlow 和 Keras

现在来测试环境。我们先看看如何在 Theano 中定义 sigmoid 函数，如你所见，非常简单，我们只需写下数据公式，并按矩阵元素作函数计算即可。打开 Python shell，编写图 2.5 所示的代码并运行就会得到结果。

```
code — python — 103×9
>>> import theano
>>> import theano.tensor as T
>>> x = T.dmatrix('x')
>>> s = 1 / (1 + T.exp(-x))
>>> logistic = theano.function([x], s)
>>> logistic([[0, 1], [-1, -2]])
array([[ 0.5       ,  0.73105858],
       [ 0.26894142,  0.11920292]])
>>>
```

图 2.5

现在 Therno 好了，我们来测试一下 TensorFlow，如图 2.6 所示，我们简单地导入 MNIST 数据集，在第 1 章“神经网络基础”中我们已经看到一些可运行的 Keras 网络实例。

```
code — python — 103×17
gulli-macbookpro:code gulli$ python
Python 2.7.12 |Continuum Analytics, Inc.| (default, Jul  2 2016, 17:43:17)
[GCC 4.2.1 (Based on Apple Inc. build 5658) (LLVM build 2336.11.00)] on darwin
Type "help", "copyright", "credits" or "license" for more information.
Anaconda is brought to you by Continuum Analytics.
Please check out: http://continuum.io/thanks and https://anaconda.org
>>> from tensorflow.examples.tutorials.mnist import input_data
>>> mnist = input_data.read_data_sets("MNIST_data/", one_hot=True)
Successfully downloaded train-images-idx3-ubyte.gz 9912422 bytes.
Extracting MNIST_data/train-images-idx3-ubyte.gz
Successfully downloaded train-labels-idx1-ubyte.gz 28881 bytes.
Extracting MNIST_data/train-labels-idx1-ubyte.gz
Successfully downloaded t10k-images-idx3-ubyte.gz 1648877 bytes.
Extracting MNIST_data/t10k-images-idx3-ubyte.gz
Successfully downloaded t10k-labels-idx1-ubyte.gz 4542 bytes.
Extracting MNIST_data/t10k-labels-idx1-ubyte.gz
>>>
```

图 2.6

2.2　配置 Keras

Keras 有一个最小配置集文件。我们在 vi 中把这个文件打开，参数都很简单，如表 2.1 所示。

表 2.1

参数	取值
image_dim_ordering	值为 tf 代表 TensorFlow 的图像顺序，值代表 th 代表 Theano 的图像顺序
epsilon	计算中使用的 epsilon 值
floatx	可为 float32 或 float64
backend	可为 tensorflow 或 theano

参数 image_dim_ordering 的取值看起来有点不太直观，值为 th 时，代表了图像通道顺序为（深、宽、高），取值为 tf 时顺序为（宽、高、深）。图 2.7 所示为我们本机的默认参数配置。

```
code — vi ~/.keras/keras.json — 103×8
{
    "image_dim_ordering": "th",
    "epsilon": 1e-07,
    "floatx": "float32",
    "backend": "tensorflow"
}
~
"~/.keras/keras.json" [noeol] 6L, 113C
```

图 2.7

如果你安装的 TensorFlow 版本启用了 GPU，那么当 TensorFlow 被设置为 backend 的时候，Keras 就会自动使用你配置好的 GPU。

2.3 在 Docker 上安装 Keras

开始使用 TensorFlow 和 Keras 的比较简单的方式是在 Docker 容器中运行。一个比较便捷的方案是使用社区创建的预定义的 Docker 深度学习镜像，它包括了所有流行的深度学习框架（TensorFlow、Theano、Torch、Caffe 等）。代码文件请参考 GitHub 库：https://github.com/saiprashanths/dl-docker。假设你已经安装了 Docker 并运行起来（更多信息，请参考 Docker 官网），安装非常简单，如图 2.8 所示。

```
gulli-macbookpro:dl-docker gulli$ git clone https://github.com/saiprashanths/dl-docker
.git
Cloning into 'dl-docker'...
remote: Counting objects: 89, done.
remote: Total 89 (delta 0), reused 0 (delta 0), pack-reused 89
Unpacking objects: 100% (89/89), done.
gulli-macbookpro:dl-docker gulli$
```

图 2.8

我们从 Git 获取镜像后的编译过程如图 2.9 所示。

```
gulli-macbookpro:dl-docker gulli$ cd dl-docker/
gulli-macbookpro:dl-docker gulli$ docker build -t floydhub/dl-docker:cpu -f Dockerfile
.cpu .
Sending build context to Docker daemon 284.2 kB
Step 1 : FROM ubuntu:14.04
 ---> 3f755ca42730
Step 2 : MAINTAINER Sai Soundararaj <saip@outlook.com>
 ---> Using cache
 ---> af02b42bde1c
Step 3 : ARG THEANO_VERSION=rel-0.8.2
 ---> Using cache
 ---> c8d03ba70cff
Step 4 : ARG TENSORFLOW_VERSION=0.8.0
 ---> Using cache
 ---> de0ed51e5732
Step 5 : ARG TENSORFLOW_ARCH=cpu
 ---> Using cache
 ---> 270d4bfbccaa
Step 6 : ARG KERAS_VERSION=1.0.3
 ---> Using cache
 ---> 61219a95474f
Step 7 : ARG LASAGNE_VERSION=v0.1
 ---> Using cache
 ---> 585e125f1e76
Step 8 : ARG TORCH_VERSION=latest
 ---> Using cache
 ---> fa5c4246c2ec
Step 9 : ARG CAFFE_VERSION=master
 ---> Using cache
 ---> 989ad8491f04
Step 10 : RUN apt-get update && apt-get install -y          bc          build-
```

图 2.9

如图 2.10 所示，我们看一下如何运行它。

```
gulli-macbookpro:dl-docker gulli$ docker run -it -p 8888:8888 -p 6006:6006 floydhub/dl
-docker:cpu bash
root@780e0d54bfc0:~# ls
caffe  iTorch  run_jupyter.sh  torch
root@780e0d54bfc0:~#
```

图 2.10

我们可以从容器内激活对 Jupyter Notebooks 的支持（更多信息，请参考 Jupyter 官网），如图 2.11 所示。

```
root@780e0d54bfc0:~# sh run_jupyter.sh
[I 10:51:17.489 NotebookApp] Copying /root/.ipython/kernels -> /root/.local/share/jupy
ter/kernels
[I 10:51:17.498 NotebookApp] Writing notebook server cookie secret to /root/.local/sha
re/jupyter/runtime/notebook_cookie_secret
[W 10:51:17.520 NotebookApp] WARNING: The notebook server is listening on all IP addre
sses and not using encryption. This is not recommended.
[I 10:51:17.536 NotebookApp] Serving notebooks from local directory: /root
[I 10:51:17.536 NotebookApp] 0 active kernels
[I 10:51:17.537 NotebookApp] The Jupyter Notebook is running at: http://[all ip addres
ses on your system]:8888/?token=503b59dc969d43f588638e3bd153dd1525837ff46d7b1eb9
[I 10:51:17.537 NotebookApp] Use Control-C to stop this server and shut down all kerne
ls (twice to skip confirmation).
[C 10:51:17.539 NotebookApp]

    Copy/paste this URL into your browser when you connect for the first time,
    to login with a token:
        http://localhost:8888/?token=503b59dc969d43f588638e3bd153dd1525837ff46d7b1eb9
[I 10:51:32.547 NotebookApp] 302 GET / (172.17.0.1) 0.60ms
[I 10:51:32.553 NotebookApp] 302 GET /tree? (172.17.0.1) 0.86ms
[I 10:51:40.207 NotebookApp] 302 GET /?token=503b59dc969d43f588638e3bd153dd1525837ff46
d7b1eb9 (172.17.0.1) 0.36ms
```

图 2.11

直接通过宿主机端口访问，如图 2.12 所示。

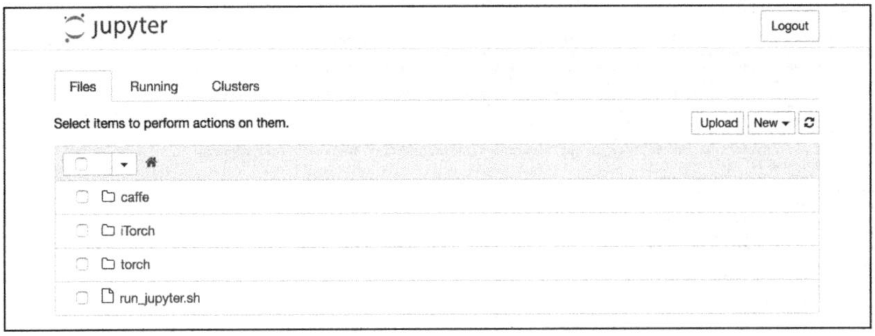

图 2.12

也可以通过图 2.13 所示的命令访问 TensorBoard，我们将在下一节介绍这个命令。

```
root@7b599d0dcaeb:~# tensorboard --logdir .
```

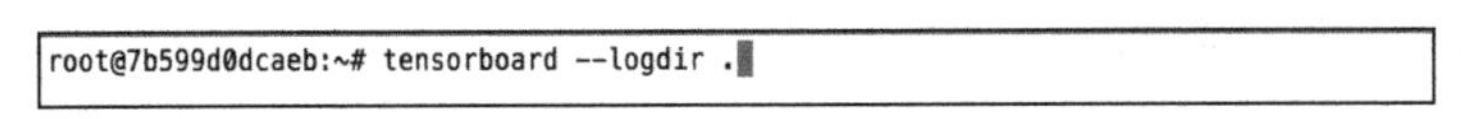

图 2.13

运行完上面的命令后，你将被重定向到以下页面，如图 2.14 所示。

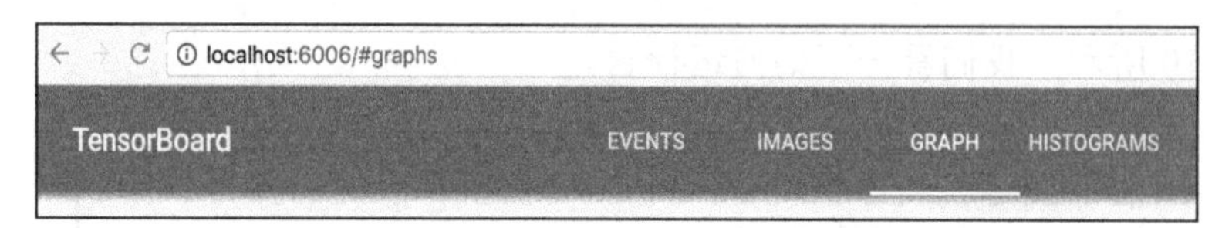

图 2.14

2.4 在谷歌 Cloud ML 上安装 Keras

在谷歌 Cloud 上安装 Keras 非常简单。首先，我们要安装谷歌 Cloud（安装文件下载，请参考 https://cloud.google.com/sdk/），它是谷歌 Cloud Platform 的一个命令行界面；然后，我们就可以使用 CloudML，一个可以让我们很容易通过 TensorFlow 构建机器学习模型的托管服务。在使用 Keras 之前，让我们利用谷歌 Cloud 上的 TensorFlow 训练来自 GitHub 的 MNIST 可用实例。代码是本地的，训练在 Cloud 端进行，如图 2.15 所示。

```
gulli-macbookpro:google-cloud-sdk gulli$ git clone https://github.com/GoogleCloudPlatform/cloudml-samples/
Cloning into 'cloudml-samples'...
remote: Counting objects: 118, done.
remote: Total 118 (delta 0), reused 0 (delta 0), pack-reused 118
Receiving objects: 100% (118/118), 84.40 KiB | 0 bytes/s, done.
Resolving deltas: 100% (49/49), done.
gulli-macbookpro:google-cloud-sdk gulli$
```

图 2.15

如图 2.16 所示，你可以看见如何运行一个训练会话。

```
gulli-macbookpro:codeBook gulli$ cd cloudml-samples/mnist/trainable/
gulli-macbookpro:trainable gulli$ ls
trainer
gulli-macbookpro:trainable gulli$ gcloud beta ml local train   --package-path=trainer   --module-name=trainer.task
Successfully downloaded train-images-idx3-ubyte.gz 9912422 bytes.
Extracting /var/folders/dx/s5b40ll92sz_sls6btf35mjr00cn0l/T/tmpcARkfj/train-images-idx3-ubyte.gz
Successfully downloaded train-labels-idx1-ubyte.gz 28881 bytes.
Extracting /var/folders/dx/s5b40ll92sz_sls6btf35mjr00cn0l/T/tmpcARkfj/train-labels-idx1-ubyte.gz
Successfully downloaded t10k-images-idx3-ubyte.gz 1648877 bytes.
Extracting /var/folders/dx/s5b40ll92sz_sls6btf35mjr00cn0l/T/tmpcARkfj/t10k-images-idx3-ubyte.gz
Successfully downloaded t10k-labels-idx1-ubyte.gz 4542 bytes.
Extracting /var/folders/dx/s5b40ll92sz_sls6btf35mjr00cn0l/T/tmpcARkfj/t10k-labels-idx1-ubyte.gz
Step 0: loss = 2.32 (0.018 sec)
Step 100: loss = 2.19 (0.002 sec)
Step 200: loss = 1.94 (0.002 sec)
Step 300: loss = 1.64 (0.002 sec)
Step 400: loss = 1.30 (0.002 sec)
Step 500: loss = 0.95 (0.002 sec)
Step 600: loss = 0.80 (0.002 sec)
Step 700: loss = 0.67 (0.002 sec)
Step 800: loss = 0.62 (0.002 sec)
Step 900: loss = 0.48 (0.002 sec)
Training Data Eval:
  Num examples: 55000  Num correct: 47295  Precision @ 1: 0.8599
Validation Data Eval:
  Num examples: 5000  Num correct: 4347  Precision @ 1: 0.8694
Test Data Eval:
  Num examples: 10000  Num correct: 8649  Precision @ 1: 0.8649
Step 1000: loss = 0.58 (0.018 sec)
Step 1100: loss = 0.49 (0.115 sec)
Step 1200: loss = 0.49 (0.002 sec)
Step 1300: loss = 0.48 (0.002 sec)
Step 1400: loss = 0.46 (0.002 sec)
Step 1500: loss = 0.34 (0.002 sec)
Step 1600: loss = 0.49 (0.002 sec)
Step 1700: loss = 0.29 (0.002 sec)
Step 1800: loss = 0.35 (0.002 sec)
Step 1900: loss = 0.39 (0.002 sec)
Training Data Eval:
  Num examples: 55000  Num correct: 49243  Precision @ 1: 0.8953
Validation Data Eval:
  Num examples: 5000  Num correct: 4519  Precision @ 1: 0.9038
Test Data Eval:
  Num examples: 10000  Num correct: 9000  Precision @ 1: 0.9000
gulli-macbookpro:trainable gulli$
```

图 2.16

我们可以通过 TensorFlow 查看交叉熵如何随迭代递减，如图 2.17 所示。

```
gulli-macbookpro:trainable gulli$ tensorboard --logdir=data/ --port=8080
Starting TensorBoard 29 on port 8080
```

图 2.17

如图 2.18 所示，我们可以看到交叉熵的变化趋势。

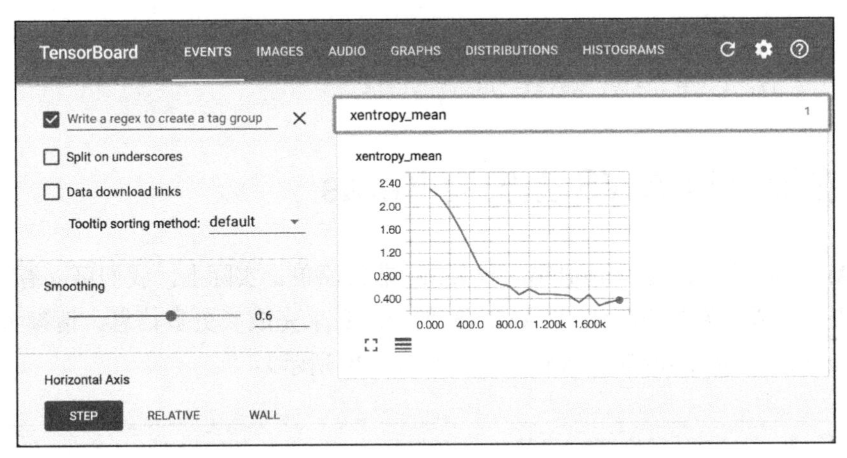

图 2.18

现在，我们想在 TensorFlow 上应用 Keras，我们只需从 PyPI 上下载 Keras 源文件（下载请参考 https://pypi.Python.org/pypi/Keras/1.2.0 或更新版本），并直接把 Keras 作为 CloudML 的解决方案包来使用即可，如图 2.19 所示。

```
gulli-macbookpro:trainable gulli$ gcloud beta ml local train   --package-path=trainer --package-path=../../../CloudML/fchol
let-keras-1.2.0-0-g12d068f.tar.gz  --module-name=trainer.task2
Using TensorFlow backend.
(0, 'input_1', (None, 224, 224, 3))
(1, 'block1_conv1', (None, 224, 224, 64))
(2, 'block1_conv2', (None, 224, 224, 64))
(3, 'block1_pool', (None, 112, 112, 64))
(4, 'block2_conv1', (None, 112, 112, 128))
(5, 'block2_conv2', (None, 112, 112, 128))
(6, 'block2_pool', (None, 56, 56, 128))
(7, 'block3_conv1', (None, 56, 56, 256))
(8, 'block3_conv2', (None, 56, 56, 256))
(9, 'block3_conv3', (None, 56, 56, 256))
(10, 'block3_pool', (None, 28, 28, 256))
(11, 'block4_conv1', (None, 28, 28, 512))
(12, 'block4_conv2', (None, 28, 28, 512))
(13, 'block4_conv3', (None, 28, 28, 512))
(14, 'block4_pool', (None, 14, 14, 512))
(15, 'block5_conv1', (None, 14, 14, 512))
(16, 'block5_conv2', (None, 14, 14, 512))
(17, 'block5_conv3', (None, 14, 14, 512))
(18, 'block5_pool', (None, 7, 7, 512))
(19, 'flatten', (None, 25088))
(20, 'fc1', (None, 4096))
(21, 'fc2', (None, 4096))
(22, 'predictions', (None, 1000))
gulli-macbookpro:trainable gulli$ ls
data    trainer
gulli-macbookpro:trainable gulli$ 
```

图 2.19

trainer.task2.py 是一个实例脚本，如下所示。

```
from keras.applications.vgg16 import VGG16
from keras.models import Model
from keras.preprocessing import image
from keras.applications.vgg16 import preprocess_input
import numpy as np

#预编译并预训练 VGG16 模型
base_model = VGG16(weights='imagenet', include_top=True)
for i, layer in enumerate(base_model.layers):
  print (i, layer.name, layer.output_shape)
```

2.5　在亚马逊 AWS 上安装 Keras

在 Amazon 云上安装 TensorFlow 和 Keras 非常简单。实际上，我们可以借助一个预编译好并且开源、免费的叫作 TFAMI.v3 的 AMI 来完成（更多信息，请参考 https://github.com/ritchieng/tensorflow-aws-ami），如图 2.20 所示。

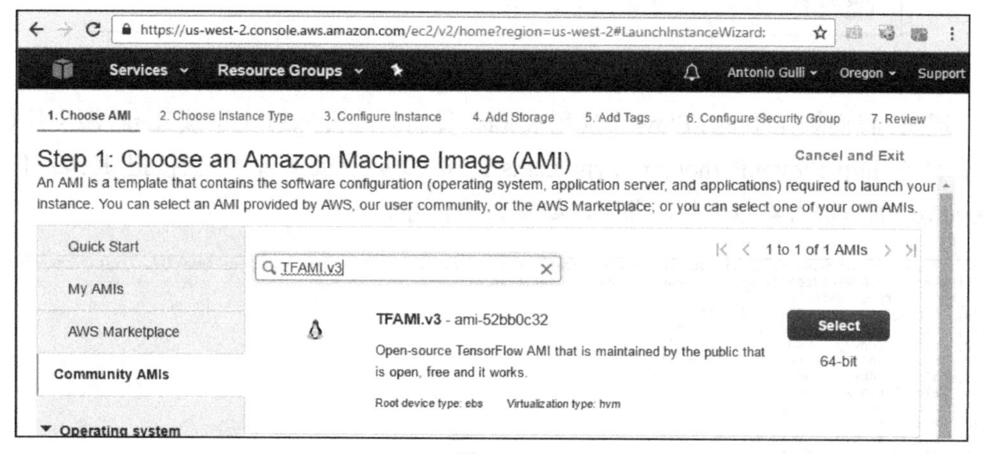

图 2.20

AMI 在 5 分钟内就可以启用一个搭建好的 TensorFlow 环境，并支持 TensorFlow、Keras、OpenAI Gym，以及所有的依赖项。截至 2017 年 1 月，AMI 支持下列技术：

- TensorFlow 0.12
- Keras 1.1.0
- TensorLayer 1.2.7
- CUDA 8.0
- CuDNN 5.1

- Python 2.7
- Ubuntu 16.04

此外，TFAMI.v3 可以运行在 P2 计算实例上（更多信息，请参考亚马逊 AWS 官网），如图 2.21 所示。

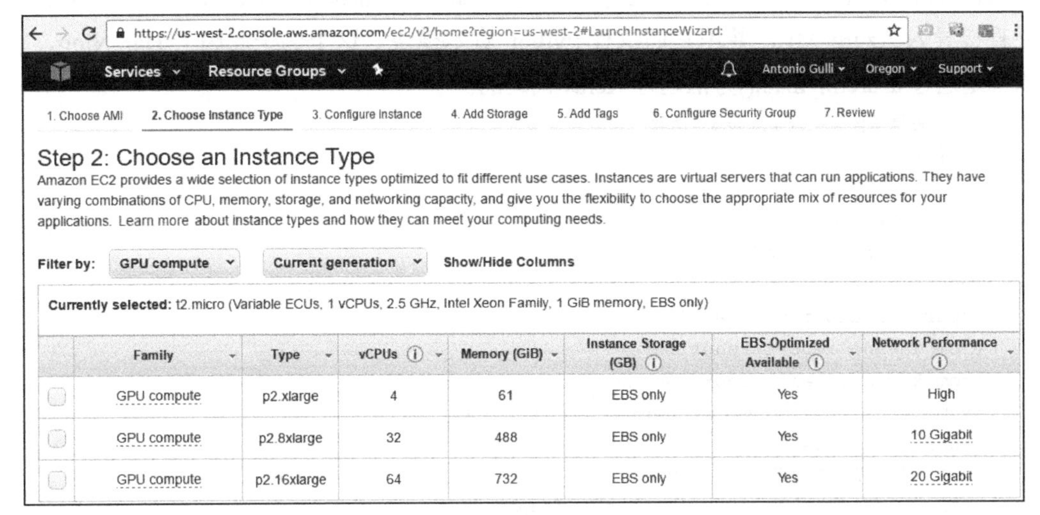

图 2.21

P2 实例的一些特征如下：

- Intel Xeon E5-2686v4(Broadwell)处理器
- NVIDIA K80 GPU，每个 GPU 有 2 496 个并发核心和 12GB 内存
- 支持端到端的 GPU 通信
- 提供增强的 20Gbit/s 的聚合网络带宽

TFAMI.v3 也能运行在 G2 计算实例上（更多信息，请参考亚马逊 AWS 官网），G2 实例的一些特征如下：

- Intel Xeon E5-2670 (Sandy Bridge) 处理器
- NVIDIA GPU，每个 GPU 有 1536 个 CUDA 核心和 4GB 的显存

2.6 在微软 Azure 上安装 Keras

在 Azure 上安装 Keras 的一种方式是通过安装 Docker 的支持，并获得已容器化的 TensorFlow 和 Keras 版本。我们也可以通过网上找到一套用 Docker 安装 TensorFlow 和 Keras 的说明，但本质上和我们前面小节介绍过的一样（更多信息，请参考 https://blogs.

msdn.microsoft.com/uk_faculty_connection/2016/09/26/tensorflow-on-docker-with-microsoft-azure/）。

如果只用 Theano 作唯一后端，那么你只需要点一下鼠标，从 Cortana 智能库下载一个预编译包就能运行 Keras 了（更多信息，请参考 https://gallery.cortanaintelligence.com/Experiment/Theano-Keras-1）。下面的例子演示了如何把 Theano 和 Keras 作为一个 ZIP 文件直接导入 Azure ML，并用它们执行 Python 脚本模块。这个例子起因于 Hai Ning，它内部是通过 azureml_main()方法运行 Keras 代码的。

```
#脚本必须包含 azureml_main 函数
#它是模块儿的入口

#导入要用到的库
import pandas as pd
import theano
import theano.tensor as T
from theano import function
from keras.models import Sequential
from keras.layers import Dense, Activation
import numpy as np
#入口函数最多可包含两个输入参数:
# Param<dataframe1>: a pandas.DataFrame
# Param<dataframe2>: a pandas.DataFrame
def azureml_main(dataframe1 = None, dataframe2 = None):
    #这里开始执行逻辑代码
    # print('Input pandas.DataFrame #1:rnrn{0}'.format(dataframe1))

    #如果三方输入的 zip 文件已连接，将其解压缩到目录".Script Bundle"。这个目录会加入到
sys.path。因此，如果你的 zip 文件中包含 Python 代码文件 mymodule.py，可以使用 import mymodule 导
入
      model = Sequential()
      model.add(Dense(1, input_dim=784, activation="relu"))
      model.compile(optimizer='rmsprop', loss='binary_crossentropy',
  metrics=['accuracy'])
      data = np.random.random((1000,784))
      labels = np.random.randint(2, size=(1000,1))
      model.fit(data, labels, nb_epoch=10, batch_size=32)
      model.evaluate(data, labels)

      return dataframe1,
```

图 2.22 所示是一个通过微软 Azure ML 运行 Theano 和 Keras 的例子。

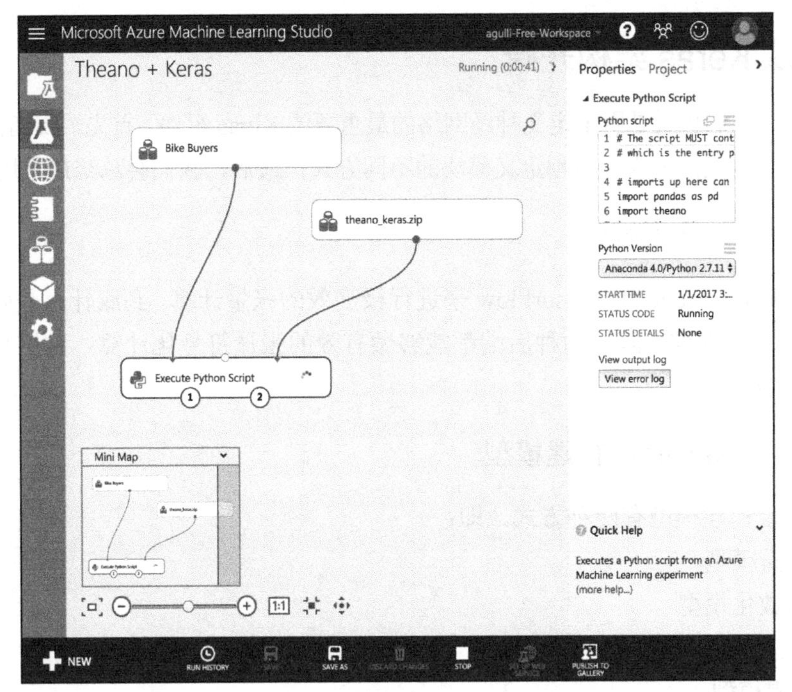

图 2.22

2.7 Keras API

Keras 是一个模块化、最小化并且非常容易扩展的架构，它的开发者 Francois Chollet 说：

“当时开发这个库的目的是为了快速的实验，能够在最短的时间里把想法转换成结果，而这正是好的研究的关键。”

Keras 定义了运行于 TensorFlow 或 Theano 上的高端的神经网络。其具体特点如下。

- **模块化**：一个模型就是一些独立模块的序列化或者图形化组合，它们就像乐高积木一样可以联合起来搭建神经网络。换句话说，这个库预定义了大量的不同类型的神经网络层的实现，如成本函数、优化器、初始化方案、激活函数，以及正则化方案等。
- **最小化**：本库使用 Python 实现，每个模块都简短并自我描述。
- **易扩展性**：这个库可以扩展出新的功能，我们将在第 7 章“其他深度学习模型”中讲述。

2.7.1　从 Keras 架构开始

本节中，我们将看看用来定义神经网络的最重要的 Keras 组件。首先，我们会给出张量的定义；然后，我们讨论组成预定义模块的不同方式；最后，我们会总结最常用的部分。

2.7.1.1　什么是张量

Keras 使用 Theano 或 TensorFlow 来进行极高效的张量计算。到底什么是张量呢？其实张量就是一个多维矩阵。两种后端都能够做有效的张量符号化计算，而这正是构建神经网络的基础组成部分。

2.7.1.2　用 Keras 构建模型

用 Keras 构建模型有两种方式，即：

- 序贯模型
- 函数化模型

以下进行详细地介绍。

1. 序贯模型

第一种方法就是序列化的组成，类似堆栈或队列，我们把不同的预定义模型按照线性的管道层放到一起。在第 1 章“神经网络基础”中，我们讲到过几个序列化管道的例子。举个例子：

```
model = Sequential()
model.add(Dense(N_HIDDEN, input_shape=(784,)))
model.add(Activation('relu'))
model.add(Dropout(DROPOUT))
model.add(Dense(N_HIDDEN))
model.add(Activation('relu'))
model.add(Dropout(DROPOUT))
model.add(Dense(nb_classes))
model.add(Activation('softmax'))
model.summary()
```

2. 函数化模型

第二种构造模块的方法是通过函数 API。这种方法可以定义复杂的模型，如有向无环图、共享层模型、多输出模型等。在第 7 章“其他深度学习模型”中我们会看到这样的例子。

2.7.2　预定义神经网络层概述

Keras 预定义了大量的神经网络层，我们来看一下最常使用的部分，并且看看哪些在接下来的章节中会较多用到。

2.7.2.1 常规的 dense 层

一个 dense 的模型就是一个全连接的模型。我们在第 1 章“神经网络基础”中已经看到过这样的例子。下面是参数定义的原型：

```
keras.layers.core.Dense(units, activation=None, use_bias=True,
kernel_initializer='glorot_uniform', bias_initializer='zeros',
kernel_regularizer=None, bias_regularizer=None, activity_regularizer=None,
kernel_constraint=None, bias_constraint=None)
```

2.7.2.2 循环神经网络：简单 RNN、LSTM 和 GRU

循环神经网络（Recurrent Neural Network，RNN）是一类利用了输入内容的有序化特性的神经网络。这样的输入可以是一段文本、一段演说、时间序列或者其他任何序列中元素对其之前的元素有依赖的内容。我们将在第 6 章“循环神经网络——RNN”中讨论 SimpleRNN、LSTM 和 GRU 这 3 种循环神经网络。下面是这些参数定义的原型。

```
keras.layers.recurrent.Recurrent(return_sequences=False,
go_backwards=False, stateful=False, unroll=False, implementation=0)

keras.layers.recurrent.SimpleRNN(units, activation='tanh', use_bias=True,
kernel_initializer='glorot_uniform', recurrent_initializer='orthogonal',
bias_initializer='zeros', kernel_regularizer=None,
recurrent_regularizer=None, bias_regularizer=None,
activity_regularizer=None, kernel_constraint=None,
recurrent_constraint=None, bias_constraint=None, dropout=0.0,
recurrent_dropout=0.0)

keras.layers.recurrent.GRU(units, activation='tanh',
recurrent_activation='hard_sigmoid', use_bias=True,
kernel_initializer='glorot_uniform', recurrent_initializer='orthogonal',
bias_initializer='zeros', kernel_regularizer=None,
recurrent_regularizer=None, bias_regularizer=None,
activity_regularizer=None, kernel_constraint=None,
recurrent_constraint=None, bias_constraint=None, dropout=0.0,
recurrent_dropout=0.0)

keras.layers.recurrent.LSTM(units, activation='tanh',
recurrent_activation='hard_sigmoid', use_bias=True,
kernel_initializer='glorot_uniform', recurrent_initializer='orthogonal',
bias_initializer='zeros', unit_forget_bias=True, kernel_regularizer=None,
recurrent_regularizer=None, bias_regularizer=None,
activity_regularizer=None, kernel_constraint=None,
```

```
recurrent_constraint=None, bias_constraint=None, dropout=0.0,
recurrent_dropout=0.0)
```

2.7.2.3　卷积层和池化层

卷积网络（Convolutional Network）是一类基于渐进式抽象，利用卷积和池化操作来逐步学习较复杂模型的神经网络。这种渐进式的抽象学习仿照了人类几百万年来大脑内部的视觉模型。几年前一个 3～5 层的网络就可以称为深度网络，而现在要高达 100～200 层的网络才会被称为深度网络。我们将在第 3 章“深度学习之卷积网络”中讨论卷积网络。下面是参数定义的原型。

```
keras.layers.convolutional.Conv1D(filters, kernel_size, strides=1,
padding='valid', dilation_rate=1, activation=None, use_bias=True,
kernel_initializer='glorot_uniform', bias_initializer='zeros',
kernel_regularizer=None, bias_regularizer=None, activity_regularizer=None,
kernel_constraint=None, bias_constraint=None)

keras.layers.convolutional.Conv2D(filters, kernel_size, strides=(1, 1),
padding='valid', data_format=None, dilation_rate=(1, 1), activation=None,
use_bias=True, kernel_initializer='glorot_uniform',
bias_initializer='zeros', kernel_regularizer=None, bias_regularizer=None,
activity_regularizer=None, kernel_constraint=None, bias_constraint=None)

keras.layers.pooling.MaxPooling1D(pool_size=2, strides=None,
padding='valid')

keras.layers.pooling.MaxPooling2D(pool_size=(2, 2), strides=None,
padding='valid', data_format=None)
```

2.7.2.4　正则化

正则化是一种防止过拟合的方法。我们在第 1 章“神经网络基础”中就已经见过了应用的例子。很多层都有正则化的参数配置。下面是全连接和卷积模块中常用的正则化参数配置。

- kernel_regularizer：施加在权重上的正则项
- bias_regularizer：施加在偏置向量上的正则项
- activity_regularizer：施加在输出层上的正则项

也可以把 dropout 层用作正则化层，这通常是一个很有效的做法。

```
keras.layers.core.Dropout(rate, noise_shape=None, seed=None)
```

其中的参数如下。

- rate：取值为 0～1 之间的浮点数，表示输入单元被丢弃的间隔

- noise_shape：一维整型张量，表示将用来乘以输入的二值 dropout mask 的形状
- seed：整数，使用的随机数种子

2.7.2.5 批归一化

批归一化是一种加速学习并获得更高准确率的方法。我们将会在第 4 章“生成对抗网络和 WaveNet”中讨论 GAN 的时候看到这方面的例子。下面是参数定义的原型。

```
keras.layers.normalization.BatchNormalization(axis=-1, momentum=0.99,
epsilon=0.001, center=True, scale=True, beta_initializer='zeros',
gamma_initializer='ones', moving_mean_initializer='zeros',
moving_variance_initializer='ones', beta_regularizer=None,
gamma_regularizer=None, beta_constraint=None, gamma_constraint=None)
```

2.7.3 预定义激活函数概述

激活函数包括了通常使用的 sigmoid、linear、hyperbolic tangent 和 ReLU。我们在第 1 章“神经网络基础”中看到了一些激活函数的例子，我们将在接下来的章节中给出更多例子。图 2.23 所示分别是 sigmoid、linear、hyperbolic tangent 和 ReLU 激活函数的例子。

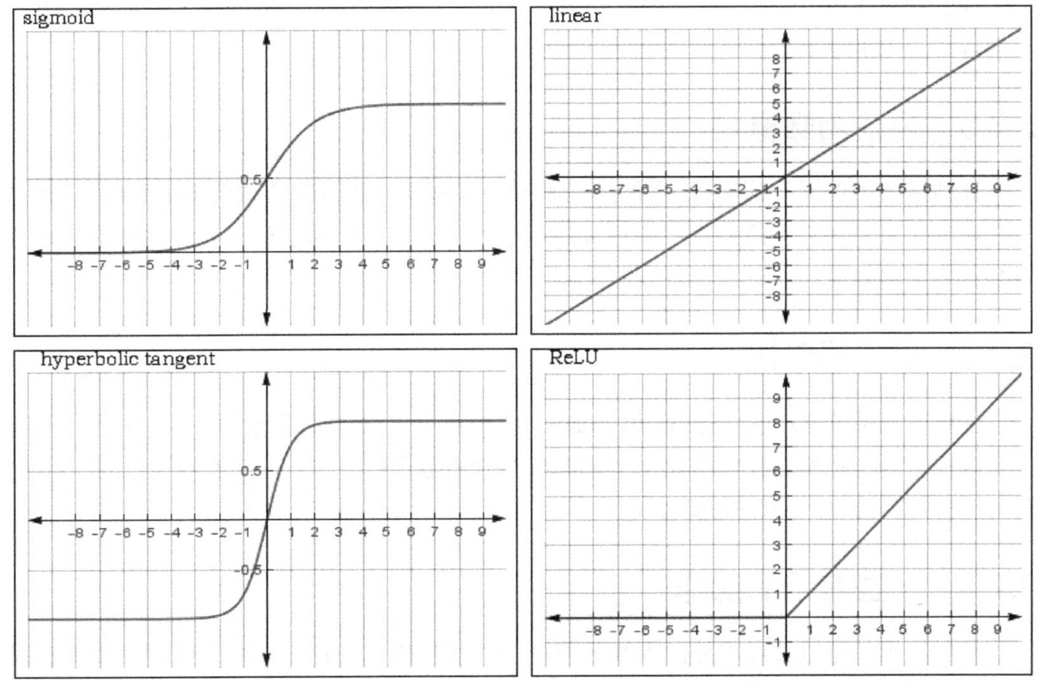

图 2.23

2.7.4　损失函数概述

损失函数（也称目标函数，或性能评估函数；更多信息请参考 Keras 官网）可以归为 4 类。

- 准确率（Accuracy）被用在分类问题上，它的取值有多种：binary_accuracy 指各种二分类问题预测的准确率；categorical_accuracy 指各种多分类问题预测的准确率；sparse_categorical_accuracy 针对稀疏目标值预测时使用；top_k_categorical_accuracy 指当预测值的前 *k* 个值中存在目标类别即认为预测正确。
- Error loss 指误差损失，用于度量预测值与实际观测值之间的差异，可有如下取值：mse 指预测值与目标值之间的均方误差；rmse 指预测值与目标值之间的均方根误差；mae 指预测值与目标值之间的平均绝对误差；mape 指预测值与目标值之间的平均绝对百分比误差；msle 指预测值与目标值之间的均方对数误差。
- Hinge loss 通常用于训练分类器，有两种取值：*hinge* 定义为 $max(1-y_{true}\times y_{pred},0)$；*squared hinge* 指 hinge 损失的平方值。
- Class loss 用于计算分类问题中的交叉熵，存在多个取值：包括二分交叉熵和分类交叉熵。

我们在第 1 章“神经网络基础”中已经看到了一些目标函数的实例，我们将在接下来的章节给出更多例子。

2.7.5　评估函数概述

评估函数类似于目标函数，它们之间唯一的区别是评估函数的结果不用于模型训练。我们在第 1 章“神经网络基础”中已经看到了一些评估函数的实例，我们将在接下来的章节给出更多例子。

2.7.6　优化器概述

优化器包括 SGD、RMSprop 和 Adam。我们在第 1 章“神经网络基础”中已经看到了一些优化器的实例，我们将在接下来的章节给出更多例子（Adagrad 和 Adadelta 优化器），更多信息请参考 Keras 官网。

2.7.7　一些有用的操作

我们给出了可以通过 Keras API 执行的一些实用操作，这会让网络创建、训练过程和中间结果的保存更加便捷。

2.7.8 保存和加载权重及模型结构

模型结构可以很容易地被保存和加载，如下：

```
#保存为 JSON 字串 json_string = model.to_json()
#保存为 YAML 字串 yaml_string = model.to_yaml()
#从 JSON 字串重构模型
from keras.models import model_from_json
model = model_from_json(json_string)
#从 YAML 字串重构模型
model = model_from_yaml(yaml_string)
```

模型参数（权重）也可以很容易地被保存和加载，如下：

```
from keras.models import load_model model.save('my_model.h5')
#创建 HDF5 文件'my_model.h5'
#删除存在的模型
#返回编译好的模型
#和前一模型相同,等于 load_model('my_model.h5')
```

2.8 自定义训练过程的回调函数

当评估函数已经不能继续优化时，可以通过调用合适的回调函数来停止训练过程：

```
keras.callbacks.EarlyStopping(monitor='val_loss', min_delta=0,
patience=0, verbose=0, mode='auto')
```

损失函数历史信息可以定义一个回调函数来保存，如下：

```
class LossHistory(keras.callbacks.Callback): def on_train_begin(self,
logs={}):          self.losses = []        def on_batch_end(self, batch,
logs={}):          self.losses.append(logs.get('loss')) model = Sequential()
model.add(Dense(10, input_dim=784, init='uniform'))
model.add(Activation('softmax'))
model.compile(loss='categorical_crossentropy', optimizer='rmsprop') history
= LossHistory() model.fit(X_train,Y_train, batch_size=128, nb_epoch=20,
verbose=0, callbacks=[history]) print history.losses
```

2.8.1 检查点设置

设置检查点就是在一个规则的时间间隔里保存应用程序状态的快照的过程，以便在出现失败的情况下可以把应用程序恢复到最后一次保存时的状态。这对极其耗时的深度学习任务的训练过程非常有用。深度学习模型在任何时间点的状态就是指模型在那个时间点的权重。Keras 用 HDF5 格式保存这些权重，并通过回调函数 API 来提供检查点设置。

检查点设置应用的场景包括以下 3 种情况：第一种是你想在 AWS Spot 实例后或谷歌可抢占虚机意外终止时恢复到上一个检查点；第二种是你想停止训练过程，也许为了用测试数据测试模型，然后从上一个检查点继续训练过程；第三种是你想在多轮训练过程中保存最佳版本（通过校验损失的评估函数）。第一种和第二种场景可以通过每一轮训练后保存一个检查点来处理，设置检查点通过 ModelCheckpoint 回调函数的默认使用就可以完成。下面代码展示了如何用 Keras 在深度学习模型训练过程中添加检查点。

```
from __future__ import division, print_function
from keras.callbacks import ModelCheckpoint
from keras.datasets import mnist
from keras.models import Sequential
from keras.layers.core import Dense, Dropout
from keras.utils import np_utils
import numpy as np
import os

BATCH_SIZE = 128
NUM_EPOCHS = 20
MODEL_DIR = "/tmp"

(Xtrain, ytrain), (Xtest, ytest) = mnist.load_data()
Xtrain = Xtrain.reshape(60000, 784).astype("float32") / 255
Xtest = Xtest.reshape(10000, 784).astype("float32") / 255
Ytrain = np_utils.to_categorical(ytrain, 10)
Ytest = np_utils.to_categorical(ytest, 10)
print(Xtrain.shape, Xtest.shape, Ytrain.shape, Ytest.shape)

model = Sequential()
model.add(Dense(512, input_shape=(784,), activation="relu"))
model.add(Dropout(0.2))
model.add(Dense(512, activation="relu"))
model.add(Dropout(0.2))
model.add(Dense(10, activation="softmax"))

model.compile(optimizer="rmsprop", loss="categorical_crossentropy",
              metrics=["accuracy"])

#保存最好模型
checkpoint = ModelCheckpoint(
    filepath=os.path.join(MODEL_DIR, "model-{epoch:02d}.h5"))
model.fit(Xtrain, Ytrain, batch_size=BATCH_SIZE, nb_epoch=NUM_EPOCHS,
          validation_split=0.1, callbacks=[checkpoint])
```

第三种场景涉及对评估函数的监督，如准确率或者损失的校验，我们只在当前评估比之前更好的情况下才保存一个检查点。Keras 提供了一个额外的参数——save_best_only，我们在初始化检查点对象的时候需要把参数值设为 true 才支持这个功能。

2.8.2 使用 TensorBoard

Keras 提供了保存训练和测试评估的回调函数，也提供了模型中不同层的激活的柱状图：

```
keras.callbacks.TensorBoard(log_dir='./logs', histogram_freq=0,
write_graph=True, write_images=False)
```

保存好的数据可以通过命令行运行 TensorBoard 来查看其图形化结果：

```
tensorboard --logdir=/full_path_to_your_logs
```

2.8.3 使用 Quiver

在第 3 章“深度学习之卷积网络”中我们将讨论卷积网络，这是一个处理图像的高级深度学习技术。这里我们给出 Quiver 的简介（更多信息请参考 https://github.com/jakebian/quiver），它是一个卷积特征可视化的交互式工具。Quiver 的安装很简单，安装后可以用一个命令行使用：

```
pip install quiver_engine

from quiver_engine import server    server.launch(model)
```

上述命令将在本机的 5000 端口运行可视化工具。Quiver 允许你可视查看一个神经网络，如图 2.24 所示。

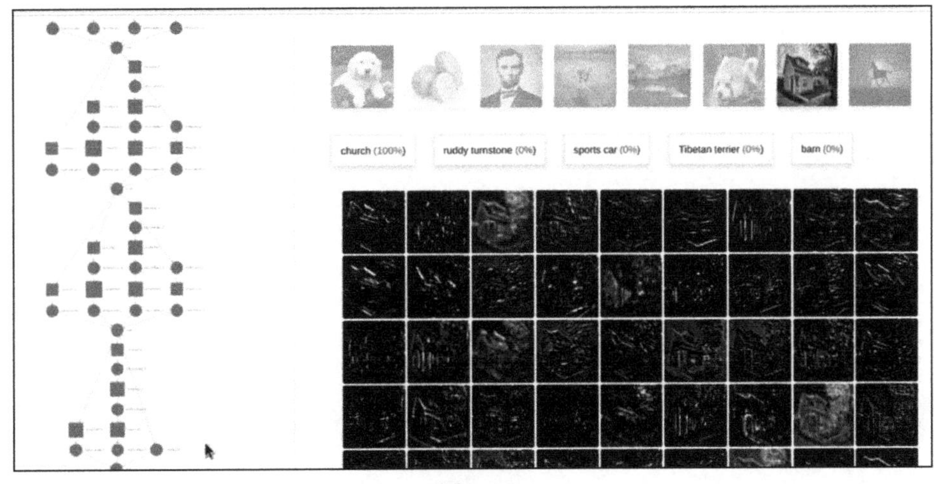

图 2.24

2.9　小结

本章中，我们讨论了如何在以下环境中安装 Theano、TensorFlow 和 Keras：

- 你的本机
- 一个基于容器的 Docker 架构
- 云端安装，包括谷歌 GCP、亚马逊 AWS 和微软 Azure

此外，我们还查看了定义 Keras API 的一些模块，以及加载和保存神经网络架构和权重、早期停止、历史保存、检查点设置、用 TensorBoard 交互、用 Quiver 交互等常用的操作。

下一章中，我们将引入卷积网络的概念，这是深度学习领域的一个重要创新，它除了最初设想的用作图像处理外，在文本、视频、语音等其他很多领域都有成功的应用。

第3章 深度学习之卷积网络

前面的章节中，我们介绍了全连接网络，这种网络中的每一层都和它的相邻层全连接。我们应用全连接网络来对手写 MNIST 字符集进行分类。在那段上下文中，输入图像中的每个像素被分配一个神经元，总共有 784（28×28 像素）个输入神经元。然而，这样的策略并未提取出空间结构和图像关系信息。特别地，这段代码把每个位图表示的手写数字转换成扁平向量，导致空间局部性消失：

```
#X_train是60000行28×28的数据，变形为60000×784
X_train = X_train.reshape(60000, 784)
X_test = X_test.reshape(10000, 784)
```

卷积神经网络（Convolutional Neural Network，CNN，又称为 ConvNet）保留了空间信息，也因此可以更好地适用于图像分类问题。受视觉皮质层上的生理学实验取得的生物学数据的启发，这些网络使用了 ad hoc 架构。如我们之前讨论的，我们的视觉基于多个皮质层，每层识别越来越多的结构性信息。首先，我们看到的是很多单个的像素；然后从这些像素中，我们识别出几何组成；再然后……这样越来越多的复杂的元素，如物体、面部、人类躯干、动物等被识别出来。

卷积神经网络是如此神奇，以至于在很短的时间里，它就成为了一种颠覆性的技术，打破了多个领域的最先进的技术成果。它除了最初设想的用作图像处理外，在文本、视频、语音等其他很多领域都有成功的应用。

本章，我们将涵盖以下内容：

- 深度卷积神经网络
- 图像分类

3.1 深度卷积神经网络——DCNN

深度卷积神经网络（Deep Convolutional Neural Network，DCNN）由很多神经网络层组成。卷积层和池化层这两种不同的网络层，经常交互出现。每个滤波器的深度在网络中由左向右增加。最后一部分通常由一个或多个全连接层组成，如图 3.1 所示。

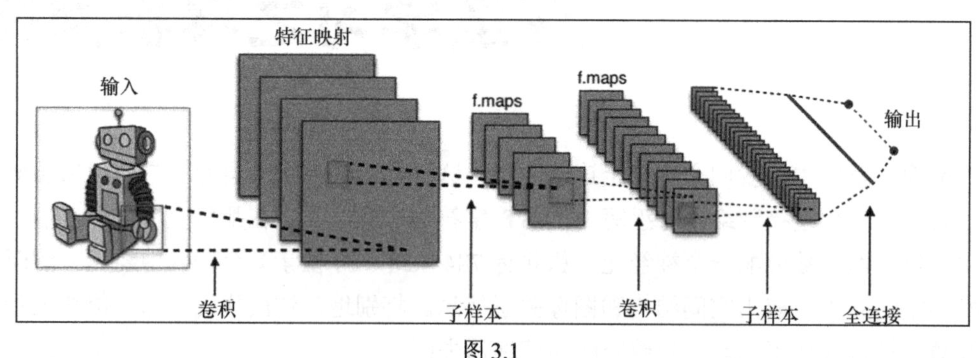

图 3.1

有 3 个卷积网络之外的关键概念：

- 局部感受野
- 共享权重和偏差
- 池化

让我们逐一介绍。

3.1.1 局部感受野

如果我们想保留空间信息，那么用像素矩阵来表示图像就非常方便。一个本地结构编码的简单方式是把相邻输入神经元的子矩阵与下一层的单个隐藏神经元连接。那个隐藏的单个神经元就代表一个局部感受野。注意，这个操作就叫作卷积，卷积是对这类网络的命名。

当然，我们可以通过重叠子矩阵编码更多的信息，例如，假设 28×28 像素的 MNIST 图像中使用的每个单独的子矩阵大小是 5×5，那么下一个隐藏层中我们就可以生成 23×23 个局部感受野神经元。事实上，在接触图像边界前，我们可以把子矩阵只滑动 23 个位置。在 Keras 里，每个单独的子矩阵的大小称作步长，这是一个在构造网络时可以微调的超参数。

我们来定义从这一层到另一层的特征平面。当然，我们可以有很多各自独立从隐藏层学习的特征平面，例如，我们可以从处理 MNIST 图像时的 28×28 个输入神经元开始，然后为下一隐藏层中 23×23 个神经元回调 k 个特征平面（仍然以 5×5 的步幅）。

3.1.2 共享权重和偏置

假设我们要放弃行的像素表示，以获得从输入图像中的同一位置独立检查同一特征的能力。一个直接的方法是为隐藏层的所有神经元使用相同的权值和偏置。这样，每一层都将学习继承自输入图像的位置无关的潜在特征集合。

假设输入图像使用 tf（TensorFlow）顺序，它在 3 个信道上的形状为（256，256），这可以表示成(256, 256, 3)。注意，使用 th(Theano)模式时，信道维度（深度）在索引 1 处；使用 tf(TensorFlow)模式时，在索引 3 处。Keras 中，如果我们想添加一个输出维度为 32 并且每个滤波器为 3×3 的卷积层，我们可以写成：

```
model = Sequential()
model.add(Conv2D(32, (3, 3), input_shape=(256, 256, 3))
```

或者，我们还可以写成：

```
model = Sequential()
model.add(Conv2D(32, kernel_size=3, input_shape=(256, 256, 3))
```

这就是说，我们用 3 个输入信道（或输入滤波器）在一个 256×256 的图像上进行 3×3 的卷积运算，得到了一个 32 个信道（输出滤波器）的输出。图 3.2 是一个卷积网络的示例。

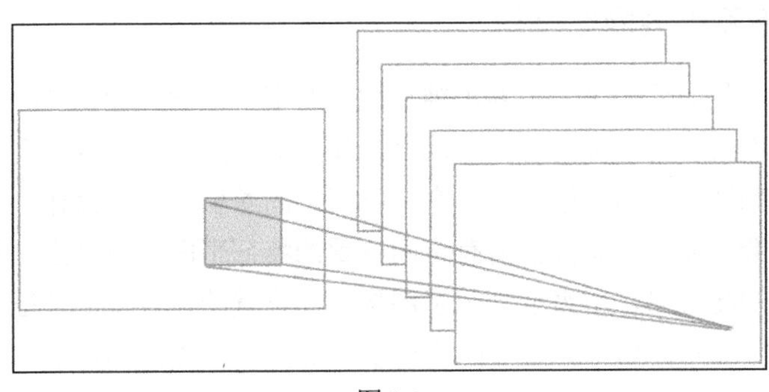

图 3.2

3.1.3 池化层

假设我们要汇总特征平面的输出，在此我们使用从单独的特征平面生成的一连串的输出，把这些子矩阵聚合成单个的输出值。这个合成后的输出就描述了相关联的物理区域的意义。

3.1.3.1 最大池化

一个简单而普遍的选择是最大池化，就是简单地输出最大激活值作为这个区域的观测结果。在 Keras 中，如果我们要定义一个 2×2 的最大池化层，我们可以写成：

```
model.add(MaxPooling2D(pool_size = (2, 2)))
```

图 3.3 是一个最大池化层的示例。

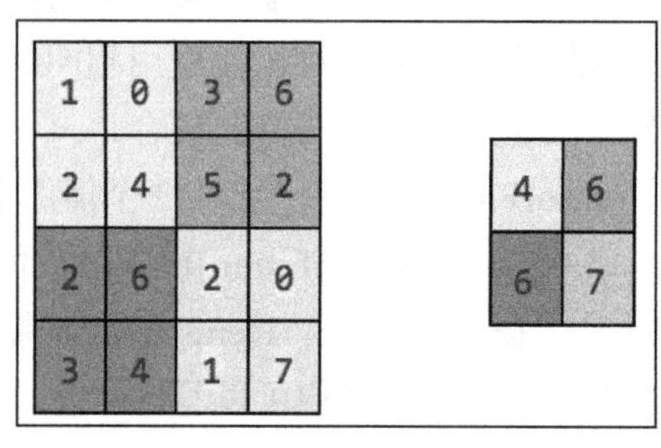

图 3.3

3.1.3.2　平均池化

另外一个选择是平均池化，就是简单地把这个区域观察到的激活值取平均值。注意，Keras 提供了很多池化层的实现，完整可用列表请参见 Keras 官网。简而言之，所有的池化操作都是对一个给定区域的汇总运算。

3.1.3.3　卷积神经网络小结

到现在为止，我们已经讲述了卷积神经网络的基本概念。卷积神经网络对声音和文本数据在时间维度上应用一维的卷积和池化操作；对图像使用二维（高×宽）的卷积和池化操作；对视频数据使用三维（高×宽×时间）的卷积和池化操作。对图像，在输入量上滑动滤波器会生成这个滤波器所有空间位置的特征平面。换言之，卷积神经网络有多个叠加在一起的滤波器，用来独立识别图像不同位置的特定视觉特征。这些视觉特征在最初的网络层中非常简单，并随着网络层次的加深变得越来越复杂。

3.2　DCNN 示例——LeNet

Yann le Cun 提出了一个称为 LeNet 的卷积神经网络族群（更多信息请参考《Convolutional Networks for Images,Speech and Time-Series》，作者 Y. LeCun 和 Y. Bengio，brain theory neural networks, vol. 3361,1995），训练 MNIST 手写字符集的识别，它对简单几何变换和扭转具有很好的鲁棒性。这里的关键点是让较低的网络层交替进行卷积和最大池化运算。

卷积操作基于仔细甄选的局部感受野，它们在多个特征平面共享权值。之后，更高的全连接网络层基于传统的多层感知机，它们包含隐藏层并将 softmax 作为输出层。

3.2.1 用 Keras 构建 LeNet 代码

我们用一个二维卷积模型来定义 LeNet 代码，如下：

```
keras.layers.convolutional.Conv2D(filters, kernel_size, padding='valid')
```

这里，滤波器要使用的是卷积核心的数量（例如，输出的维度），kernel_size 是一个整数值或一个二维整形数组，声明了二维卷积窗的宽度和高度（也可以用一个整数值来声明所有的空间维度上具有相同的值），padding='same'表示保留边界处的卷积结果。总共有两种设置：padding='valid'表示只对输入和滤波器完全叠加的部分做卷积计算，因而输出将小于输入；padding='same'表示输出和输入的大小相同，输入的区域边界填充为 0。

另外，我们使用了 MaxPooling2D 模块：

```
keras.layers.pooling.MaxPooling2D(pool_size=(2, 2), strides=(2, 2))
```

这里的 pool_size=(2,2)是一个二维的数组，代表图像在水平和竖直两个方向上的下采样因子，因此(2,2)将使图片在两个维度上变为原来的一半，而 strides=(2,2)表示处理过程采用的步幅。

下面我们来看一下代码，首先我们导入一些模块。

```
from keras import backend as K
from keras.models import Sequential
from keras.layers.convolutional import Conv2D
from keras.layers.convolutional import MaxPooling2D
from keras.layers.core import Activation
from keras.layers.core import Flatten
from keras.layers.core import Dense
from keras.datasets import mnist
from keras.utils import np_utils
from keras.optimizers import SGD, RMSprop, Adam
import numpy as np
import matplotlib.pyplot as plt
```

然后我们定义 LeNet 网络。

```
#定义 ConvNet
class LeNet:
    @staticmethod
    def build(input_shape, classes):
        model = Sequential()
        # CONV => RELU => POOL
```

最先是卷积阶段，我们使用 ReLU 激活函数，并紧跟着最大池化方法。我们的网络将学习 20 个卷积滤波器，其中每个滤波器的大小都是 5×5。输出维度和输入形状相同，因而将是 28×28 像素。注意，因为二维卷积是我们管道中的第一个阶段，我们必须定义它的 input_shape。最大池化操作实现了一个滑窗，它在网络层上滑动，并取水平和垂直各两个像素区域上的最大值。

```
model.add(Convolution2D(20, kernel_size=5, padding="same",
input_shape=input_shape))
model.add(Activation("relu"))
model.add(MaxPooling2D(pool_size=(2, 2), strides=(2, 2)))
# CONV => RELU => POOL
```

之后的第二个卷积阶段也是用 ReLU 激活函数，后面再次跟着最大池化方法。本例中，我们把学到的卷积滤波器数量从前面的 20 增加到 50 个。在更深的网络层增加滤波器数目是深度学习中一个普遍采用的技术。

```
model.add(Conv2D(50, kernel_size=5, border_mode="same"))
model.add(Activation("relu"))
model.add(MaxPooling2D(pool_size=(2, 2), strides=(2, 2)))
```

之后我们有了一个相当标准和扁平的全连接网络，它包含 500 个神经元，其后是具有 10 个类别的 softmax 分类器。

```
# Flatten 层到 RELU 层
model.add(Flatten())
model.add(Dense(500))
model.add(Activation("relu"))
# softmax 分类器
model.add(Dense(classes))
model.add(Activation("softmax"))
return model
```

好的，恭喜你，到这里你已经定义好你的第一个深度学习网络，让我们看一下它的视觉效果，如图 3.4 所示。

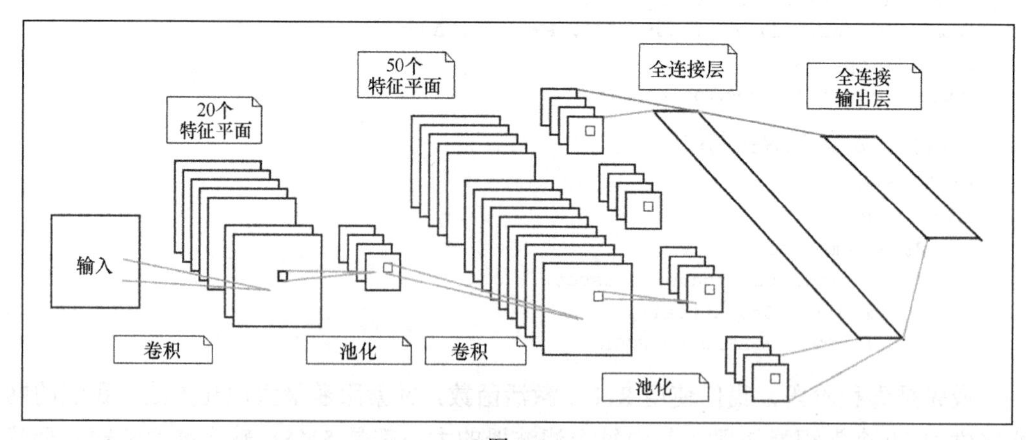

图 3.4

现在我们需要一些额外的用于训练网络的代码，这和我们第 1 章“神经网络基础”中的代码非常类似。这一次，我们也给出打印损失函数的代码：

```
#网络和训练
NB_EPOCH = 20
BATCH_SIZE = 128
VERBOSE = 1
OPTIMIZER = Adam()
VALIDATION_SPLIT=0.2
IMG_ROWS, IMG_COLS = 28, 28
NB_CLASSES = 10
INPUT_SHAPE = (1, IMG_ROWS, IMG_COLS)
#混合并划分训练集和测试集数据
(X_train, y_train), (X_test, y_test) = mnist.load_data()
k.set_image_dim_ordering("th")
#把它们看成 float 类型并归一化
X_train = X_train.astype('float32')
X_test = X_test.astype('float32')
X_train /= 255
X_test /= 255
#我们需要使用形状 60K×[1×28×28]作为卷积网络的输入
X_train = X_train[:, np.newaxis, :, :]
X_test = X_test[:, np.newaxis, :, :]
print(X_train.shape[0], 'train samples')
print(X_test.shape[0], 'test samples')
#将类向量转换成二值类别矩阵
y_train = np_utils.to_categorical(y_train, NB_CLASSES)
y_test = np_utils.to_categorical(y_test, NB_CLASSES)
#初始化优化器和模型
model = LeNet.build(input_shape=INPUT_SHAPE, classes=NB_CLASSES)
model.compile(loss="categorical_crossentropy", optimizer=OPTIMIZER,
metrics=["accuracy"])
history = model.fit(X_train, y_train,
batch_size=BATCH_SIZE, epochs=NB_EPOCH,
verbose=VERBOSE, validation_split=VALIDATION_SPLIT)
score = model.evaluate(X_test, y_test, verbose=VERBOSE)
print("Test score:", score[0])
print('Test accuracy:', score[1])
#列出全部历史数据
print(history.history.keys())
# 汇总准确率历史数据
plt.plot(history.history['acc'])
plt.plot(history.history['val_acc'])
plt.title('model accuracy')
plt.ylabel('accuracy')
```

```
plt.xlabel('epoch')
plt.legend(['train', 'test'], loc='upper left')
plt.show()
#汇总损失函数历史数据
plt.plot(history.history['loss'])
plt.plot(history.history['val_loss'])
plt.title('model loss')
plt.ylabel('loss')
plt.xlabel('epoch')
plt.legend(['train', 'test'], loc='upper left')
plt.show()
```

现在我们运行代码，如你所见，代码运行的时间显著增加，在我们深度网络中的每次迭代都需要最高达 134 秒的时间，而第 1 章“神经网络基础”中定义的网络只需要 1~2 秒。然而，准确率也达到了一个新的峰值——99.06%，如图 3.5 所示。

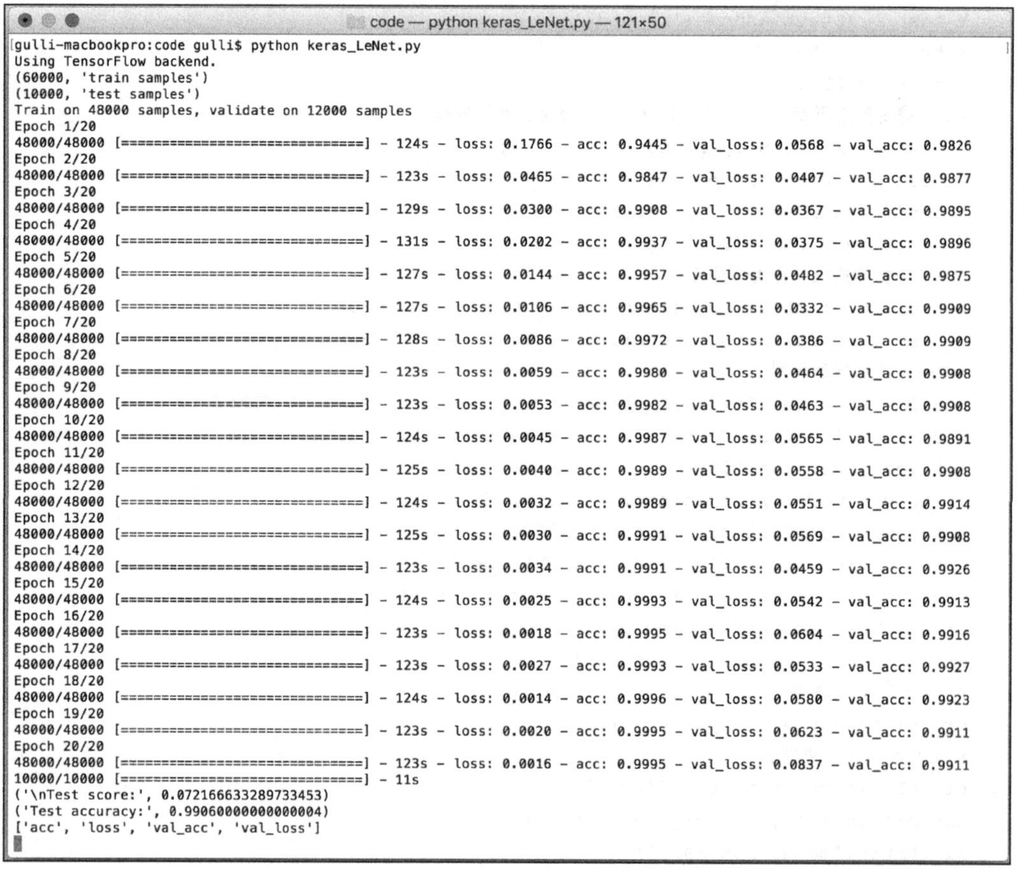

```
code — python keras_LeNet.py — 121×50
gulli-macbookpro:code gulli$ python keras_LeNet.py
Using TensorFlow backend.
(60000, 'train samples')
(10000, 'test samples')
Train on 48000 samples, validate on 12000 samples
Epoch 1/20
48000/48000 [==============================] - 124s - loss: 0.1766 - acc: 0.9445 - val_loss: 0.0568 - val_acc: 0.9826
Epoch 2/20
48000/48000 [==============================] - 123s - loss: 0.0465 - acc: 0.9847 - val_loss: 0.0407 - val_acc: 0.9877
Epoch 3/20
48000/48000 [==============================] - 129s - loss: 0.0300 - acc: 0.9908 - val_loss: 0.0367 - val_acc: 0.9895
Epoch 4/20
48000/48000 [==============================] - 131s - loss: 0.0202 - acc: 0.9937 - val_loss: 0.0375 - val_acc: 0.9896
Epoch 5/20
48000/48000 [==============================] - 127s - loss: 0.0144 - acc: 0.9957 - val_loss: 0.0482 - val_acc: 0.9875
Epoch 6/20
48000/48000 [==============================] - 127s - loss: 0.0106 - acc: 0.9965 - val_loss: 0.0332 - val_acc: 0.9909
Epoch 7/20
48000/48000 [==============================] - 128s - loss: 0.0086 - acc: 0.9972 - val_loss: 0.0386 - val_acc: 0.9909
Epoch 8/20
48000/48000 [==============================] - 123s - loss: 0.0059 - acc: 0.9980 - val_loss: 0.0464 - val_acc: 0.9908
Epoch 9/20
48000/48000 [==============================] - 123s - loss: 0.0053 - acc: 0.9982 - val_loss: 0.0463 - val_acc: 0.9908
Epoch 10/20
48000/48000 [==============================] - 124s - loss: 0.0045 - acc: 0.9987 - val_loss: 0.0565 - val_acc: 0.9891
Epoch 11/20
48000/48000 [==============================] - 125s - loss: 0.0040 - acc: 0.9989 - val_loss: 0.0558 - val_acc: 0.9908
Epoch 12/20
48000/48000 [==============================] - 124s - loss: 0.0032 - acc: 0.9989 - val_loss: 0.0551 - val_acc: 0.9914
Epoch 13/20
48000/48000 [==============================] - 125s - loss: 0.0030 - acc: 0.9991 - val_loss: 0.0569 - val_acc: 0.9908
Epoch 14/20
48000/48000 [==============================] - 123s - loss: 0.0034 - acc: 0.9991 - val_loss: 0.0459 - val_acc: 0.9926
Epoch 15/20
48000/48000 [==============================] - 124s - loss: 0.0025 - acc: 0.9993 - val_loss: 0.0542 - val_acc: 0.9913
Epoch 16/20
48000/48000 [==============================] - 123s - loss: 0.0018 - acc: 0.9995 - val_loss: 0.0604 - val_acc: 0.9916
Epoch 17/20
48000/48000 [==============================] - 123s - loss: 0.0027 - acc: 0.9993 - val_loss: 0.0533 - val_acc: 0.9927
Epoch 18/20
48000/48000 [==============================] - 124s - loss: 0.0014 - acc: 0.9996 - val_loss: 0.0580 - val_acc: 0.9923
Epoch 19/20
48000/48000 [==============================] - 123s - loss: 0.0020 - acc: 0.9995 - val_loss: 0.0623 - val_acc: 0.9911
Epoch 20/20
48000/48000 [==============================] - 123s - loss: 0.0016 - acc: 0.9995 - val_loss: 0.0837 - val_acc: 0.9911
10000/10000 [==============================] - 11s
('\nTest score:', 0.072166633289733453)
('Test accuracy:', 0.99060000000000004)
['acc', 'loss', 'val_acc', 'val_loss']
```

图 3.5

让我们绘制出模型准确率和损失函数的变化图。我们知道了可以仅在 4～5 次迭代后就获得一个近似 99.2%的准确率，如图 3.6 所示。

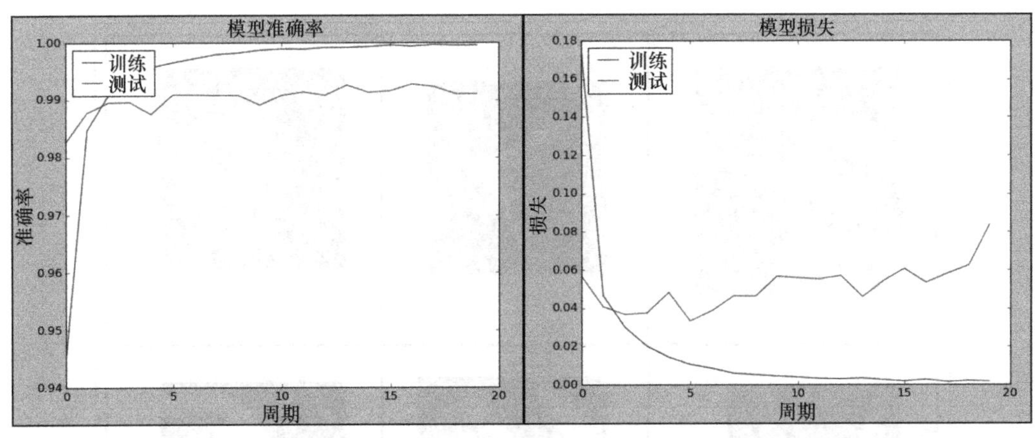

图 3.6

图 3.7 展示了我们模型取得的最终的准确率。

```
code — python keras_LeNet.py — 121×18
gulli-macbookpro:code gulli$ python keras_LeNet.py
Using TensorFlow backend.
(60000, 'train samples')
(10000, 'test samples')
Train on 48000 samples, validate on 12000 samples
Epoch 1/4
48000/48000 [==============================] - 139s - loss: 0.1758 - acc: 0.9450 - val_loss: 0.0618 - val_acc: 0.9806
Epoch 2/4
48000/48000 [==============================] - 136s - loss: 0.0461 - acc: 0.9849 - val_loss: 0.0408 - val_acc: 0.9878
Epoch 3/4
48000/48000 [==============================] - 130s - loss: 0.0294 - acc: 0.9905 - val_loss: 0.0413 - val_acc: 0.9889
Epoch 4/4
48000/48000 [==============================] - 129s - loss: 0.0199 - acc: 0.9936 - val_loss: 0.0373 - val_acc: 0.9900
10000/10000 [==============================] - 12s
('\nTest score:', 0.027107118735135736)
('Test accuracy:', 0.99209999999999998)
['acc', 'loss', 'val_acc', 'val_loss']
```

图 3.7

让我们用 MNIST 中的一些图像来检验我们取得的准确率 99.2%有多棒！例如，数字 9 有很多种写法，其中一种写法就出现在了图 3.8 中，其中还有 3、7、4 和 5。这张图中的 1 是最难识别的，即使是人类识别起来可能也有些困难。

图 3.9 汇总了到现在为止，我们用不同模型取得的进展。我们最开始的简单网络的准确率是 92.22%，这意味着 100 个手写字符中有 8 个识别错误。然后，我们用深度学习

架构使准确率达到了 99.20%，增加了 7%，就是说 100 个手写字符中只有 1 个识别错误，如图 3.9 所示。

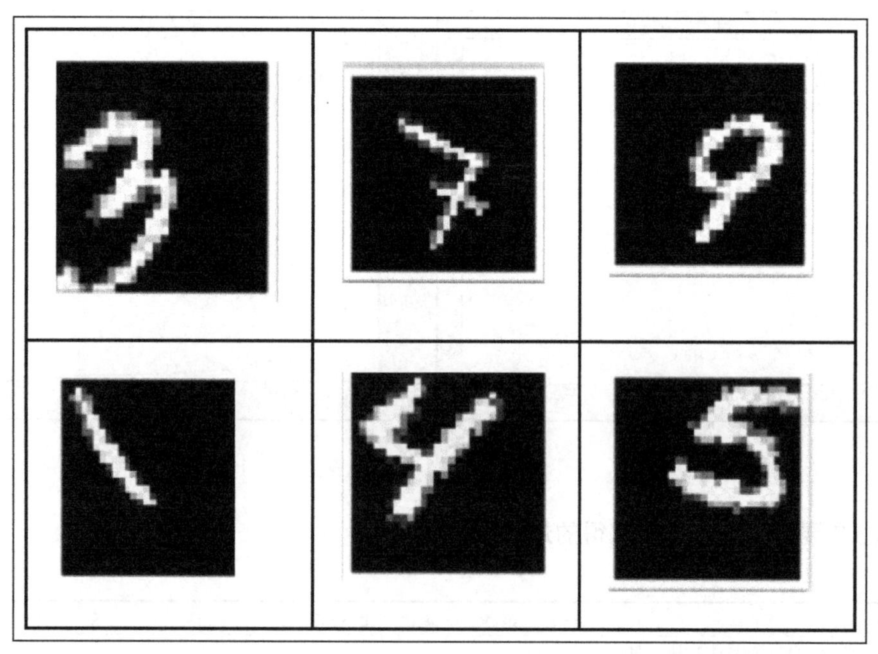

图 3.8

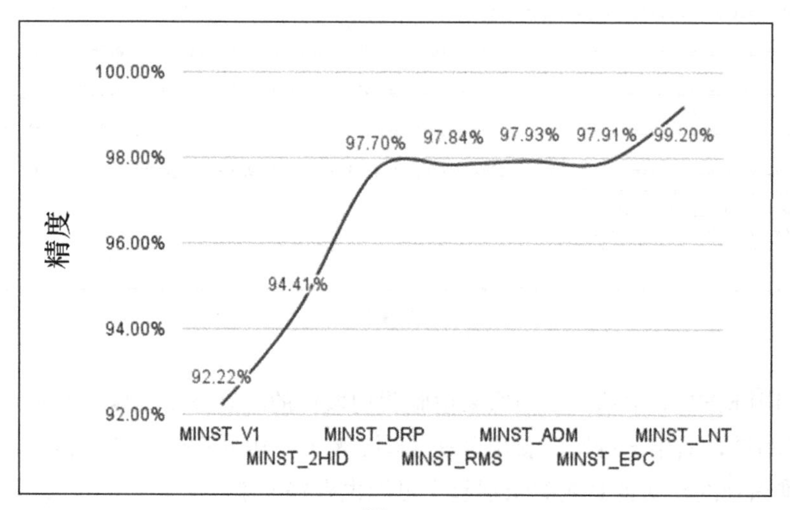

图 3.9

3.2.2 深度学习的本领

另一个可以为深入理解深度学习和卷积网络进行的测试是，通过减少训练集的样本数量观察随后的性能衰退。一种做法是把 50 000 个训练样例分成两个集合：

- 我们用来训练模型的适当的训练集将逐渐减少(5900、3000、1800、600 和 300)。
- 用来评估已训练好的模型性能的验证集将包含剩余的样例。

我们的测试集合已经确定，它包含了 10 000 个样例。

在这种设置下，我们将刚才定义好的深度学习卷积网络，与第 1 章“神经网络基础”中定义的第一个神经网络做比较，如图 3.10 所示，我们的深度网络总是优胜于简单网络，并且随着训练样本的逐渐减少，这种差距就越来越明显。5 900 个训练样例下深度学习网络的准确率是 96.68%，而简单网络只有 85.56%。只有 300 个训练样本的时候我们的深度学习网络仍然可以有 72.44%的准确率，而简单网络却迅速衰退到 48.26%。所有的实验都只运行 4 个迭代周期。这就证明了深度学习取得的突破性进展。第一眼从数学的角度看上去，这有点不可思议，因为深度网络有更多的未知（权重），所以你可能认为我们需要更多的数据点。

然而，保留空间信息、加入卷积、池化和特征平面都是卷积网络带来的创新，并且这已经经过了几百万年的优化（因为这种组织是受视觉皮层启发得到的）。

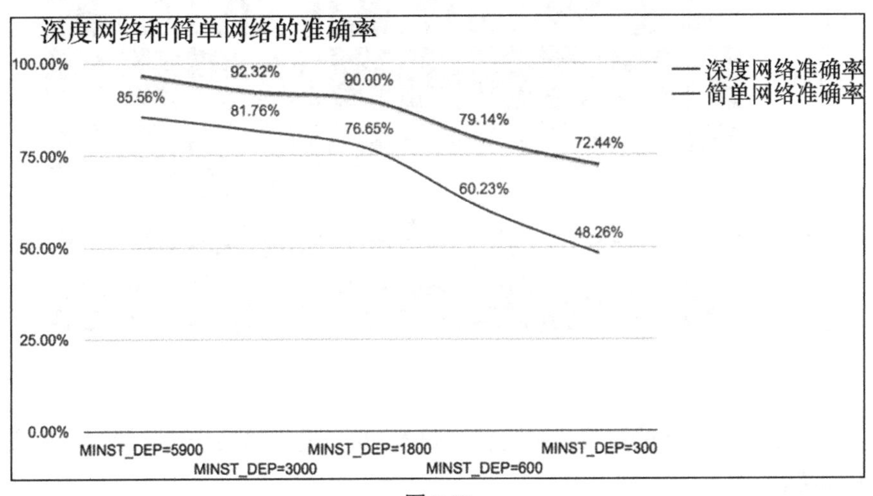

图 3.10

MNIST 识别的最先进成果的列表请参见：http://rodrigob.github.io/are_we_there_yet/build/classification_datasets_results.html。截至 2017 年 1 月，最好的识别结果其错误率只有 0.21%。

3.3 用深度学习网络识别 CIFAR-10 图像

CIFAR-10 是一个包含了 60 000 张 32×32 像素的三通道彩色图像数据集，图像划分为 10 大类，每个类别包含了 6 000 张图像。训练集包含了 50 000 张图像，测试集则包含 10 000 张。图 3.11 来自 CIFAR 库，描述了 10 个类别下的一些随机样例。

图 3.11

学习目标是识别全新的图像，并把它们归入 10 个类别的某一个。我们来定义一个适合的深度网络。

首先我们导入几个有用的模块，定义几个常量，并加载数据集。

```
from keras.datasets import cifar10
from keras.utils import np_utils
from keras.models import Sequential
from keras.layers.core import Dense, Dropout, Activation, Flatten
from keras.layers.convolutional import Conv2D, MaxPooling2D
from keras.optimizers import SGD, Adam, RMSprop
import matplotlib.pyplot as plt

#CIFAR-10 是一个包含了 60 000 张 32×32 像素的三通道图像数据集
IMG_CHANNELS = 3
IMG_ROWS = 32
IMG_COLS = 32

#常量
BATCH_SIZE = 128
NB_EPOCH = 20
NB_CLASSES = 10
VERBOSE = 1
VALIDATION_SPLIT = 0.2
OPTIM = RMSprop()

#加载数据集
(X_train, y_train), (X_test, y_test) = cifar10.load_data()
print('X_train shape:', X_train.shape)
print(X_train.shape[0], 'train samples')
print(X_test.shape[0], 'test samples')
```

现在我们来做 one-hot 编码，并把图像归一化。

```
#分类转换
Y_train = np_utils.to_categorical(y_train, NB_CLASSES)
Y_test = np_utils.to_categorical(y_test, NB_CLASSES)

#看成 float 类型并归一化
X_train = X_train.astype('float32')
X_test = X_test.astype('float32')
X_train /= 255
X_test /= 255
```

我们的网络将训练 32 个卷积滤波器，每个滤波器大小是 3×3。输出的维度和输入形状相同，所以也应该是 32×32，并且激活函数是 ReLU，这是引入非线性的一个简单方式. 之后我们进行 2×2 大小的最大池化运算，并关闭 25%的神经元。

```
#网络
model = Sequential()
model.add(Conv2D(32, (3, 3), padding='same',
input_shape=(IMG_ROWS, IMG_COLS, IMG_CHANNELS)))
model.add(Activation('relu'))
model.add(MaxPooling2D(pool_size=(2, 2)))
model.add(Dropout(0.25))
```

深度管道中的下一阶段是一个有 512 个单元和 ReLU 激活函数的全连接网络，其后是关闭了 50%神经元的 dropout 层和作为输出的有 10 个类的 softmax 层，每个类对应一个类别。

```
model.add(Flatten())
model.add(Dense(512))
model.add(Activation('relu'))
model.add(Dropout(0.5))
model.add(Dense(NB_CLASSES))
model.add(Activation('softmax'))
model.summary()
```

定义了网络后，我们开始训练模型。本例中，除训练和测试集外，我们把数据分割并计算校验集合。训练用来构建模型，校验用来选择表现最好的方法，测试集是为了在新的未见过的数据上检验我们最优模型的性能。

```
#训练
model.compile(loss='categorical_crossentropy', optimizer=OPTIM,
metrics=['accuracy'])
model.fit(X_train, Y_train, batch_size=BATCH_SIZE,
epochs=NB_EPOCH, validation_split=VALIDATION_SPLIT,
verbose=VERBOSE)
score = model.evaluate(X_test, Y_test,
batch_size=BATCH_SIZE, verbose=VERBOSE)
print("Test score:", score[0])
print('Test accuracy:', score[1])
```

本例中，我们保存一下我们的深度网络结构。

```
#保存模型
model_json = model.to_json()
open('cifar10_architecture.json', 'w').write(model_json)
And the weights learned by our deep network on the training set
model.save_weights('cifar10_weights.h5', overwrite=True)
```

让我们运行代码。我们的网络在 20 次迭代后达到了 66.4%的准确率。我们绘制出准确率和损失函数的图形，并用 model.summary()概要汇总网络，如图 3.12 所示。

```
code — python keras_CIFAR10_simple.py — 121×77
gulli-macbookpro:code gulli$ python keras_CIFAR10_simple.py
Using TensorFlow backend.
('X_train shape:', (50000, 3, 32, 32))
(50000, 'train samples')
(10000, 'test samples')
____________________________________________________________________________________________________
Layer (type)                     Output Shape          Param #     Connected to
====================================================================================================
convolution2d_1 (Convolution2D)  (None, 32, 32, 32)    896         convolution2d_input_1[0][0]
____________________________________________________________________________________________________
activation_1 (Activation)        (None, 32, 32, 32)    0           convolution2d_1[0][0]
____________________________________________________________________________________________________
maxpooling2d_1 (MaxPooling2D)    (None, 32, 16, 16)    0           activation_1[0][0]
____________________________________________________________________________________________________
dropout_1 (Dropout)              (None, 32, 16, 16)    0           maxpooling2d_1[0][0]
____________________________________________________________________________________________________
flatten_1 (Flatten)              (None, 8192)          0           dropout_1[0][0]
____________________________________________________________________________________________________
dense_1 (Dense)                  (None, 512)           4194816     flatten_1[0][0]
____________________________________________________________________________________________________
activation_2 (Activation)        (None, 512)           0           dense_1[0][0]
____________________________________________________________________________________________________
dropout_2 (Dropout)              (None, 512)           0           activation_2[0][0]
____________________________________________________________________________________________________
dense_2 (Dense)                  (None, 10)            5130        dropout_2[0][0]
____________________________________________________________________________________________________
activation_3 (Activation)        (None, 10)            0           dense_2[0][0]
====================================================================================================
Total params: 4200842
____________________________________________________________________________________________________
Train on 40000 samples, validate on 10000 samples
Epoch 1/20
40000/40000 [==============================] - 114s - loss: 1.7380 - acc: 0.3855 - val_loss: 1.5353 - val_acc: 0.4376
Epoch 2/20
40000/40000 [==============================] - 114s - loss: 1.3847 - acc: 0.5081 - val_loss: 1.2392 - val_acc: 0.5629
Epoch 3/20
40000/40000 [==============================] - 116s - loss: 1.2481 - acc: 0.5566 - val_loss: 1.2737 - val_acc: 0.5446
Epoch 4/20
40000/40000 [==============================] - 114s - loss: 1.1590 - acc: 0.5913 - val_loss: 1.1919 - val_acc: 0.5722
Epoch 5/20
40000/40000 [==============================] - 116s - loss: 1.0904 - acc: 0.6138 - val_loss: 1.0860 - val_acc: 0.6257
Epoch 6/20
40000/40000 [==============================] - 115s - loss: 1.0282 - acc: 0.6391 - val_loss: 1.0771 - val_acc: 0.6245
Epoch 7/20
40000/40000 [==============================] - 115s - loss: 0.9828 - acc: 0.6523 - val_loss: 1.0491 - val_acc: 0.6375
Epoch 8/20
40000/40000 [==============================] - 114s - loss: 0.9328 - acc: 0.6739 - val_loss: 1.0344 - val_acc: 0.6453
Epoch 9/20
40000/40000 [==============================] - 114s - loss: 0.8978 - acc: 0.6858 - val_loss: 1.0789 - val_acc: 0.6384
Epoch 10/20
40000/40000 [==============================] - 115s - loss: 0.8556 - acc: 0.7004 - val_loss: 1.0072 - val_acc: 0.6538
Epoch 11/20
40000/40000 [==============================] - 114s - loss: 0.8215 - acc: 0.7142 - val_loss: 1.1334 - val_acc: 0.6450
Epoch 12/20
40000/40000 [==============================] - 115s - loss: 0.7938 - acc: 0.7256 - val_loss: 1.0761 - val_acc: 0.6464
Epoch 13/20
40000/40000 [==============================] - 118s - loss: 0.7631 - acc: 0.7337 - val_loss: 1.0204 - val_acc: 0.6587
Epoch 14/20
40000/40000 [==============================] - 121s - loss: 0.7381 - acc: 0.7433 - val_loss: 0.9647 - val_acc: 0.6853
Epoch 15/20
40000/40000 [==============================] - 114s - loss: 0.7094 - acc: 0.7529 - val_loss: 1.0852 - val_acc: 0.6604
Epoch 16/20
40000/40000 [==============================] - 114s - loss: 0.6872 - acc: 0.7608 - val_loss: 1.0144 - val_acc: 0.6680
Epoch 17/20
40000/40000 [==============================] - 115s - loss: 0.6642 - acc: 0.7682 - val_loss: 0.9787 - val_acc: 0.6781
Epoch 18/20
40000/40000 [==============================] - 114s - loss: 0.6524 - acc: 0.7758 - val_loss: 1.0035 - val_acc: 0.6803
Epoch 19/20
40000/40000 [==============================] - 114s - loss: 0.6302 - acc: 0.7834 - val_loss: 1.1080 - val_acc: 0.6571
Epoch 20/20
40000/40000 [==============================] - 113s - loss: 0.6081 - acc: 0.7902 - val_loss: 1.0744 - val_acc: 0.6672
Testing...
10000/10000 [==============================] - 13s
('\nTest score:', 1.0762448620796203)
('Test accuracy:', 0.66490000000000005)
['acc', 'loss', 'val_acc', 'val_loss']
```

图 3.12

图 3.13 统计了我们的网络在训练集和测试集上取得的准确率和损失率。

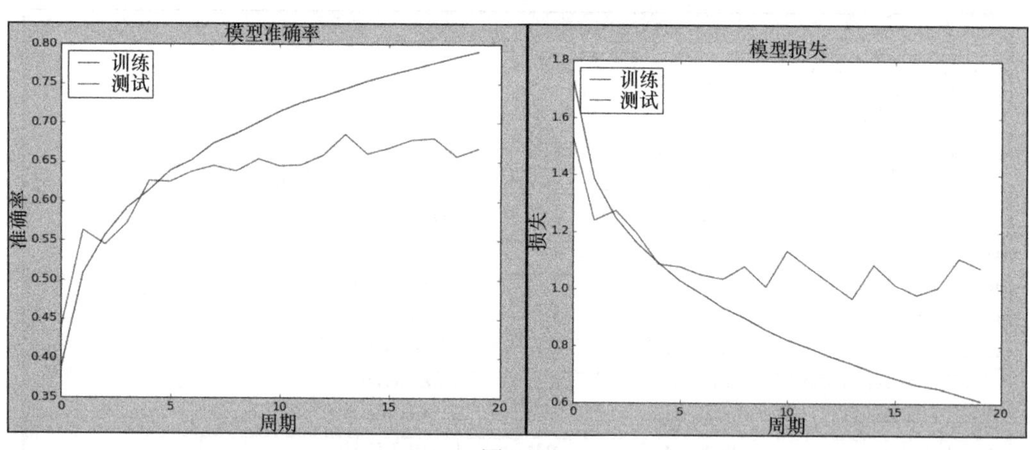

图 3.13

3.3.1 用深度学习网络改进 CIFAR-10 的性能

一个改善性能的方法是定义一个更深的、有更多卷积操作的网络。本例中，我们使用了一系列模块：

conv+conv+maxpool+dropout+conv+conv+maxpool

其后是标准的 *dense+dropout+dense*。所有的激活函数都是 ReLU。

我们来看一下新网络的代码。

```
model = Sequential()
model.add(Conv2D(32, (3, 3), padding='same',
input_shape=(IMG_ROWS, IMG_COLS, IMG_CHANNELS)))
model.add(Activation('relu'))
model.add(Conv2D(32, (3, 3), padding='same'))
model.add(Activation('relu'))
model.add(MaxPooling2D(pool_size=(2, 2)))
model.add(Dropout(0.25))
model.add(Conv2D(64, (3, 3), padding='same'))
model.add(Activation('relu'))
model.add(Conv2D(64, 3, 3))
model.add(Activation('relu'))
model.add(MaxPooling2D(pool_size=(2, 2)))
model.add(Dropout(0.25))
model.add(Flatten())
model.add(Dense(512))
model.add(Activation('relu'))
model.add(Dropout(0.5))
model.add(Dense(NB_CLASSES))
model.add(Activation('softmax'))
```

恭喜你，你已经定义了一个更深的网络。让我们运行代码。首先，我们概要汇总网络；然后，运行 40 次迭代后，我们的准确率达到了 76.9%，如图 3.14 所示。

```
code — python keras_CIFAR10_V2.py — 121×77
~/Keras/codeBook/code — python keras_CIFAR10_V2.py    ~/Keras/codeBook/code — -bash
gulli-macbookpro:code gulli$ python keras_CIFAR10_V1.py
Using TensorFlow backend.
('X_train shape:', (50000, 3, 32, 32))
(50000, 'train samples')
(10000, 'test samples')
____________________________________________________________________________________________________
Layer (type)                     Output Shape          Param #     Connected to
====================================================================================================
convolution2d_1 (Convolution2D)  (None, 32, 32, 32)    896         convolution2d_input_1[0][0]
____________________________________________________________________________________________________
activation_1 (Activation)        (None, 32, 32, 32)    0           convolution2d_1[0][0]
____________________________________________________________________________________________________
convolution2d_2 (Convolution2D)  (None, 32, 32, 32)    9248        activation_1[0][0]
____________________________________________________________________________________________________
activation_2 (Activation)        (None, 32, 32, 32)    0           convolution2d_2[0][0]
____________________________________________________________________________________________________
maxpooling2d_1 (MaxPooling2D)    (None, 32, 16, 16)    0           activation_2[0][0]
____________________________________________________________________________________________________
dropout_1 (Dropout)              (None, 32, 16, 16)    0           maxpooling2d_1[0][0]
____________________________________________________________________________________________________
convolution2d_3 (Convolution2D)  (None, 64, 16, 16)    18496       dropout_1[0][0]
____________________________________________________________________________________________________
activation_3 (Activation)        (None, 64, 16, 16)    0           convolution2d_3[0][0]
____________________________________________________________________________________________________
convolution2d_4 (Convolution2D)  (None, 64, 14, 14)    36928       activation_3[0][0]
____________________________________________________________________________________________________
activation_4 (Activation)        (None, 64, 14, 14)    0           convolution2d_4[0][0]
____________________________________________________________________________________________________
maxpooling2d_2 (MaxPooling2D)    (None, 64, 7, 7)      0           activation_4[0][0]
____________________________________________________________________________________________________
dropout_2 (Dropout)              (None, 64, 7, 7)      0           maxpooling2d_2[0][0]
____________________________________________________________________________________________________
flatten_1 (Flatten)              (None, 3136)          0           dropout_2[0][0]
____________________________________________________________________________________________________
dense_1 (Dense)                  (None, 512)           1606144     flatten_1[0][0]
____________________________________________________________________________________________________
activation_5 (Activation)        (None, 512)           0           dense_1[0][0]
____________________________________________________________________________________________________
dropout_3 (Dropout)              (None, 512)           0           activation_5[0][0]
____________________________________________________________________________________________________
dense_2 (Dense)                  (None, 10)            5130        dropout_3[0][0]
____________________________________________________________________________________________________
activation_6 (Activation)        (None, 10)            0           dense_2[0][0]
====================================================================================================
Total params: 1676842
____________________________________________________________________________________________________
Train on 40000 samples, validate on 10000 samples
Epoch 1/40
40000/40000 [==============================] - 430s - loss: 1.8179 - acc: 0.3443 - val_loss: 1.5250 - val_acc: 0.4551
Epoch 2/40
40000/40000 [==============================] - 382s - loss: 1.3506 - acc: 0.5182 - val_loss: 1.1998 - val_acc: 0.5714
```

图 3.14

如图 3.15 所示，你可以看到 40 次迭代后达到的准确率。

```
Epoch 39/40
40000/40000 [==============================] - 348s - loss: 0.5497 - acc: 0.8246 - val_loss: 0.8669 - val_acc: 0.7811
Epoch 40/40
40000/40000 [==============================] - 346s - loss: 0.5447 - acc: 0.8280 - val_loss: 0.7910 - val_acc: 0.7816
Testing...
10000/10000 [==============================] - 41s
('\nTest score:', 0.79934534568786619)
('Test accuracy:', 0.76929999999999998)
['acc', 'loss', 'val_acc', 'val_loss']
```

图 3.15

针对前面更简单的深度网络，我们的性能提高了 10.5%。为了完整性，我们统计一下训练过程中的准确率和损失值，如图 3.16 所示。

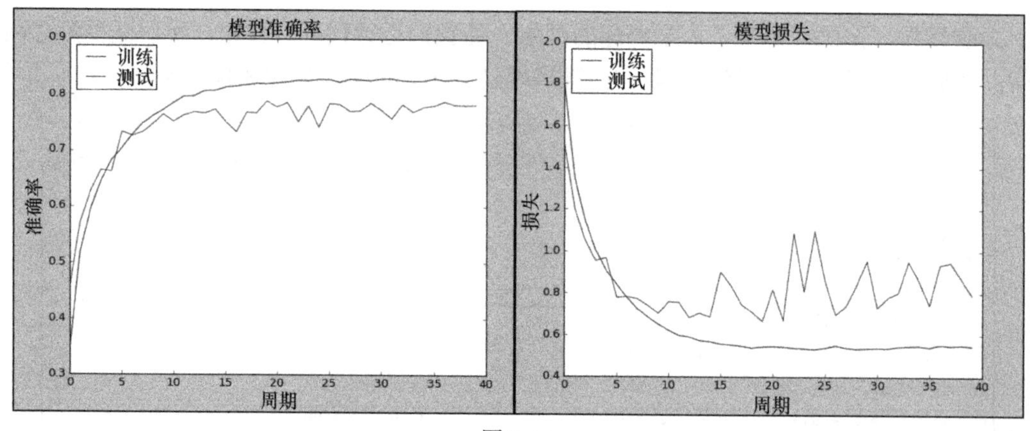

图 3.16

3.3.2　通过数据增加改善 CIFAR-10 的性能

另一个改善性能的方法是为我们的训练生成更多的图片。关键的地方在于我们可以使用标准的 CIFAR 训练集，并通过如旋转、比例调整、水平/垂直翻转、缩放、信道交换等多种类型的转换来增加图形。我们看一下代码：

```
from keras.preprocessing.image import ImageDataGenerator
from keras.datasets import cifar10
import numpy as np
NUM_TO_AUGMENT=5

#加载数据集
(X_train, y_train), (X_test, y_test) = cifar10.load_data()

#扩展
print("Augmenting training set images...")
datagen = ImageDataGenerator(
rotation_range=40,
width_shift_range=0.2,
height_shift_range=0.2,
zoom_range=0.2,
horizontal_flip=True,
fill_mode='nearest')
```

rotation_range 是用来旋转图片的角度值（0～180）。width_shift 和 height_shift 是对图片做随机水平或垂直变化时的范围。zoom_range 是随机缩放图片的变化值。horizontal_flip 是对选中的一半图片进行随机的水平翻转。fill_mode 是图片翻转或交换后用来填充新像素时采用的策略。

```
xtas, ytas = [], []
```

```
for i in range(X_train.shape[0]):
num_aug = 0
x = X_train[i] # (3, 32, 32)
x = x.reshape((1,) + x.shape) # (1, 3, 32, 32)
for x_aug in datagen.flow(x, batch_size=1,
save_to_dir='preview', save_prefix='cifar', save_format='jpeg'):
if num_aug >= NUM_TO_AUGMENT:
break
xtas.append(x_aug[0])
num_aug += 1
```

扩充后，我们从标准的 CIFAR-10 生成了更多的训练图像，如图 3.17 所示。

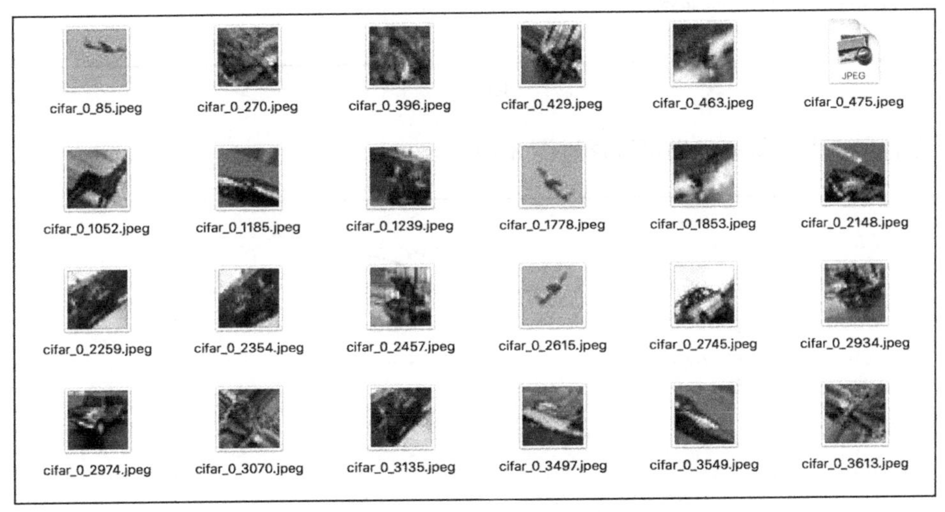

图 3.17

现在我们可以把这些图像直接用来训练。我们还是使用之前定义的相同的卷积网络，只是生成了更多的扩展图像进行训练。考虑到效率问题，生成器针对模型并发运行。这可以让图像在 CPU 上扩展时，同时在 GPU 上并行训练。代码如下。

```
#匹配数据
datagen.fit(X_train)

#训练
history = model.fit_generator(datagen.flow(X_train, Y_train,
batch_size=BATCH_SIZE), samples_per_epoch=X_train.shape[0],
epochs=NB_EPOCH, verbose=VERBOSE)
score = model.evaluate(X_test, Y_test,
batch_size=BATCH_SIZE, verbose=VERBOSE)
print("Test score:", score[0])
print('Test accuracy:', score[1])
```

因为我们使用了更多的训练数据，所以每次迭代都变得更耗时。让我们只运行 50 次迭代，可以看到准确率达到了 78.3%，如图 3.18 所示。

```
Epoch 46/50
50000/50000 [==============================] - 405s - loss: 0.8288 - acc: 0.7297
Epoch 47/50
50000/50000 [==============================] - 424s - loss: 0.8349 - acc: 0.7303
Epoch 48/50
50000/50000 [==============================] - 408s - loss: 0.8319 - acc: 0.7295
Epoch 49/50
50000/50000 [==============================] - 403s - loss: 0.8386 - acc: 0.7281
Epoch 50/50
50000/50000 [==============================] - 398s - loss: 0.8394 - acc: 0.7267
Testing...
10000/10000 [==============================] - 42s
('\nTest score:', 0.73110332846641546)
('Test accuracy:', 0.78369999999999995)
['acc', 'loss']
```

图 3.18

我们实验中取得的成果可以通过图 3.19 总结。

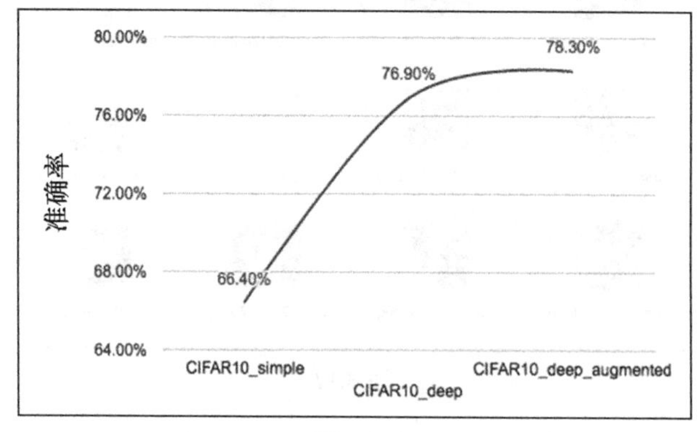

图 3.19

CIFAR-10 分类的最先进成果的列表请参见 http://rodrigob.github.io/are_we_there_yet/build/classification_datasets_results.html。截至 2017 年 1 月，最高的识别准确率是 96.53%。

3.3.3 用 CIFAR-10 进行预测

现在假设我们要用已经在 CIFAR-10 上训练好的模型进行大量图片的预测。因为我们已经保存了模型和权重，所以不需要每次都训练。

```
import numpy as np
import scipy.misc
from keras.models import model_from_json
```

```
from keras.optimizers import SGD

#加载模型
model_architecture = 'cifar10_architecture.json'
model_weights = 'cifar10_weights.h5'
model = model_from_json(open(model_architecture).read())
model.load_weights(model_weights)

#加载图片
img_names = ['cat-standing.jpg', 'dog.jpg']
imgs = [np.transpose(scipy.misc.imresize(scipy.misc.imread(img_name), (32,
32)),
(1, 0, 2)).astype('float32')
for img_name in img_names]
imgs = np.array(imgs) / 255

#训练
optim = SGD()
model.compile(loss='categorical_crossentropy', optimizer=optim,
metrics=['accuracy'])

#预测
predictions = model.predict_classes(imgs)
print(predictions)
```

现在我们对图像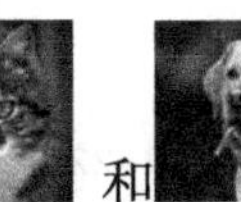和进行预测，如同预期的，我们得到的结果是类别 3（猫）和 5（狗），如图 3.20 所示。

```
gulli-macbookpro:code gulli$ python keras_EvaluateCIFAR10.py
Using TensorFlow backend.
2/2 [==============================] - 0s
[3 5]
gulli-macbookpro:code gulli$ 
```

图 3.20

3.4 用于大型图片识别的极深度卷积网络

2014 年，一个对图像识别有趣的贡献出现了（更多信息请参考《Very Deep Convolutional Networks for Large-Scale Image Recognition》，作者 K.Simonyan 和 A. Zisserman, 2014）。

这篇论文表明，在现有技术配置上把深度推至 16～19 个权重层就可以取得重大进展。该论文中提出的 D 或 VGG-16 模型就有 16 个深度网络层。已经有用 Java Caffe 实现的在

ImageNet ILSVRC-2012 数据集上训练该模型的代码，ImageNet 包含了 1 000 种类别的图片，分别划分在 3 个集合中：训练集（1 300 000 张），验证集（50 000 张），以及测试集（100 000 张）。每个图像都是三通道 224×224 像素的。这个模型在 ILSVRC-2012- val 验证集上取得的 top5 错误率是 7.5%，在 ILSVRC-2012-test 测试集上取得的 top5 错误率是 7.4%。

据 ImageNet 网站所说：

“比赛的目标是使用大型的手动标注的 ImageNet 数据集（1 000 万张描述了 10 000 多种类别对象的已标注的图像集）的子集进行训练，来检索和自动标注图片内容。测试集的图像最初没有任何标注，没有切分也没有标记，算法必须生成标记来指明图像中出现的是何种物体。”

Caffe 实现的模型训练出的权重已经直接转换到 Keras 中，它可以预加载到 Keras 模型中使用。下面是论文中描述的实现。

```
from keras.models import Sequential
from keras.layers.core import Flatten, Dense, Dropout
from keras.layers.convolutional import Conv2D, MaxPooling2D, ZeroPadding2D
from keras.optimizers import SGD
import cv2, numpy as np

#定义 VGG16 网络
def VGG_16(weights_path=None):
model = Sequential()
model.add(ZeroPadding2D((1,1),input_shape=(3,224,224)))
model.add(Conv2D(64, (3, 3), activation='relu'))
model.add(ZeroPadding2D((1,1)))
model.add(Conv2D(64, (3, 3), activation='relu'))
model.add(MaxPooling2D((2,2), strides=(2,2)))
model.add(ZeroPadding2D((1,1)))
model.add(Conv2D(128, (3, 3), activation='relu'))
model.add(ZeroPadding2D((1,1)))
model.add(Conv2D(128, (3, 3), activation='relu'))
model.add(MaxPooling2D((2,2), strides=(2,2)))
model.add(ZeroPadding2D((1,1)))
model.add(Conv2D(256, (3, 3), activation='relu'))
model.add(ZeroPadding2D((1,1)))
model.add(Conv2D(256, (3, 3), activation='relu'))
model.add(ZeroPadding2D((1,1)))
model.add(Conv2D(256, (3, 3), activation='relu'))
model.add(MaxPooling2D((2,2), strides=(2,2)))
model.add(ZeroPadding2D((1,1)))
```

```
model.add(Conv2D(512, (3, 3), activation='relu'))
model.add(ZeroPadding2D((1,1)))
model.add(Conv2D(512, (3, 3), activation='relu'))
model.add(ZeroPadding2D((1,1)))
model.add(Conv2D(512, (3, 3), activation='relu'))
model.add(MaxPooling2D((2,2), strides=(2,2)))
model.add(ZeroPadding2D((1,1)))
model.add(Conv2D(512, (3, 3), activation='relu'))
model.add(ZeroPadding2D((1,1)))
model.add(Conv2D(512, (3, 3), activation='relu'))
model.add(ZeroPadding2D((1,1)))
model.add(Conv2D(512, (3, 3), activation='relu'))
model.add(MaxPooling2D((2,2), strides=(2,2)))
model.add(Flatten())
#VGG 网络的上层
model.add(Dense(4096, activation='relu'))
model.add(Dropout(0.5))
model.add(Dense(4096, activation='relu'))
model.add(Dropout(0.5))
model.add(Dense(1000, activation='softmax'))
if weights_path:
model.load_weights(weights_path)
return model
```

3.4.1 用 VGG-16 网络识别猫

让我们测试一下猫的图像  。

```
im = cv2.resize(cv2.imread('cat.jpg'), (224, 224)).astype(np.float32)
im = im.transpose((2,0,1))
im = np.expand_dims(im, axis=0)

#测试预训练好的模型
model = VGG_16('/Users/gulli/Keras/codeBook/code/data/vgg16_weights.h5')
optimizer = SGD()
model.compile(optimizer=optimizer, loss='categorical_crossentropy')
out = model.predict(im)
print np.argmax(out)
```

代码执行后返回的类别是 285，对应的正是埃及猫，如图 3.21 所示。

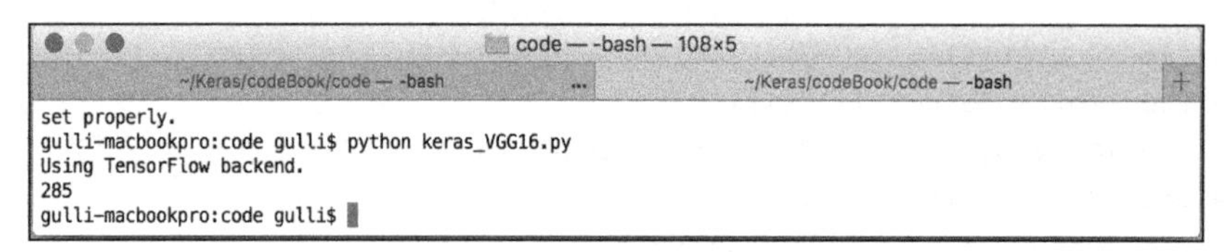

图 3.21

3.4.2　使用 Keras 内置的 VGG-16 网络模块

Keras 应用程序是预置的并预训练好的深度学习模型。权重存储在~/.keras/models/中，当模型初始化的时候权重会自动下载。使用以下很简单的内置代码。

```
from keras.models import Model
from keras.preprocessing import image
from keras.optimizers import SGD
from keras.applications.vgg16 import VGG16
import matplotlib.pyplot as plt
import numpy as np
import cv2

#使用预训练好的权重在 imagenet 上预构建模型
model = VGG16(weights='imagenet', include_top=True)
sgd = SGD(lr=0.1, decay=1e-6, momentum=0.9, nesterov=True)
model.compile(optimizer=sgd, loss='categorical_crossentropy')

#图片调整为 VGG16 训练格式
im = cv2.resize(cv2.imread('steam-locomotive.jpg'), (224, 224))
im = np.expand_dims(im, axis=0)

#预测
out = model.predict(im)
plt.plot(out.ravel())
plt.show()
print np.argmax(out)
#这段代码应给出蒸汽火车编码 820
```

现在，我们考虑火车，如图 3.22 所示。

图 3.22

这种火车就像我的祖父开过的一样。如果我们运行代码，我们得到的结果是 820，而 820 正是 ImageNet 中蒸汽火车的编码。同等重要的事实是所有其他的类别获得的支持都非常微弱，如图 3.23 所示。

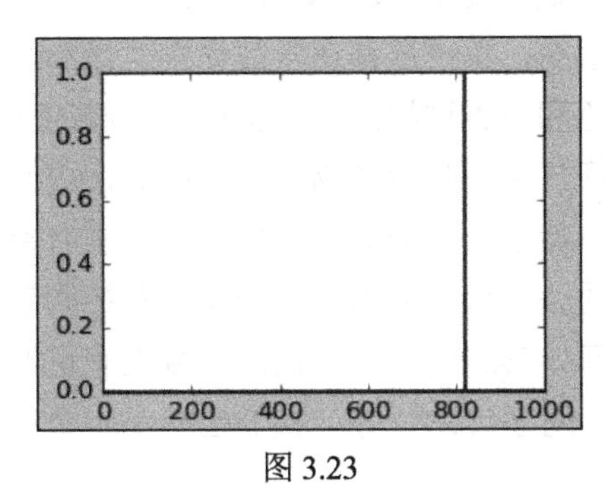

图 3.23

总结一下本小节，VGG-16 不过是 Keras 的预置模块之一，完整的 Keras 预训练好的模型参见 Keras 官网。

3.4.3 为特征提取回收内置深度学习模型

一个实现特征提取的简单想法是使用 VGG-16, 或者更通用地使用 DCNN。下面的代码实现了从某特定的网络层进行特征提取。

```
from keras.applications.vgg16 import VGG16
from keras.models import Model
from keras.preprocessing import image
from keras.applications.vgg16 import preprocess_input
import numpy as np

#预置并预训练好的 VGG16 深度学习模型
base_model = VGG16(weights='imagenet', include_top=True)
for i, layer in enumerate(base_model.layers):
   print (i, layer.name, layer.output_shape)

#从 block4_pool 块提取特征
model =
Model(input=base_model.input,
output=base_model.get_layer('block4_pool').output)
img_path = 'cat.jpg'
img = image.load_img(img_path, target_size=(224, 224))
x = image.img_to_array(img)
x = np.expand_dims(x, axis=0)
x = preprocess_input(x)
```

```
#获取特征
features = model.predict(x)
```

现在你可能好奇为什么我们要从 DCNN 的中间网络层提取特征。关键的地方是，在网络学习对图片分类的过程中，每一层都在学习识别对最终分类必要的那些特征。低级的网络层识别的是类似颜色和边界这样的顺序特征，高级的网络层则把低层的这些顺序特征组合成更高的顺序特征，如形状或者物体等。因此，中间的网络层才有能力从图像中提取出重要的特征，这些特征有可能对不同类型的分类有益。特征提取有多种益处。第一，我们可以依赖大型的公开可用的训练并把学习转换到新的领域；第二，我们可以为大型的耗时训练节省时间；第三，即使我们的领域没有足够多的训练样例，我们也可以提供出合理的解决方案。对手边的任务，我们也有了一个良好的初始网络模型，而非凭空猜测。

3.4.4　用于迁移学习的极深 inception-v3 网络

迁移学习（Transfer Learning）是非常强大的深度学习技术，在各个领域都有较多的应用。它在直觉上非常简单，并且可以通过类比的方式来解释。假设你想学习一门新的语言，比如西班牙语，那么从另一门你已经精通的语言开始，比如英语，就可能会很有帮助。

顺着这个思路，在那些数据集没有大到足以从头训练整个 CNN 的地方，计算机视觉研究者现在通常使用预训练好的 CNN 网络来生成新任务的代理。另一个常用的战术是利用预训练好的 ImageNet 网络，然后为新任务微调整个网络。

Inception-v3 是谷歌开发的一个深度网络。Keras 实现了图 3.24 中描述的整个网络，并且在 ImageNet 上进行了预训练。本模型在 3 个通道上的默认输入大小是 299×299。

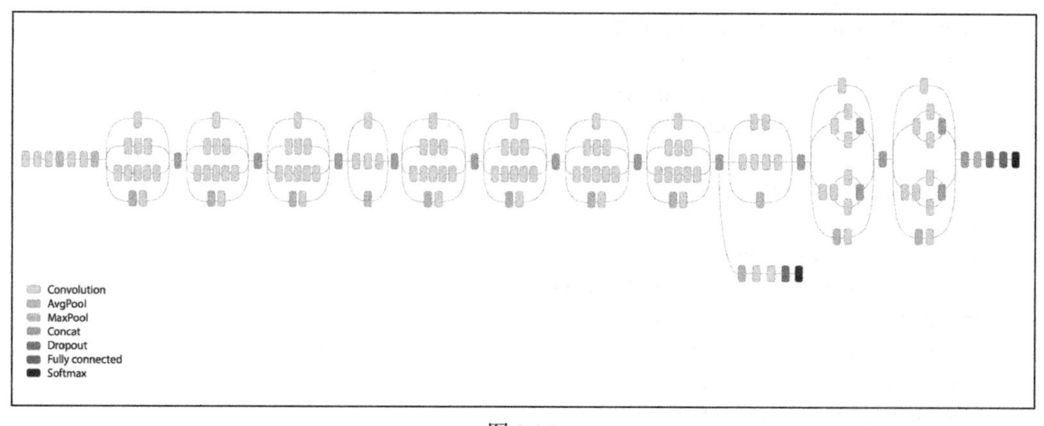

图 3.24

这个骨架的例图是受到了 Keras 网站上的一个项目的启发。假设 *D* 是某个领域中不同于 ImageNet 的训练数据集，它有 1 024 个输入特征和 200 个类别输出。我们看一下代码片段：

```
from keras.applications.inception_v3 import InceptionV3
from keras.preprocessing import image
from keras.models import Model
from keras.layers import Dense, GlobalAveragePooling2D
from keras import backend as K

#创建基础预训练模型
base_model = InceptionV3(weights='imagenet', include_top=False)
```

我们使用训练好的 inception-v3 网络，不包括顶部的模型，因为我们要在数据集 *D* 上微调。顶级是一个带有 1 024 个输入的 dense 层，而最后的输出级是带有 200 个输出类别的 softmax dense 层。x = GlobalAveragePooling2D()(x)用来把输入转换成 dense 层可以处理的正确形状。实际上，base_model.output 当 dim_ordering="th"时具有的张量形状是 *(samples, channels, rows, cols)*，当 dim_ordering="tf"时具有的张量形状是*(samples, rows, cols, channels)*，但 dense 层需要的是*(samples, channels)*，并且 GlobalAveragePooling2D 层要对*(rows,cols)*做平均。因此如果你看看最后的 4 层(include_top=true 的地方)，你会看到这些形状：

```
# layer.name, layer.input_shape, layer.output_shape
('mixed10', [(None, 8, 8, 320), (None, 8, 8, 768), (None, 8, 8, 768),
(None, 8, 8, 192)], (None, 8, 8, 2048))
('avg_pool', (None, 8, 8, 2048), (None, 1, 1, 2048))
('flatten', (None, 1, 1, 2048), (None, 2048))
('predictions', (None, 2048), (None, 1000))
```

当你使 include_top=False 时，你就移除了最后 3 层并暴露了 mixed10 层，因而 GlobalAveragePooling2D 层把(*None*, 8, 8, 2048)转换成了(*None*, 2048)，这里(*None*, 2048)张量中的每个元素，都是(*None*, 8, 8, 2048)张量中每个对应的(8, 8)子张量的平均值。

```
#填加全局空间平均池化层
x = base_model.output
x = GlobalAveragePooling2D()(x)# let's add a fully-connected layer as first
layer
x = Dense(1024, activation='relu')(x)# and a logistic layer with 200
classes as last layer
predictions = Dense(200, activation='softmax')(x)# model to train
model = Model(input=base_model.input, output=predictions)
```

所有的卷积层都是预训练好的,所以我们在整个模型的训练过程中冻结它们:

```
#即,冻结所有卷积 InceptionV3 层
for layer in base_model.layers: layer.trainable = False
```

模型随后被编译，并训练几期，这样上面的网络层就被训练好了：

```
#编译模型(应在把网络层设置为 nontrainable 之后进行)
model.compile(optimizer='rmsprop', loss='categorical_crossentropy')

#将模型在新数据上训练几轮
 model.fit_generator(...)
```

然后，我们冻结 inception 中的上面的网络层，并调整一些 inception 层。本例中，我们决定冻结前 172 层（调优超参数）：

```
# 我们选择训练最上面的两个 inception 块儿,即我们将冻结前面的 172 层并解冻其余层

for layer in
model.layers[:172]: layer.trainable = False
for layer in
model.layers[172:]: layer.trainable = True
```

调整优化后，我们重新编译模型，重编译模型将使这些修改生效：

```
# 我们使用 SGD 优化器，学习率设置成很小的值
from keras.optimizers
import SGD
model.compile(optimizer=SGD(lr=0.0001, momentum=0.9),
loss='categorical_crossentropy')

#我们再次训练模型(这次调整最上面的两块儿)
#最上面是全连接层
model.fit_generator(...)
```

现在我们有了一个重用了标准 Inception-v3 网络的新的深度网络，它通过迁移学习技术在新的数据域 D 上进行训练。当然，为了取得较高的准确率，有很多参数都要微调。然而作为开始，我们通过迁移学习重用了一个非常大型的预训练好的网络，这样做让我们重用了 Keras 中早已有的部分，而不必重新在我们的机器上训练。

3.5　小结

本章中，我们学习了如何利用深度学习卷积网络来高准确率地识别 MNIST 手写字符。之后我们用 CIFAR 10 数据集构建了一个 10 个类别的深度学习分类器，并用 ImageNet

构建了一个 1 000 个类别的精准的分类器。另外，我们探讨了如何使用大型的深度学习网络，如 VGG16，以及极深度网络，如 InceptionV3。本章最后讨论了迁移学习，可将在大型数据集上训练好的预置模型应用到新领域。

下一章，我们将引入生成对抗网络，以生成类似人类生成的合成数据。我们还会讲到 WaveNet，一个用来再现高质量人类语音和乐器音的深度神经网络。

第 4 章
生成对抗网络和 WaveNet

在这一章，我们将讨论生成对抗网络（Generative Adversarial Network，GAN）和WaveNet。生成对抗网络被深度学习之父杨立昆（Yann LeCun）定义为最近 10 年机器学习最有意思的创意。生成对抗网络能够学习如何重现看似真实的合成数据。例如，计算机能学习如何绘制并创作逼真的图像。这个思想最初由 Ian Goodfellow 提出（更多信息请参考《NIPS 2016 Tutorial: Generative Adversarial Networks》，作者 I. Goodfellow，2016)；他曾在蒙特利尔大学、Google Brain 工作过，目前就职于 OpenAI。WaveNet 是一个由谷歌DeepMind 提出的深度生成网络，用于教会计算机如何重现人的声音和乐器音，并都具有很高的质量。

本章，我们将涵盖以下内容：

- 什么是生成对抗网络
- 深度卷积生成对抗网络
- 生成对抗网络的应用

4.1 什么是生成对抗网络

生成对抗网络可以直观地简单理解为类似于伪造品。伪造品是指仿制其他艺术家作品的过程，通常被仿者是更著名的艺术家。生成对抗网络同时训练两个神经网络，如图 4.1 所示，生成器 $G(Z)$ 生成仿品，判别器 $D(Y)$ 可以基于真品和仿品来判断仿造品的仿真程度。$D(Y)$ 有一个输入参数 Y（例如，一个图像），它用于判别输入的真实度，通常，靠近 0 的值表示真实，靠近 1 的值表示仿造。$G(Z)$ 接受随机噪声输入 Z，并训练自己去欺骗 D，让 D 以为 $G(Z)$ 产生的任何数据都是真实的。因此，训练判别器 $D(Y)$ 的目标是，使每个真实的数据分布中的图像的 $D(Y)$值最大化，并使真实数据分布之外的图像其 $D(Y)$ 值最小化。所以，G 和 D 进行一个相对立的博弈；因此名为对抗性训练。请注意，我们以交替方式训练 G 和 D，其中它们的目标函数表示为损失函数，并用梯度下降算法进行优化。生成模型学习如何更成功地伪造，而判别模型学习如何更成功地识别仿品。判别网络（通常是一个标准卷积神经网络）试图对输入图像是真实的还是生成的进行分类。重要的新思路是，判别器和生成器都通过反向传播来调整生成器的参数，这样生成器就能够学习如何在越来越多的情况下欺骗判别器。最后，生成器将学习如何生成可以以假乱真的仿造图片。

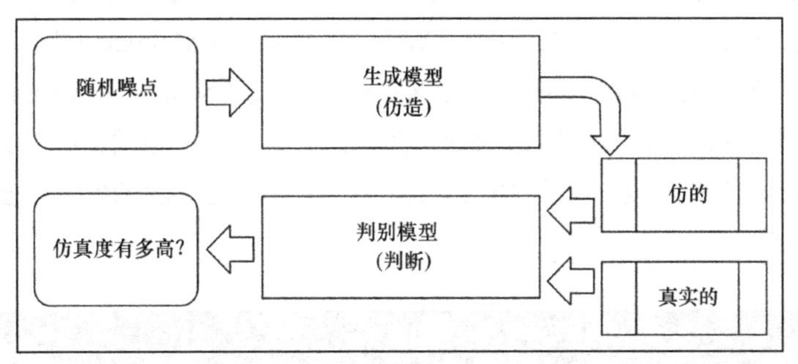

图 4.1

当然，生成对抗网络需要找到游戏的两个玩家（G 和 D）之间的平衡点。为了有效的学习，如果一个玩家在一轮更新后成功地走下坡路，同样的更新也必须让其他玩家走下坡路。想想吧！如果伪造者学会了每一次都能欺骗判别器，那么伪造者自己就没有更多的东西可学了。有时两个玩家最终达到平衡，但这并不总是保证两个玩家可以继续玩很长一段时间。图 4.2 给出一个双方学习过程的例子。

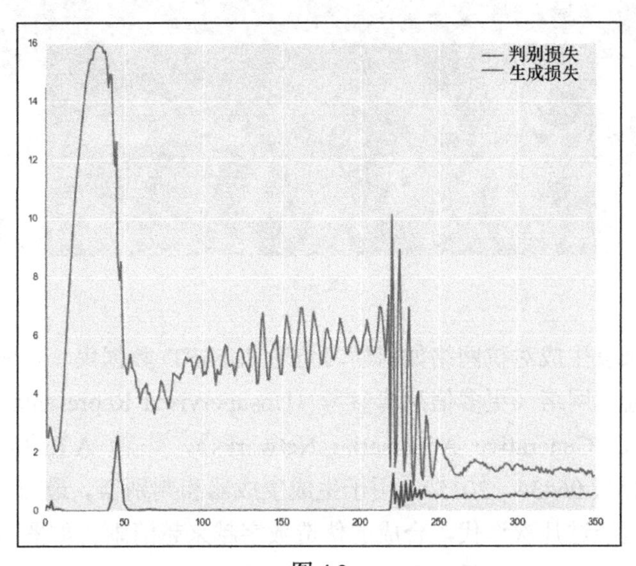

图 4.2

生成对抗网络的一些应用

我们已经看到生成器学习如何仿造数据，这意味着它学习如何用神经网络创建新的合成数据，这些数据看起来很真实，就像人类创作的。在深入生成对抗网络代码细节之前，我想分享一下最近一篇论文的成果：《StackGAN: Text to Photo-Realistic Image Synthesis with Stacked Generative Adversarial Networks》，作者 Han Zhang、Tao Xu、Hongsheng Li、Shaoting Zhang、Xiaolei Huang、Xiaogang Wang 和 Dimitris Metaxas（在线查看代码地址：https://github.com/hanzhanggit/StackGAN）。这篇论文里，GAN 被用来从一段文本描述开始，然后合成仿造的图片，结果令人印象深刻。图 4.3 中第一列是测试集中的真实图像，其余的列包含由 StackGAN 阶段 1 和阶段 2 从相同文本描述生成的图像。更多的示例请观看 YouTube 上的视频。

图 4.3

现在让我们来看生成对抗网络如何学习仿造 MNIST 数据集。本例中，将联合使用生成对抗网络和卷积网络（更多信息请参考《Unsupervised Representation Learning with Deep Convolutional Generative Adversarial Networks》，作者 A.Radford，L. Metz，S. Chintala，arXiv: 1511.06434，2015），用于生成生成器和判别器。最初，生成器创作出的东西不可理解，但经过几次迭代，合成的伪造数字越来越清晰。如图 4.4 所示，面板通过递增训练轮数排序，你可以看出面板中的质量改进。

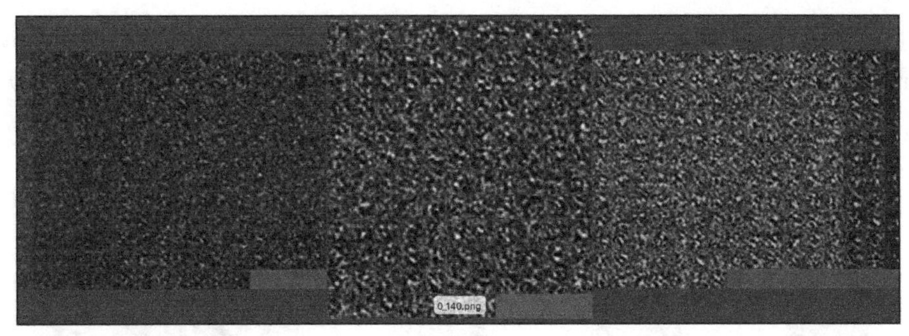

图 4.4

图 4.5 展示多次迭代后仿造生成的手写数字。

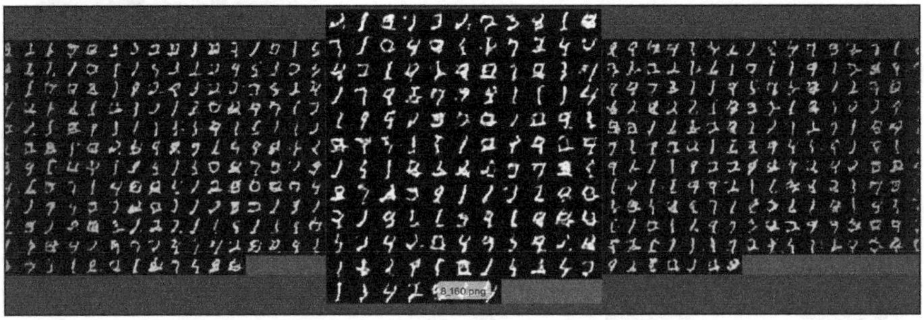

图 4.5

图 4.6 展示借助计算仿造的手写数字。结果无法从视觉上区分原手写数字和合成数字。

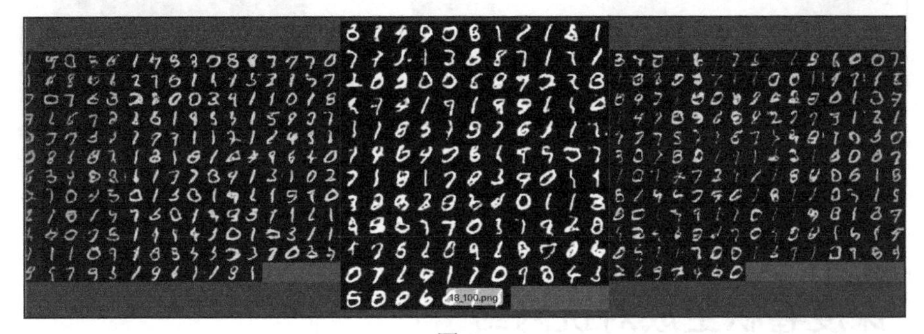

图 4.6

生成对抗网络最酷的用法之一，是生成器的 ***Z*** 向量上对人脸进行的算术运算。换言之，如果我们留在合成的仿造图片的空间，可能看到下面这样的内容：

[smiling woman] - [neutral woman] + [neutral man] = [smiling man]

或者：

[man with glasses] - [man without glasses] + [woman without glasses] = [woman with glasses]

图 4.7 来自文章《Unsupervised Representation Learning with Deep Convolutional Generative Adversarial Networks》，作者 A. Radford，L. Metz 和 S. Chintala，arXiv: 1511. 06434，November，2015。

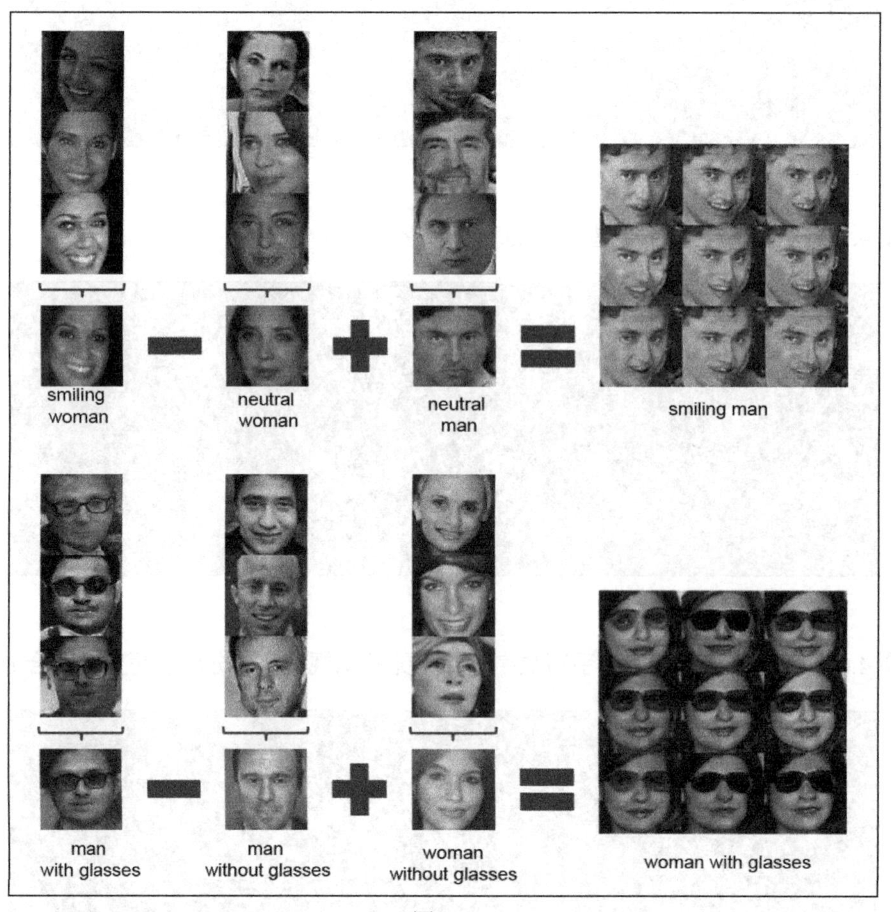

图 4.7

4.2 深度卷积生成对抗网络

深度卷积生成对抗网络（Deep Convolutional Generative Adversarial Networks，DCGAN）由以下论文引入：《Unsupervised Representation Learning with Deep Convolutional Generative Adversarial Networks》，作者 A. Radford，L. Metz 和 S. Chintala，arXiv: 1511.06434，2015。生成器使用了一个 100 维的均匀分布空间 Z，然后通过一系列的相对卷积运算将其投影到较小的空间。图 4.8 展示了一个例子。

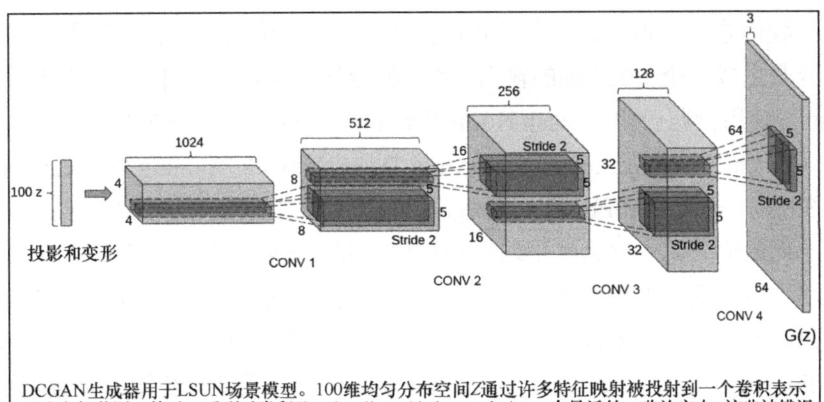

DCGAN生成器用于LSUN场景模型。100维均匀分布空间Z通过许多特征映射被投射到一个卷积表示的小空间范围。然后一系列反卷积(fractionally-strided convolution，在最近的一些论文中，这些被错误地称为去卷积(Deconvolutions))将这个高层次的表示转换成一个64×64 像素的图片。值得注意的是，这没有使用全连接层或池化层。

图 4.8

以下 Keras 代码实现了一个 DCGAN 生成器；另外一个实现代码请参见 https://github.com/jacobgil/keras-dcgan。

```
def generator_model():
    model = Sequential()
    model.add(Dense(input_dim=100, output_dim=1024))
    model.add(Activation('tanh'))
    model.add(Dense(128*7*7))
    model.add(BatchNormalization())
    model.add(Activation('tanh'))
    model.add(Reshape((128, 7, 7), input_shape=(128*7*7,)))
    model.add(UpSampling2D(size=(2, 2)))
    model.add(Convolution2D(64, 5, 5, border_mode='same'))
    model.add(Activation('tanh'))
    model.add(UpSampling2D(size=(2, 2)))
    model.add(Convolution2D(1, 5, 5, border_mode='same'))
    model.add(Activation('tanh'))
    return model
```

注意，代码运行于 Keras 1.x 的语法环境。然而，得益于 Keras 的遗留接口，也可以在 Keras 2.0 中运行这段代码。本例中产生了几个警告信息，如图 4.9 所示。

```
keras-dcgan — python dcgan.py --mode train — 140×14
gulli-macbookpro:keras-dcgan gulli$ python dcgan.py --mode train
Using TensorFlow backend.
dcgan.py:40: UserWarning: Update your `Conv2D` call to the Keras 2 API: `Conv2D(64, (5, 5), padding="same", input_shape=(1, 28, 28...)`
  input_shape=(1, 28, 28)))
dcgan.py:43: UserWarning: Update your `Conv2D` call to the Keras 2 API: `Conv2D(128, (5, 5))`
  model.add(Convolution2D(128, 5, 5))
dcgan.py:20: UserWarning: Update your `Dense` call to the Keras 2 API: `Dense(units=1024, input_dim=100)`
  model.add(Dense(input_dim=100, output_dim=1024))
dcgan.py:27: UserWarning: Update your `Conv2D` call to the Keras 2 API: `Conv2D(64, (5, 5), padding="same")`
  model.add(Convolution2D(64, 5, 5, border_mode='same'))
dcgan.py:30: UserWarning: Update your `Conv2D` call to the Keras 2 API: `Conv2D(1, (5, 5), padding="same")`
  model.add(Convolution2D(1, 5, 5, border_mode='same'))
('Epoch is', 0)
('Number of batches', 468)
```

图 4.9

现在让我们看看代码。第一个 dense 层以一个 100 维的向量作为输入，然后用 tanh 作为激活函数生成一个 1 024 维的输出。我们假定输入是从[−1, 1]的均分分布中采样。下一个 dense 层使用批归一化（Batch Normalization）生成 128×7×7 的输出数据（更多信息请参考《Batch Normalization: Accelerating Deep Network Training by Reducing Internal Covariate Shift》，作者 S. Ioffe 和 C. Szegedy，arXiv: 1502.03167，2014），批归一化是通过将每个单元的输入归一化为零平均值和单位方差，来帮助稳定学习的技术。经验证明，批归一化在许多情况下加快了训练，减少了初始化不良的问题，并且能更普遍地产生更准确的结果。还有一个 Reshape() 模块，它产生 127×7×7（127 通道、7 宽度和 7 高度）的数据，dim_ordering 为 tf，以及 UpSampling() 模块，通过重复将每个数据变成 2×2 方形。之后，我们有一个卷积层，它使用 tanh 作为激活函数，在 5×5 卷积内核上产生了 64 个滤波器，其后跟着一个新的 UpSampling() 和带有一个滤波器的最终的卷积，并在 5×5 卷积内核上，使用 tanh 作为激活函数。请注意，此卷积网络没有任何池化操作。可以用以下代码描述判别器。

```
def discriminator_model():
    model = Sequential()
    model.add(Convolution2D(64, 5, 5, border_mode='same',
    input_shape=(1, 28, 28)))
    model.add(Activation('tanh'))
    model.add(MaxPooling2D(pool_size=(2, 2)))
    model.add(Convolution2D(128, 5, 5))
    model.add(Activation('tanh'))
    model.add(MaxPooling2D(pool_size=(2, 2)))
    model.add(Flatten())
    model.add(Dense(1024))
    model.add(Activation('tanh'))
    model.add(Dense(1))
    model.add(Activation('sigmoid'))
    return model
```

该代码采用标准的形状为（1, 28, 28）的 MNIST 图像，在 64 个大小为 5×5 的滤波器上应用卷积，并使用 tanh 作为激活函数。接下来是大小为 2×2 的最大池化操作和进一步的卷积最大池化操作。最后两个阶段是全连接的，最后一个是对仿品的预测，其中只包含一个使用 sigmoid 作为激活函数的神经元。对于选定的训练轮数，生成器和判别器使用 binary_crossentropy 作为损失函数，并轮流训练。每一期中，生成器做出一些预测（例如，创造出伪造的 MNIST 图像），判别器试图在混合预测与真正的 MNIST 图片后进行学习。训练 32 轮后，生成器学会了仿造这套手写数字，如图 4.10 所示。没有人对机器编程，但它已经学会了如何写出与人类手写数字没有任何区别的数字。请注意，训练生成对抗网络可能是非常困难的，因为有必要找到两者之间的平衡。如果你对这个话题感兴趣，我建议你查看一下由实践者收集的一系列技巧（https://github. com/soumith/ganhacks）。

图 4.10

4.3 用 Keras adversarial 生成 MNIST 数据

Keras adversarial (https://github.com/bstriner/keras-adversarial)是创建生成对抗网络的开源 Python 包，它由 Ben Striner 开发。Keras 最近升级到了 2.0，我建议你下载 Keras adversarial 的最新包：

```
git clone --depth=50 --branch=master
https://github.com/bstriner/keras-adversarial.git
```

然后执行 setup.py 安装：

```
python setup.py install
```

注意，Keras 2.0 的兼容性可以在这里跟踪：https://github.com/bstriner/keras-adversarial/issues/11。

如果生成器 G 和判别器 D 是基于相同的模型 M,那么它们可以组合成一个对抗性模型；模型使用相同的输入 M，但 G 和 D 有不同的目标和度量。可以这样调用 API：

```
adversarial_model = AdversarialModel(base_model=M,
    player_params=[generator.trainable_weights,
discriminator.trainable_weights],
    player_names=["generator", "discriminator"])
```

如果生成器 G 和判别器 D 基于两个不同的模型，则可以这样调用 API：

```
adversarial_model = AdversarialModel(player_models=[gan_g, gan_d],
    player_params=[generator.trainable_weights,
discriminator.trainable_weights],
    player_names=["generator", "discriminator"])
```

让我们看一个计算 MNIST 的例子：

```
import matplotlib as mpl
#这行代码允许 mpl 以无界面形式运行
mpl.use('Agg')
```

让我们看一下开源代码（https://github.com/bstriner/keras-adversarial/blob/master/examples/example_gan_convolutional.py）。请注意，代码使用 Keras 1.x 的语法，但由于 legacy.py 中包含一组实用的工具函数，它也可以在 Keras 2.x 上运行。legacy.py 在本书第 9 章有所述及，可用链接为 https://github.com/bstriner/keras-adversarial/blob/master/keras_adversarial/legacy.py。

首先，开源示例导入了多个模块。除了 LeakyReLU，我们都已经见过。LeakyReLU 是 ReLU 的一个特殊版本，它允许单元未激活时有个小的梯度。实验表明，在许多情况下，LeakyReLU 能提高生成对抗网络的性能。（更多信息请参考《Empirical Evaluation of Rectified Activations in Convolutional Network》，作者 B. Xu，N. Wang，T. Chen 和 M. Li, arXiv:1505.00853，2014。）

```
from keras.layers import Dense, Reshape, Flatten, Dropout, LeakyReLU,
    Input，Activation, BatchNormalization
from keras.models import Sequential, Model
from keras.layers.convolutional import Convolution2D, UpSampling2D
from keras.optimizers import Adam
from keras.regularizers import l1, l1l2
from keras.datasets import mnist

import pandas as pd
import numpy as np
```

接下来，导入生成对抗网络的特定模块：

```
from keras_adversarial import AdversarialModel, ImageGridCallback,
    simple_gan, gan_targets
from keras_adversarial import AdversarialOptimizerSimultaneous,
    normal_latent_sampling, AdversarialOptimizerAlternating
from image_utils import dim_ordering_fix, dim_ordering_input,
    dim_ordering_reshape, dim_ordering_unfix
```

对抗模型可以为多方博弈的比赛进行训练。给定一个具有 n 个目标和 k 个玩家的基本模型，创建一个具有 $n\times k$ 个目标的模型，其中每个玩家优化其自身目标的损失函数。此外，simple_gan 产生一个给定 gan_targets 的生成对抗网络。请注意，在库中，生成器和判别器的标签是相反的；显然，这是生成对抗网络的标准做法。

```
def gan_targets(n):
    """
    Standard training targets [generator_fake, generator_real,
```

```
discriminator_fake,
    discriminator_real] = [1, 0, 0, 1]
    :param n: number of samples
    :return: array of targets
    """
    generator_fake = np.ones((n,  1))
    generator_real = np.zeros((n, 1))
    discriminator_fake = np.zeros((n, 1))
    discriminator_real = np.ones((n, 1))
    return [generator_fake, generator_real, discriminator_fake,
discriminator_real]
```

该示例以我们之前看到的类似方式定义了生成器。然而，在这种情况下，我们使用函数式语法——管道中的每个模块都简单传入并作为下一模块的输入。因此，第一个模块是 dense 层，它使用 glorot_normal 初始化。初始化使用高斯噪声，由输入的总和加上节点的输出来进行缩放。相同类型的初始化应用于所有其他模块。BatchNormlization 函数中的参数 mode=2，基于每批数据的统计结果生成特征可知的归一化值。实验表明，这产生了更好的结果。

```
def model_generator():
    nch = 256
    g_input = Input(shape=[100])
    H = Dense(nch * 14 * 14, init='glorot_normal')(g_input)
    H = BatchNormalization(mode=2)(H)
    H = Activation('relu')(H)
    H = dim_ordering_reshape(nch, 14)(H)
    H = UpSampling2D(size=(2, 2))(H)
    H = Convolution2D(int(nch / 2), 3, 3, border_mode='same',
        init='glorot_uniform')(H)
    H = BatchNormalization(mode=2, axis=1)(H)
    H = Activation('relu')(H)
    H = Convolution2D(int(nch / 4), 3, 3, border_mode='same',
    init='glorot_uniform')(H)
    H = BatchNormalization(mode=2, axis=1)(H)
    H = Activation('relu')(H)
    H = Convolution2D(1, 1, 1, border_mode='same',
        init='glorot_uniform')(H)
    g_V = Activation('sigmoid')(H)
    return Model(g_input, g_V)
```

判别器非常类似于本章前面定义的那个。唯一的区别是采用了 LeakyReLU。

```
def model_discriminator(input_shape=(1, 28, 28), dropout_rate=0.5):
    d_input = dim_ordering_input(input_shape, name="input_x")
    nch = 512
    H = Convolution2D(int(nch / 2), 5, 5, subsample=(2, 2),
```

```
        border_mode='same', activation='relu')(d_input)
    H = LeakyReLU(0.2)(H)
    H = Dropout(dropout_rate)(H)
    H = Convolution2D(nch, 5, 5, subsample=(2, 2),
        border_mode='same', activation='relu')(H)
    H = LeakyReLU(0.2)(H)
    H = Dropout(dropout_rate)(H)
    H = Flatten()(H)
    H = Dense(int(nch / 2))(H)
    H = LeakyReLU(0.2)(H)
    H = Dropout(dropout_rate)(H)
    d_V = Dense(1, activation='sigmoid')(H)
    return Model(d_input, d_V)
```

然后，定义了两个用于加载和归一化 MNIST 数据的简单函数：

```
def mnist_process(x):
    x = x.astype(np.float32) / 255.0
    return x

def mnist_data():
    (xtrain, ytrain), (xtest, ytest) = mnist.load_data()
    return mnist_process(xtrain), mnist_process(xtest)
```

下一步，生成对抗网络被定义为联合 GAN 模型中生成器和判别器的组合。请注意，权重是用 normal_latent_sampling 初始化的，它从正态高斯分布中取样。

```
if __name__ == "__main__":
    # z in R^100
    latent_dim = 100
    # x in R^{28x28}
    input_shape = (1, 28, 28)
    # generator (z -> x)
    generator = model_generator()
    # discriminator (x -> y)
    discriminator = model_discriminator(input_shape=input_shape)
    # gan (x - > yfake, yreal), z 在 GPU 上生成
    gan = simple_gan(generator, discriminator,
normal_latent_sampling((latent_dim, )))
    #打印模型概要
    generator.summary()
    discriminator.summary()
    gan.summary()
```

此后，该示例创建了我们的生成对抗网络、编译模型，并使用 Adam 优化器训练模型，使用 binary_crossentropy 作为损失函数：

```
#构建对抗网络
```

```
model = AdversarialModel(base_model=gan,
    player_params=[generator.trainable_weights,
discriminator.trainable_weights],
    player_names=["generator", "discriminator"])
model.adversarial_compile(adversarial_optimizer=AdversarialOptimizer
Simultaneous(),
    player_optimizers=[Adam(1e-4, decay=1e-4), Adam(1e-3, decay=1e-4)],
    loss='binary_crossentropy')
```

用于创建看起来如同真实图片的生成器已被定义好。每个训练期都将在训练过程中生成一个新的仿照原始图片的图片：

```
def generator_sampler():
    zsamples = np.random.normal(size=(10 * 10, latent_dim))
    gen = dim_ordering_unfix(generator.predict(zsamples))
    return gen.reshape((10, 10, 28, 28))

generator_cb = ImageGridCallback(
    "output/gan_convolutional/epoch-{:03d}.png", generator_sampler)
xtrain, xtest = mnist_data()
xtrain = dim_ordering_fix(xtrain.reshape((-1, 1, 28, 28)))
xtest = dim_ordering_fix(xtest.reshape((-1, 1, 28, 28)))
y = gan_targets(xtrain.shape[0])
ytest = gan_targets(xtest.shape[0])
history = model.fit(x=xtrain, y=y,
validation_data=(xtest, ytest), callbacks=[generator_cb], nb_epoch=100,
    batch_size=32)
df = pd.DataFrame(history.history)
df.to_csv("output/gan_convolutional/history.csv")
generator.save("output/gan_convolutional/generator.h5")
discriminator.save("output/gan_convolutional/discriminator.h5")
```

请注意，dim_ordering_unfix 是用于支持 image_utils.py 中定义的不同图像顺序的工具函数，如下所示：

```
def dim_ordering_fix(x):
    if K.image_dim_ordering() == 'th':
        return x
    else:
        return np.transpose(x, (0, 2, 3, 1))
```

现在，让我们运行代码，并看看生成器和判别器的损失。如图 4.11 所示，我们看到了判别器和生成器网络层的信息。

```
examples — python example_gan_convolutional.py — 140×75
...ook/keras-dcgan — python dcgan.py --mode train    ~/Keras/codeBook/keras-dcgan — -bash    .../examples — python example_gan_convolutional.py
gulli-macbookpro:examples gulli$ python example_gan_convolutional.py
Using TensorFlow backend.
/Users/gulli/miniconda2/lib/python2.7/site-packages/keras_adversarial-0.0.3-py2.7.egg/keras_adversarial/legacy.py:48: UserWarning: Update yo
ur `Conv2D` call to the Keras 2 API: `Conv2D(256, (5, 5), padding="same", strides=(2, 2), activation="relu", kernel_initializer="glorot_unif
orm", kernel_regularizer=None)`
/Users/gulli/miniconda2/lib/python2.7/site-packages/keras_adversarial-0.0.3-py2.7.egg/keras_adversarial/legacy.py:48: UserWarning: Update yo
ur `Conv2D` call to the Keras 2 API: `Conv2D(512, (5, 5), padding="same", strides=(2, 2), activation="relu", kernel_initializer="glorot_unif
orm", kernel_regularizer=None)`
_________________________________________________________________
Layer (type)                 Output Shape              Param #
=================================================================
input_1 (InputLayer)         (None, 100)               0
_________________________________________________________________
dense_1 (Dense)              (None, 50176)             5067776
_________________________________________________________________
batch_normalization_1 (Batch (None, 50176)             200704
_________________________________________________________________
activation_1 (Activation)    (None, 50176)             0
_________________________________________________________________
reshape_1 (Reshape)          (None, 14, 14, 256)       0
_________________________________________________________________
up_sampling2d_1 (UpSampling2 (None, 28, 28, 256)       0
_________________________________________________________________
conv2d_1 (Conv2D)            (None, 28, 28, 128)       295040
_________________________________________________________________
batch_normalization_2 (Batch (None, 28, 28, 128)       112
_________________________________________________________________
activation_2 (Activation)    (None, 28, 28, 128)       0
_________________________________________________________________
conv2d_2 (Conv2D)            (None, 28, 28, 64)        73792
_________________________________________________________________
batch_normalization_3 (Batch (None, 28, 28, 64)        112
_________________________________________________________________
activation_3 (Activation)    (None, 28, 28, 64)        0
_________________________________________________________________
conv2d_3 (Conv2D)            (None, 28, 28, 1)         65
_________________________________________________________________
activation_4 (Activation)    (None, 28, 28, 1)         0
=================================================================
Total params: 5,637,601.0
Trainable params: 5,537,137.0
Non-trainable params: 100,464.0
_________________________________________________________________
_________________________________________________________________
Layer (type)                 Output Shape              Param #
=================================================================
input_x (InputLayer)         (None, 28, 28, 1)         0
_________________________________________________________________
conv2d_4 (Conv2D)            (None, 14, 14, 256)       6656
_________________________________________________________________
leaky_re_lu_1 (LeakyReLU)    (None, 14, 14, 256)       0
_________________________________________________________________
dropout_1 (Dropout)          (None, 14, 14, 256)       0
_________________________________________________________________
conv2d_5 (Conv2D)            (None, 7, 7, 512)         3277312
_________________________________________________________________
leaky_re_lu_2 (LeakyReLU)    (None, 7, 7, 512)         0
_________________________________________________________________
dropout_2 (Dropout)          (None, 7, 7, 512)         0
_________________________________________________________________
flatten_1 (Flatten)          (None, 25088)             0
_________________________________________________________________
dense_2 (Dense)              (None, 256)               6422784
_________________________________________________________________
leaky_re_lu_3 (LeakyReLU)    (None, 256)               0
_________________________________________________________________
dropout_3 (Dropout)          (None, 256)               0
_________________________________________________________________
dense_3 (Dense)              (None, 1)                 257
=================================================================
Total params: 9,707,009.0
Trainable params: 9,707,009.0
Non-trainable params: 0.0
_________________________________________________________________
```

图 4.11

图 4.12 显示了用于训练和验证的样本数。

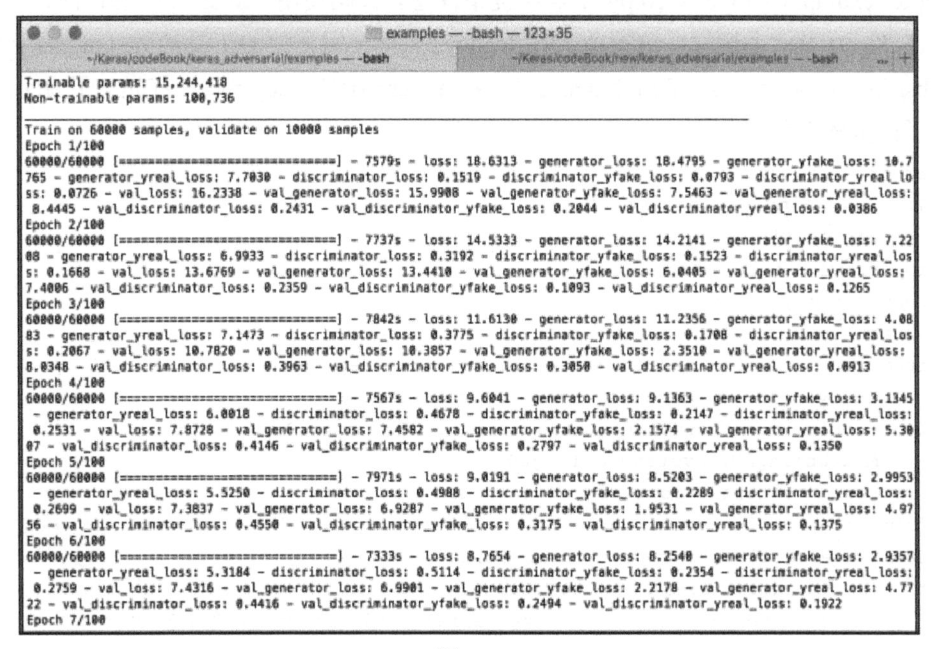

图 4.12

在 5～6 次迭代之后，我们已经生成了可接受的人工图像，计算机已经学会了如何重现手写的字符，如图 4.13 所示。

图 4.13

4.4　用 Keras adversarial 生成 CIFAR 数据

现在，我们可以使用生成对抗网络的方法来学习如何仿造 CIFAR-10 并创建看似真实的合成图像。让我们看一下开源代码（https://github.com/bstriner/keras-adversarial/blob/master/examples/example_gan_cifar10.py）。再次提请注意，代码使用 Keras 1. x 的语法，但它也可以在 Keras 2.x 上运行，这得益于在 legacy.py 里一组方便的工具函数（https://github.com/bstriner/kerasadversarial/blob/master/keras_adversarial/legacy.py）。首先，开源示例中导入了许多软件包：

```
import matplotlib as mpl
#这行代码允许 mpl 以无界面形式运行
mpl.use('Agg')
import pandas as pd
import numpy as np
import os
from keras.layers import Dense, Reshape, Flatten, Dropout, LeakyReLU,
    Activation, BatchNormalization, SpatialDropout2D
from keras.layers.convolutional import Convolution2D, UpSampling2D,
    MaxPooling2D, AveragePooling2D
from keras.models import Sequential, Model
from keras.optimizers import Adam
from keras.callbacks import TensorBoard
from keras.regularizers import l1l2
from keras_adversarial import AdversarialModel, ImageGridCallback,
    simple_gan, gan_targets
from keras_adversarial import AdversarialOptimizerSimultaneous,
    normal_latent_sampling, fix_names
import keras.backend as K
from cifar10_utils import cifar10_data
from image_utils import dim_ordering_fix, dim_ordering_unfix,
    dim_ordering_shape
```

接下来定义了一个生成器，它联合使用了卷积与 L1 和 L2 正则化、批归一化、提升采样。请注意，axis=1 是说，首先将张量维度归一化；mode=0 是说，采用特征可知的归一化。这个特殊的网络是许多微调实验的结果，但它本质上仍然是一个二维卷积和上采样操作的序列，它在开头使用全连接模块，结尾使用 sigmoid 函数。另外，每个卷积都使用 LeakyReLU 激活函数和批归一化。

```
def model_generator():
    model = Sequential()
    nch = 256
    reg = lambda: l1l2(l1=1e-7, l2=1e-7)
    h = 5
    model.add(Dense(input_dim=100, output_dim=nch * 4 * 4,
W_regularizer=reg()))
    model.add(BatchNormalization(mode=0))
    model.add(Reshape(dim_ordering_shape((nch, 4, 4))))
```

```
    model.add(Convolution2D(nch/2, h, h, border_mode='same',
W_regularizer=reg()))
    model.add(BatchNormalization(mode=0, axis=1))
    model.add(LeakyReLU(0.2))
    model.add(UpSampling2D(size=(2, 2)))
    model.add(Convolution2D(nch / 2, h, h, border_mode='same',
W_regularizer=reg()))
    model.add(BatchNormalization(mode=0, axis=1))
    model.add(LeakyReLU(0.2))
    model.add(UpSampling2D(size=(2, 2)))
    model.add(Convolution2D(nch / 4, h, h, border_mode='same',
W_regularizer=reg()))
    model.add(BatchNormalization(mode=0, axis=1))
    model.add(LeakyReLU(0.2))
    model.add(UpSampling2D(size=(2, 2)))
    model.add(Convolution2D(3, h, h, border_mode='same',
W_regularizer=reg()))
    model.add(Activation('sigmoid'))
    return model
```

之后定义了判别器。我们有一个二维卷积操作序列，本例中，我们再次采用 SpatialDropout2D，它丢弃整个 2D 特征平面，而不是单个的元素。出于类似的原因，我们也使用 MaxPooling2D 和 AveragePooling2D。

```
def model_discriminator():
    nch = 256
    h = 5
    reg = lambda: l1l2(l1=1e-7, l2=1e-7)
    c1 = Convolution2D(nch / 4, h, h, border_mode='same',
W_regularizer=reg(),
    input_shape=dim_ordering_shape((3, 32, 32)))
    c2 = Convolution2D(nch / 2, h, h, border_mode='same',
W_regularizer=reg())
    c3 = Convolution2D(nch, h, h, border_mode='same', W_regularizer=reg())
    c4 = Convolution2D(1, h, h, border_mode='same', W_regularizer=reg())
    def m(dropout):
        model = Sequential()
        model.add(c1)
        model.add(SpatialDropout2D(dropout))
        model.add(MaxPooling2D(pool_size=(2, 2)))
        model.add(LeakyReLU(0.2))
        model.add(c2)
        model.add(SpatialDropout2D(dropout))
        model.add(MaxPooling2D(pool_size=(2, 2)))
        model.add(LeakyReLU(0.2))
        model.add(c3)
        model.add(SpatialDropout2D(dropout))
        model.add(MaxPooling2D(pool_size=(2, 2)))
        model.add(LeakyReLU(0.2))
```

```
        model.add(c4)
        model.add(AveragePooling2D(pool_size=(4, 4), border_mode='valid'))
        model.add(Flatten())
        model.add(Activation('sigmoid'))
        return model
    return m
```

现在可以生成合适的生成对抗网络。下面的函数有多个输入，包括一个生成器、一个判别器、潜在维数和生成对抗网络目标。

```
def example_gan(adversarial_optimizer, path, opt_g, opt_d, nb_epoch,
generator,
        discriminator, latent_dim, targets=gan_targets,
loss='binary_crossentropy'):
    csvpath = os.path.join(path, "history.csv")
    if os.path.exists(csvpath):
        print("Already exists: {}".format(csvpath))
    return
```

接下来创建了两个生成对抗网络，其中一个判别器用了 dropout，一个没有用。

```
print("Training: {}".format(csvpath))
# gan (x - > yfake, yreal), z 是 GPU 上生成的高斯分布
# 也可尝试用 uniform_latent_sampling
d_g = discriminator(0)
d_d = discriminator(0.5)
generator.summary()
d_d.summary()
gan_g = simple_gan(generator, d_g, None)
gan_d = simple_gan(generator, d_d, None)
x = gan_g.inputs[1]
z = normal_latent_sampling((latent_dim, ))(x)
#消除输入中的 z
gan_g = Model([x], fix_names(gan_g([z, x]), gan_g.output_names))
gan_d = Model([x], fix_names(gan_d([z, x]), gan_d.output_names))
```

两个生成对抗网络现在组合成一个具有不同权重的对抗模型，然后编译该模型。

```
#构建对抗模型
model = AdversarialModel(player_models=[gan_g, gan_d],
    player_params=[generator.trainable_weights, d_d.trainable_weights],
    player_names=["generator", "discriminator"])
model.adversarial_compile(adversarial_optimizer=adversarial_optimizer,
    player_optimizers=[opt_g, opt_d], loss=loss)
```

接下来，对样本图像进行简单回调，并打印定义了 ImageGridCallback 方法的文件。

```
#创建生成图像的回调
zsamples = np.random.normal(size=(10 * 10, latent_dim))
def generator_sampler():
    xpred = dim_ordering_unfix(generator.predict(zsamples)).transpose((0, 2, 3, 1))
    return xpred.reshape((10, 10) + xpred.shape[1:])
generator_cb =
    ImageGridCallback(os.path.join(path, "epoch-{:03d}.png"),
    generator_sampler, cmap=None)
```

现在，CIFAR-10 数据被加载，模型是合适的。如果后端是 TensorFlow，那么损失信息将被保存到一个 TensorBoard 中，用于检查损失随着时间推移的减少程度。历史记录也可以方便地保存到 CVS 格式文件中，模型的权重也以 h5 格式存储。

```
#训练模型
xtrain, xtest = cifar10_data()
y = targets(xtrain.shape[0])
ytest = targets(xtest.shape[0])
callbacks = [generator_cb]
if K.backend() == "tensorflow":
    callbacks.append(TensorBoard(log_dir=os.path.join(path, logs'),
       histogram_freq=0, write_graph=True, write_images=True))
history = model.fit(x=dim_ordering_fix(xtrain), y=y,
    validation_data=(dim_ordering_fix(xtest), ytest),
    callbacks=callbacks, nb_epoch=nb_epoch,
    batch_size=32)
#将历史信息保存到 CSV 文件
df = pd.DataFrame(history.history)
df.to_csv(csvpath)
#保存模型
generator.save(os.path.join(path, "generator.h5"))
d_d.save(os.path.join(path, "discriminator.h5"))
```

最后，整个生成对抗网络可以正常运行。生成器从具有 100 个潜在维度的空间中取样，我们已将 Adam 用作两个生成对抗网络的优化器。

```
def main():
    # z in R^100
    latent_dim = 100
    # x in R^{28x28}
    # generator (z -> x)
    generator = model_generator()
    # discriminator (x -> y)
    discriminator = model_discriminator()
    example_gan(AdversarialOptimizerSimultaneous(), "output/gan-cifar10",
        opt_g=Adam(1e-4, decay=1e-5),
```

```
        opt_d=Adam(1e-3, decay=1e-5),
        nb_epoch=100, generator=generator, discriminator=discriminator,
        latent_dim=latent_dim)
if __name__ == "__main__":
main()
```

为了对开源代码有一个完整的认识，我们需要包含一些简单的工具函数，用来存储图像的网格。

```
from matplotlib import pyplot as plt, gridspec
import os

def write_image_grid(filepath, imgs, figsize=None, cmap='gray'):
    directory = os.path.dirname(filepath)
    if not os.path.exists(directory):
        os.makedirs(directory)
    fig = create_image_grid(imgs, figsize, cmap=cmap)
    fig.savefig(filepath)
    plt.close(fig)

def create_image_grid(imgs, figsize=None, cmap='gray'):
    n = imgs.shape[0]
    m = imgs.shape[1]
    if figsize is None:
        figsize=(n, m)
    fig = plt.figure(figsize=figsize)
    gs1 = gridspec.GridSpec(n, m)
    gs1.update(wspace=0.025, hspace=0.025) # set the spacing between axes.
    for i in range(n):
        for j in range(m):
            ax = plt.subplot(gs1[i, j])
            img = imgs[i, j, :]
     ax.imshow(img, cmap=cmap)
     ax.axis('off')
     return fig
```

此外，我们需要一些实用的方法来处理不同的图像顺序（例如，Theano 或者 TensorFlow）。

```
import keras.backend as K
import numpy as np
from keras.layers import Input, Reshape

def dim_ordering_fix(x):
    if K.image_dim_ordering() == 'th':
        return x
    else:
```

```
        return np.transpose(x, (0, 2, 3, 1))

def dim_ordering_unfix(x):
    if K.image_dim_ordering() == 'th':
        return x
    else:
        return np.transpose(x, (0, 3, 1, 2))

def dim_ordering_shape(input_shape):
    if K.image_dim_ordering() == 'th':
        return input_shape
    else:
        return (input_shape[1], input_shape[2], input_shape[0])

def dim_ordering_input(input_shape, name):
    if K.image_dim_ordering() == 'th':
        return Input(input_shape, name=name)
    else:
        return Input((input_shape[1], input_shape[2], input_shape[0]),
    name=name)

def dim_ordering_reshape(k, w, **kwargs):
    if K.image_dim_ordering() == 'th':
        return Reshape((k, w, w), **kwargs)
    else:
        return Reshape((w, w, k), **kwargs)

#使用另一个工具函数确定名称
def fix_names(outputs, names):
    if not isinstance(outputs, list):
        outputs = [outputs]
    if not isinstance(names, list):
        names = [names]
    return [Activation('linear', name=name)(output)
        for output, name in zip(outputs, names)]
```

图 4.14 显示了定义好的网络的转储（dump）。

```
examples — python example_gan_cifar10.py — 140×78
...ook/keras-dcgan — python dcgan.py --mode train    ~/Keras/codeBook/keras-dcgan — -bash    ...rsarial/examples — python example_gan_cifar10.py
gulli-macbookpro:examples gulli$ python example_gan_cifar10.py
Using TensorFlow backend.
Training: output/gan-cifar10/history.csv
_________________________________________________________________
Layer (type)                 Output Shape              Param #
=================================================================
dense_1 (Dense)              (None, 4096)              413696
_________________________________________________________________
batch_normalization_1 (Batch (None, 4096)              16384
_________________________________________________________________
reshape_1 (Reshape)          (None, 256, 4, 4)         0
_________________________________________________________________
conv2d_1 (Conv2D)            (None, 128, 4, 4)         819328
_________________________________________________________________
batch_normalization_2 (Batch (None, 128, 4, 4)         512
_________________________________________________________________
leaky_re_lu_1 (LeakyReLU)    (None, 128, 4, 4)         0
_________________________________________________________________
up_sampling2d_1 (UpSampling2 (None, 128, 8, 8)         0
_________________________________________________________________
conv2d_2 (Conv2D)            (None, 128, 8, 8)         409728
_________________________________________________________________
batch_normalization_3 (Batch (None, 128, 8, 8)         512
_________________________________________________________________
leaky_re_lu_2 (LeakyReLU)    (None, 128, 8, 8)         0
_________________________________________________________________
up_sampling2d_2 (UpSampling2 (None, 128, 16, 16)       0
_________________________________________________________________
conv2d_3 (Conv2D)            (None, 64, 16, 16)        204864
_________________________________________________________________
batch_normalization_4 (Batch (None, 64, 16, 16)        256
_________________________________________________________________
leaky_re_lu_3 (LeakyReLU)    (None, 64, 16, 16)        0
_________________________________________________________________
up_sampling2d_3 (UpSampling2 (None, 64, 32, 32)        0
_________________________________________________________________
conv2d_4 (Conv2D)            (None, 3, 32, 32)         4803
_________________________________________________________________
activation_1 (Activation)    (None, 3, 32, 32)         0
=================================================================
Total params: 1,870,083.0
Trainable params: 1,861,251.0
Non-trainable params: 8,832.0
_________________________________________________________________
_________________________________________________________________
Layer (type)                 Output Shape              Param #
=================================================================
conv2d_5 (Conv2D)            (None, 64, 32, 32)        4864
_________________________________________________________________
max_pooling2d_1 (MaxPooling2 (None, 64, 16, 16)        0
_________________________________________________________________
leaky_re_lu_4 (LeakyReLU)    (None, 64, 16, 16)        0
_________________________________________________________________
conv2d_6 (Conv2D)            (None, 128, 16, 16)       204928
_________________________________________________________________
max_pooling2d_2 (MaxPooling2 (None, 128, 8, 8)         0
_________________________________________________________________
leaky_re_lu_5 (LeakyReLU)    (None, 128, 8, 8)         0
_________________________________________________________________
conv2d_7 (Conv2D)            (None, 256, 8, 8)         819456
_________________________________________________________________
max_pooling2d_3 (MaxPooling2 (None, 256, 4, 4)         0
_________________________________________________________________
leaky_re_lu_6 (LeakyReLU)    (None, 256, 4, 4)         0
_________________________________________________________________
conv2d_8 (Conv2D)            (None, 1, 4, 4)           6401
_________________________________________________________________
average_pooling2d_1 (Average (None, 1, 1, 1)           0
_________________________________________________________________
flatten_1 (Flatten)          (None, 1)                 0
_________________________________________________________________
activation_2 (Activation)    (None, 1)                 0
=================================================================
Total params: 1,035,649.0
Trainable params: 1,035,649.0
Non-trainable params: 0.0
_________________________________________________________________
Train on 50000 samples, validate on 10000 samples
```

图 4.14

如果我们运行开源代码，第一次迭代会生成不太真实的图片。然而，99 次迭代后，神经网络学会了仿造一些看起来像真的 CIFAR-10 图片，如图 4.15 所示。

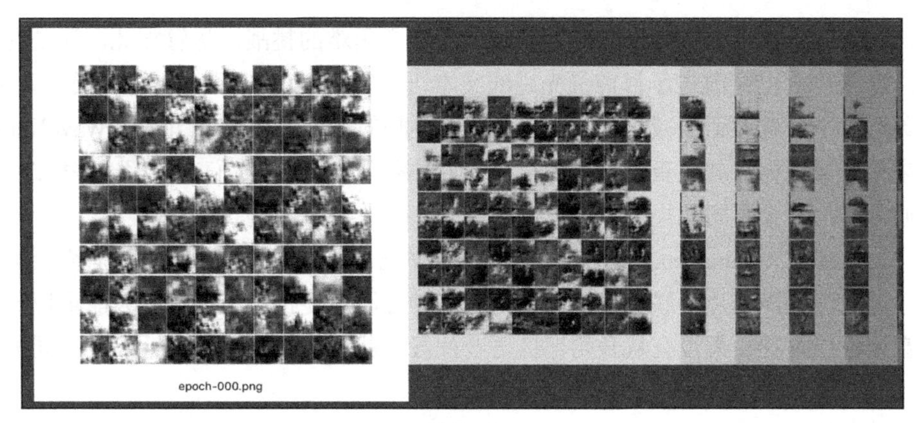

图 4.15

如图 4.16 所示，我们看到，右边是真实的 CIFAR-10 图片，左边是仿造的图片。

图 4.16

4.5 WaveNet——一个学习如何产生音频的生成模型

WaveNet 是用来生成原始音频波形的深度对抗模型。这项突破性技术由谷歌 DeepMind 引入，用于教授用户如何和计算机交谈。结果非常出色，你可以找到合成声音的在线例子。计算机学会如何与名人如马特 • 达蒙（Matt Damon）的语音进行交谈。所以，你可能会想，为什么学习合成音频是如此困难？是的，我们听到的每个数字声音都是基于每秒 16 000 个样本（有时是 48 000 个样本或更多），建立一个预测模型，用于学习如何基于所有前置样本重现一个示例是一个非常困难的挑战。尽管如此，还是有实验表明，WaveNet 已经改进了目前最先进的文本语音转换（TTS）系统，与人类语音相比，美国英语和中文普通话都减少了 50%的差异。更酷的是，DeepMind 证明，WaveNet 也可以用来教计算机如何产生音乐乐器的声音，如钢琴音乐。现在我们来了解一些概念。TTS 系统通常分为两个不同的类。

（1）**衔接式**（Concatenative）TTS：这里首先记住单个的语音片段，然后需要重新生成时，再把这些声音片段联合起来。但是，这种方法不能扩展，因为它只能重现记忆中的声音片段，并且如果没有从开始记忆语音片段，就不能生成新的讲话人或不同类型的语音。

（2）**参数式**（Parametric）TTS：这里创建一个模型，用以存储所有要合成语音的音频特征。在 WaveNet 之前，使用参数式 TTS 生成的音频比衔接式 TTS 更不自然。WaveNet 通过直接对音频的产生过程建模改进了当前最先进的技术，而不是使用以前的中间信号处理算法。

理论上说，WaveNet 可以看作一个固定步幅和没有池化层的一维卷积层的堆栈（我们在第 3 章“深度学习之卷积网络”中，已经见过处理图像的二维卷积网络）。请注意，输入和输出在构造上具有相同的维度，因而卷积网络非常适合对音频等时序数据进行建模。然而，事实已经证明，为了在输出神经元上达到一个大尺寸的感受野（记住，某层某个神经元的感受野是指它与提供输入的神经元所在的前一层的横断面），有必要使用大量的大型滤波器，或将网络深度增加到惊人的程度。因此，纯卷积网络在学习如何合成语音方面并不那么有效。WaveNet 之上的关键概念是扩展因果卷积（dilated convolution networks）（更多信息，请参考《Multi-Scale Context Aggregation by Dilated Convolutions》，作者 Fisher Yu，Vladlen Koltun，2016）。或有时称为带孔（atrous）卷积（atrous 来自法语 *à trous*，意味着孔，所以带孔卷积是一个有孔的卷积），这简单地指当卷积层应用了滤波器时一些输入将被略过。作为例子，在一维卷积中，大小为 3 扩展为 1 的滤波器 w，将计算以下表达式的和：

$$w[0]x[0]+w[1]x[2]+w[3]x[4]$$

由于这个简单的引入孔洞的想法，可以用成倍增加的滤波器堆叠多个扩展卷积层，并学习长范围的输入依赖关系，而不需要过深的网络。因此，WaveNet 是一个卷积网络（ConvNet），它的卷积层有各种膨胀因子，允许感受野在深度上以指数级增长，从而有效地覆盖数千个音频时步(time-steps)。当我们训练时，输入的声音是从人类讲话者记录下来的。音频波形被量化到一个固定的整数范围。WaveNet 定义的初始卷积层只访问当前和以前的输入。然后，扩张卷积网络层的堆栈，仍然只访问当前和以前的输入。最后，一系列的 dense 层把以前的结果合并，其后是用于类别输出的 softmax 激活函数。其中每一步都从网络预测一个值，并将其反馈给输入。同时，对下一步新的预测进行计算。损失函数是当前步的输出和下一步的输入之间的交叉熵。由 Bas Veeling 开发的一个 Keras 实现代码请参见 https://github.com/basveeling/wavenet，你也可以通过 git 很容易地安装：

```
pip install virtualenv
mkdir ~/virtualenvs && cd ~/virtualenvs
virtualenv wavenet
source wavenet/bin/activate
cd ~
git clone https://github.com/basveeling/wavenet.git
cd wavenet
pip install -r requirements.txt
```

注意，此代码与 Keras 1.x 兼容，为了解移植到 Keras 2.x 上的进展，请查看 https://github.com/basveeling/wavenet/issues/29。训练非常简单，但需要大量的计算能力（因此请确保你有良好的 GPU 支持）。

```
$ python wavenet.py with 'data_dir=your_data_dir_name'
```

训练后，样本化网络同样十分简单：

```
python wavenet.py predict with 'models/[run_folder]/config.json?
predict_ seconds=1'
```

你可以从网上找到大量用来优化我们训练过程的超参数。内部网络层的转储表明网络真的很深。请注意，输入的音频波形被划分成（fragment_length = 1152）和（nb_output_bins = 256），作为传播给 WaveNet 的张量。WaveNet 用被称为残差的重复块组织，每个重复块由两个扩展卷积模块（一个用 sigmoid 激活，另一个用 tanh 激活）相乘组成，然后求和来合并卷积。请注意，每个扩展卷积都有大小从 1～512 按指数增长(2 ** i)的孔，如下面代码中定义的：

```
def residual_block(x):
    original_x = x
    tanh_out = CausalAtrousConvolution1D(nb_filters, 2, atrous_rate=2 ** i,
        border_mode='valid', causal=True, bias=use_bias,
        name='dilated_conv_%d_tanh_s%d' % (2 ** i, s), activation='tanh',
        W_regularizer=l2(res_l2))(x)
    sigm_out = CausalAtrousConvolution1D(nb_filters, 2, atrous_rate=2 ** i,
        border_mode='valid', causal=True, bias=use_bias,
        name='dilated_conv_%d_sigm_s%d' % (2 ** i, s),
activation='sigmoid',
        W_regularizer=l2(res_l2))(x)
    x = layers.Merge(mode='mul',
        name='gated_activation_%d_s%d' % (i, s))([tanh_out, sigm_out])
```

```
        res_x = layers.Convolution1D(nb_filters, 1, border_mode='same',
bias=use_bias,
        W_regularizer=l2(res_l2))(x)
    skip_x = layers.Convolution1D(nb_filters, 1, border_mode='same',
bias=use_bias,
        W_regularizer=l2(res_l2))(x)
    res_x = layers.Merge(mode='sum')([original_x, res_x])
    return res_x, skip_x
```

在残差的扩展块之后，首先是一个合并的卷积模块序列；然后是两个卷积模块；最后是 nb_output_bins 分类中的 softmax 激活函数。全部网络结构如下。

```
Layer (type) Output Shape Param # Connected to
=====================================================================
=========================
input_part (InputLayer) (None, 1152, 256) 0

_____________________________________________________________________

_________________________
initial_causal_conv (CausalAtrou (None, 1152, 256) 131328 input_part[0][0]

_____________________________________________________________________

_________________________
dilated_conv_1_tanh_s0 (CausalAt (None, 1152, 256) 131072
initial_causal_conv[0][0]

_____________________________________________________________________

_________________________
dilated_conv_1_sigm_s0 (CausalAt (None, 1152, 256) 131072
initial_causal_conv[0][0]

_____________________________________________________________________

_________________________
gated_activation_0_s0 (Merge) (None, 1152, 256) 0
dilated_conv_1_tanh_s0[0][0]
dilated_conv_1_sigm_s0[0][0]

_____________________________________________________________________

______________________________
convolution1d_1 (Convolution1D) (None, 1152, 256) 65536
gated_activation_0_s0[0][0]

_____________________________________________________________________

_________________________
merge_1 (Merge) (None, 1152, 256) 0 initial_causal_conv[0][0]
convolution1d_1[0][0]

_____________________________________________________________________

_________________________
dilated_conv_2_tanh_s0 (CausalAt (None, 1152, 256) 131072 merge_1[0][0]

_____________________________________________________________________

_________________________
dilated_conv_2_sigm_s0 (CausalAt (None, 1152, 256) 131072 merge_1[0][0]
```

```
________________________________________________________________
________________________
gated_activation_1_s0 (Merge) (None, 1152, 256) 0
dilated_conv_2_tanh_s0[0][0]
dilated_conv_2_sigm_s0[0][0]
________________________________________________________________
________________________
convolution1d_3 (Convolution1D) (None, 1152, 256) 65536
gated_activation_1_s0[0][0]
________________________________________________________________
________________________
merge_2 (Merge) (None, 1152, 256) 0 merge_1[0][0]
convolution1d_3[0][0]
________________________________________________________________
________________________
dilated_conv_4_tanh_s0 (CausalAt (None, 1152, 256) 131072 merge_2[0][0]
________________________________________________________________
________________________
dilated_conv_4_sigm_s0 (CausalAt (None, 1152, 256) 131072 merge_2[0][0]
________________________________________________________________
________________________
gated_activation_2_s0 (Merge) (None, 1152, 256) 0
dilated_conv_4_tanh_s0[0][0]
dilated_conv_4_sigm_s0[0][0]
________________________________________________________________
________________________
convolution1d_5 (Convolution1D) (None, 1152, 256) 65536
gated_activation_2_s0[0][0]
________________________________________________________________
________________________
merge_3 (Merge) (None, 1152, 256) 0 merge_2[0][0]
convolution1d_5[0][0]
________________________________________________________________
________________________
dilated_conv_8_tanh_s0 (CausalAt (None, 1152, 256) 131072 merge_3[0][0]
________________________________________________________________
________________________
dilated_conv_8_sigm_s0 (CausalAt (None, 1152, 256) 131072 merge_3[0][0]
________________________________________________________________
________________________
gated_activation_3_s0 (Merge) (None, 1152, 256) 0
dilated_conv_8_tanh_s0[0][0]
dilated_conv_8_sigm_s0[0][0]
________________________________________________________________
________________________
```

```
convolution1d_7 (Convolution1D) (None, 1152, 256) 65536
gated_activation_3_s0[0][0]
________________________________________________________________________
____________________________
merge_4 (Merge) (None, 1152, 256) 0 merge_3[0][0]
convolution1d_7[0][0]
________________________________________________________________________
____________________________
dilated_conv_16_tanh_s0 (CausalA (None, 1152, 256) 131072 merge_4[0][0]
________________________________________________________________________
____________________________
dilated_conv_16_sigm_s0 (CausalA (None, 1152, 256) 131072 merge_4[0][0]
________________________________________________________________________
____________________________
gated_activation_4_s0 (Merge) (None, 1152, 256) 0
dilated_conv_16_tanh_s0[0][0]
dilated_conv_16_sigm_s0[0][0]
________________________________________________________________________
____________________________
convolution1d_9 (Convolution1D) (None, 1152, 256) 65536
gated_activation_4_s0[0][0]
________________________________________________________________________
____________________________
merge_5 (Merge) (None, 1152, 256) 0 merge_4[0][0]
convolution1d_9[0][0]
________________________________________________________________________
____________________________
dilated_conv_32_tanh_s0 (CausalA (None, 1152, 256) 131072 merge_5[0][0]
________________________________________________________________________
____________________________
dilated_conv_32_sigm_s0 (CausalA (None, 1152, 256) 131072 merge_5[0][0]
________________________________________________________________________
____________________________
gated_activation_5_s0 (Merge) (None, 1152, 256) 0
dilated_conv_32_tanh_s0[0][0]
dilated_conv_32_sigm_s0[0][0]
________________________________________________________________________
____________________________
convolution1d_11 (Convolution1D) (None, 1152, 256) 65536
gated_activation_5_s0[0][0]
________________________________________________________________________
____________________________
merge_6 (Merge) (None, 1152, 256) 0 merge_5[0][0]
convolution1d_11[0][0]
________________________________________________________________________
____________________________
```

```
dilated_conv_64_tanh_s0 (CausalA (None, 1152, 256) 131072 merge_6[0][0]
____________________________________________________________________________
__________________________
dilated_conv_64_sigm_s0 (CausalA (None, 1152, 256) 131072 merge_6[0][0]
____________________________________________________________________________
__________________________
gated_activation_6_s0 (Merge) (None, 1152, 256) 0
dilated_conv_64_tanh_s0[0][0]
dilated_conv_64_sigm_s0[0][0]
____________________________________________________________________________
__________________________
convolution1d_13 (Convolution1D) (None, 1152, 256) 65536
gated_activation_6_s0[0][0]
____________________________________________________________________________
__________________________
merge_7 (Merge) (None, 1152, 256) 0 merge_6[0][0]
convolution1d_13[0][0]
____________________________________________________________________________
__________________________
dilated_conv_128_tanh_s0 (Causal (None, 1152, 256) 131072 merge_7[0][0]
____________________________________________________________________________
__________________________
dilated_conv_128_sigm_s0 (Causal (None, 1152, 256) 131072 merge_7[0][0]
____________________________________________________________________________
__________________________
gated_activation_7_s0 (Merge) (None, 1152, 256) 0
dilated_conv_128_tanh_s0[0][0]
dilated_conv_128_sigm_s0[0][0]
____________________________________________________________________________
__________________________
convolution1d_15 (Convolution1D) (None, 1152, 256) 65536
gated_activation_7_s0[0][0]
____________________________________________________________________________
__________________________
merge_8 (Merge) (None, 1152, 256) 0 merge_7[0][0]
convolution1d_15[0][0]
____________________________________________________________________________
__________________________
dilated_conv_256_tanh_s0 (Causal (None, 1152, 256) 131072 merge_8[0][0]
____________________________________________________________________________
__________________________
dilated_conv_256_sigm_s0 (Causal (None, 1152, 256) 131072 merge_8[0][0]
____________________________________________________________________________
__________________________
gated_activation_8_s0 (Merge) (None, 1152, 256) 0
```

```
dilated_conv_256_tanh_s0[0][0]
dilated_conv_256_sigm_s0[0][0]
________________________________________________________________________________
______________________________
convolution1d_17 (Convolution1D) (None, 1152, 256) 65536
gated_activation_8_s0[0][0]
________________________________________________________________________________
______________________________
merge_9 (Merge) (None, 1152, 256) 0 merge_8[0][0]
convolution1d_17[0][0]
________________________________________________________________________________
______________________________
dilated_conv_512_tanh_s0 (Causal (None, 1152, 256) 131072 merge_9[0][0]
________________________________________________________________________________
______________________________
dilated_conv_512_sigm_s0 (Causal (None, 1152, 256) 131072 merge_9[0][0]
________________________________________________________________________________
______________________________
gated_activation_9_s0 (Merge) (None, 1152, 256) 0
dilated_conv_512_tanh_s0[0][0]
dilated_conv_512_sigm_s0[0][0]
________________________________________________________________________________
______________________________
convolution1d_2 (Convolution1D) (None, 1152, 256) 65536
gated_activation_0_s0[0][0]
________________________________________________________________________________
______________________________
convolution1d_4 (Convolution1D) (None, 1152, 256) 65536
gated_activation_1_s0[0][0]
________________________________________________________________________________
______________________________
convolution1d_6 (Convolution1D) (None, 1152, 256) 65536
gated_activation_2_s0[0][0]
________________________________________________________________________________
______________________________
convolution1d_8 (Convolution1D) (None, 1152, 256) 65536
gated_activation_3_s0[0][0]
________________________________________________________________________________
______________________________
convolution1d_10 (Convolution1D) (None, 1152, 256) 65536
gated_activation_4_s0[0][0]
________________________________________________________________________________
______________________________
convolution1d_12 (Convolution1D) (None, 1152, 256) 65536
gated_activation_5_s0[0][0]
```

```
________________________________________________________________________________
______________________________
convolution1d_14 (Convolution1D) (None, 1152, 256) 65536
gated_activation_6_s0[0][0]
________________________________________________________________________________
______________________________
convolution1d_16 (Convolution1D) (None, 1152, 256) 65536
gated_activation_7_s0[0][0]
________________________________________________________________________________
______________________________
convolution1d_18 (Convolution1D) (None, 1152, 256) 65536
gated_activation_8_s0[0][0]
________________________________________________________________________________
______________________________
convolution1d_20 (Convolution1D) (None, 1152, 256) 65536
gated_activation_9_s0[0][0]
________________________________________________________________________________
______________________________
merge_11 (Merge) (None, 1152, 256) 0 convolution1d_2[0][0]
convolution1d_4[0][0]
convolution1d_6[0][0]
convolution1d_8[0][0]
convolution1d_10[0][0]
convolution1d_12[0][0]
convolution1d_14[0][0]
convolution1d_16[0][0]
convolution1d_18[0][0]
convolution1d_20[0][0]
________________________________________________________________________________
______________________________
activation_1 (Activation) (None, 1152, 256) 0 merge_11[0][0]
________________________________________________________________________________
______________________________
convolution1d_21 (Convolution1D) (None, 1152, 256) 65792 activation_1[0][0]
________________________________________________________________________________
______________________________
activation_2 (Activation) (None, 1152, 256) 0 convolution1d_21[0][0]
________________________________________________________________________________
______________________________
convolution1d_22 (Convolution1D) (None, 1152, 256) 65792 activation_2[0][0]
________________________________________________________________________________
______________________________
output_softmax (Activation) (None, 1152, 256) 0 convolution1d_22[0][0]
================================================================================
==============================
```

```
Total params: 4, 129, 536
Trainable params: 4, 129, 536
Non-trainable params: 0
```

DeepMind 尝试通过包括多个说话者在内的数据集进行训练，这大大提高了学习语言的共享表征和声调能力，从而获得接近自然语音的结果。你会发现一个在线合成语音的惊人的例子集合（https://deepmind.com/blog/wavenet- generative-model-raw-audio/），注意到下面这一点非常有趣，除音频波形外，WaveNet 在另外使用了转换成语言学和语音学特征序列的文本的条件下，使声音的质量得到了改善。我最喜欢的例子是同一个句子通过神经网络用不同声调发声。当然，听到 WaveNet 自己创作的钢琴曲也很令人陶醉。去看看吧!

4.6　小结

在本章中，我们讨论了生成对抗网络。GAN 通常由两个子网络组成：一个训练用于仿造看似真实的合成数据，另一个训练辨别真实数据和仿造数据。这两个网络不断竞争，在这样做的同时，它们不断改善。我们浏览了一些开源代码，来学习仿造看起来逼真的 MNIST 和 CIFAR-10 图像。此外，我们讨论了 WaveNet，一个由谷歌 DeepMind 提出的深度生成网络，它教计算机如何逼真地再现人的声音和乐器的声音。WaveNet 基于扩展卷积网络，使用参数化的文本语音转换方法，直接生成原始语音。扩展卷积网络是一种卷积滤波器有孔的特定卷积网络，允许感受野（receptive field）在深度方向以指数增长，从而有效地覆盖数千个时步。DeepMind 展示了如何使用 WaveNet 合成人声和乐器声，并改进了之前的最高水平。在下一章中，我们将讨论词向量（word embeddings）——一组用于检测词之间关系的深度学习方法，并将相似的词分组在一起。

第 5 章 词嵌入

维基百科将词嵌入（Word Embedding）定义为自然语言处理（Natural Language Processing，NLP）中语言建模和特征学习技术的总称，它将字典中的单词和词组映射成实向量。

词嵌入是一种将文本中的词汇转化成数值向量的方法，因而使得文本能够被以数值向量作为输入的标准机器学习算法分析。

你已经在第 1 章“神经网络基础”中学过一种称为 one-hot 编码的词嵌入方法，它是最基本的词嵌入方法。概括地说，one-hot 编码用字典大小的向量来表示文本中的单词，该向量中只有对应这个单词的元素为 1，其他全部为 0。

one-hot 编码存在的一个主要问题是它无法表示出词汇间的相似度。在任意给定的语料中，你希望(*cat*, *dog*)、(*knife*, *spoon*)等词汇间具有某种相似性。向量之间的相似度用点积进行计算，即把向量的各对应元素相乘后求和。而在 one-hot 编码的向量中，语料中任意两个词汇之间的点积总为 0。

为了克服 one-hot 编码的局限性，NLP 社区借鉴了信息检索的相关技术，使用文档作为上下文向量化文本。比较热门的技术有 TF-IDF，潜在语义分析（Latent Semantic Analysis，LSA）和主题模型（Topic Modeling）。不过，这些表示法捕捉文档语义相似度的中心思想略有不同。

词嵌入技术的发展事实上开始于 2000 年。词向量不同于以往基于信息检索（Information Retrival，IR）的技术，从人类理解的角度上看，以词汇为上下文的语义相似度形式更加自然。今天，在所有自然语言处理的任务中，如文本分类、文档聚类、词性标注、命名实体识别、情感分析等，词嵌入都是文本向量化的优选技术。

本章中，我们将学习两种特别的词嵌入形式：GloVe 和 word2vec，它们被统称为词汇的分布式表示。这些嵌入方法已被证明更加有效，并在深度学习和自然语言处理社区被广泛采用。

我们也将学习在 Keras 代码中生成自己的词嵌入的不同方法，以及如何使用和调整预训练好的 word2vec 和 GloVe 模型。

本章将包含以下内容：

- 用上下文构建词汇的多种分布式表示；
- 利用词嵌入来构建执行诸如句法分析和情感分析这些自然语言任务的模型。

5.1　分布式表示

分布式表示试图通过考虑上下文词汇间的关系来捕捉词汇语义。这种想法最早由语言学家 J.R.Firth 提出（更多信息请参考文章《Document Embedding with Paragraph Vectors》，作者 Andrew M. Dai, Christopher Olah 和 Quoc V. Le, arXiv:1507.07998, 2015）：

“你应该通过相邻词来了解当前词。”

考虑下面两个句子：

Paris is the capital of France.

Berlin is the capital of Germany.

即使假定你不了解世界地理（或不懂英语，仅就此而言），你仍然无须费力就可看出词汇（Paris, Berlin）、（France, Germany）间存在某种关系，并且每组中的词都以相同方式和另一组中对应的词相关联，即：

Paris: France:: Berlin: Germany

因而，分布式表示的目标是找出一个通用的转换函数 φ，把每个单词转换成与它关联的向量，以使下面的关系式始终为真：

$$\varphi(\text{“Paris”}) - \varphi(\text{“France”}) \approx \varphi(\text{“Berlin”}) - \varphi(\text{“Germany”})$$

换言之，分布式表示致力于把词汇转换成向量，使它们之间的相似性符合词汇间语义的相似性。

最著名的词嵌入模型是 word2vec 和 GloVe，我们会在接下来的各节中涵盖更多。

5.2　word2vec

word2vec 是由谷歌公司 Tomas Mikolov 领导的研究小组于 2013 年创建的模型组。这些模型是无监督的，它以大型文本语料作为输入，并生成词汇的向量空间。word2vec 向量空间的维度通常低于 one-hot 编码的字典大小的向量空间维度。和 one-hot 向量空间的稀疏向量相比，word2vec 向量空间更稠密。

word2vec 的两种结构如下：

- 连续词袋模型（Continuous Bag Of Words，CBOW）；
- skip-gram。

在 CBOW 结构中，模型通过周围的词预测当前词。另外，上下文词汇的顺序不会影响预测结果（即词袋的假定）。在 skip-gram 结构中，模型通过中心词预测周围的词。据论文作者说，CBOW 虽然更快，但 skip-gram 在预测非常用词时比较出色。

值得注意的一点是，尽管 word2vec 创建了用于深度学习 NLP 模型的向量，却是浅层神经网络。我们将要讨论的它的两种结构，也刚好是最成功而且最新近的模型。

5.2.1 skip-gram word2vec 模型

skip-gram 模型训练的目标是通过给定的当前词来预测周围词。

为了理解 skip-gram word2vec 模型是如何工作的，考虑下面的例句:

I love green eggs and ham.

假设窗口大小为 3，这个句子可以被分解成下列数据组的集合：

([I, green], love)

([love, eggs], green)

([green, and], eggs)

……

由于 skip-gram 模型通过给定的中心词预测周围词，我们可以把前面的数据集转换成一个（*input*，*output*）的数据组。即给定一个输入词，我们希望 skip-gram 模型预测的输出词为：

(love, I), (love, green), (green, love), (green, eggs), (eggs, green), (eggs, and), ...

我们也可以通过把每个输入词和字典中的某个随机词组合生成额外的负样本，例如：

(love, Sam), (love, zebra), (green, thing), ...

最终，我们为分类器生成了如下正负样例：

((love, I), 1), ((love, green), 1), ..., ((love, Sam), 0), ((love, zebra), 0), ...

现在我们可以训练分类器，通过输入的词向量和其上下文向量，根据其为正负样本学习并预测输出 1 和 0，训练网络的产物是词嵌入层的权重（图 5.1 所示的灰色框部分）。

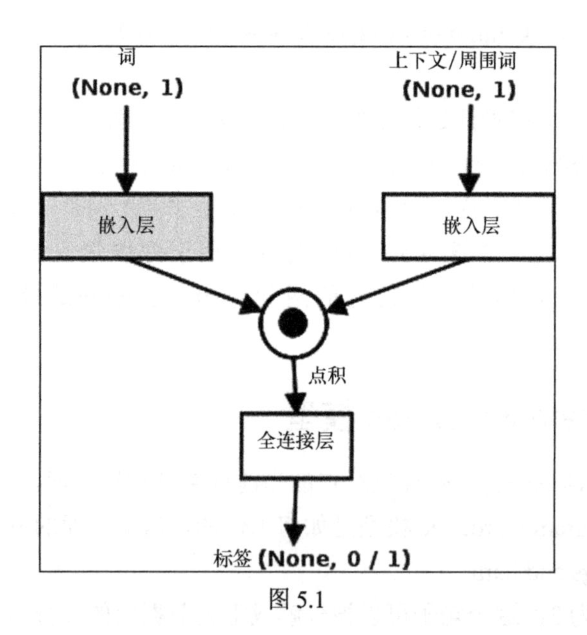

图 5.1

skip-gram 模型可以如下所示内置到 Keras 中，假定字典大小设为 5 000，输出向量大小是 300，窗口大小是 1。窗口大小指的是中心词左右紧邻词汇的上下文取词数。首先，我们导入并设置变量初始值：

```
from keras.layers import Merge
from keras.layers.core import Dense, Reshape
from keras.layers.embeddings import Embedding
from keras.models import Sequential

vocab_size = 5000
embed_size = 300
```

然后，我们为中心词创建一个序贯模型，模型的输入是词在字典中的 ID，向量权重的初始值设成很小的随机值。在训练中，模型会使用反向传播算法来更新这些权重。下一层把输入形状变形为 embed_size 大小：

```
word_model = Sequential()
word_model.add(Embedding(vocab_size, embed_size,
                         embeddings_initializer="glorot_uniform",
                         input_length=1))
word_model.add(Reshape((embed_size, )))
```

我们需要的另一个模型是上下文的序贯模型。对每一个 skip-gram 数据组，我们有单一的上下文词和目标词对应，因而这个模型和中心词的模型完全相同：

```
context_model = Sequential()
```

```
context_model.add(Embedding(vocab_size, embed_size,
                   embeddings_initializer="glorot_uniform",
                   input_length=1))
context_model.add(Reshape((embed_size,)))
```

两个模型的输出各为一个大小为 embed_size 的向量，它们使用点积合并成一个值，并输入全连接层。全连接层使用 sigmoid 作为激活函数，并给出单一输出。你在第 1 章“神经网络基础”中已经看到过 sigmoid 激活函数。你已经了解，sigmoid 函数调整了输出，使得大于 0.5 的数字快速趋近于 1 并扁平输出，小于 0.5 的数字快速趋近于 0 并扁平输出：

```
model = Sequential()
model.add(Merge([word_model, context_model], mode="dot"))
model.add(Dense(1, init="glorot_uniform", activation="sigmoid"))
model.compile(loss="mean_squared_error", optimizer="adam")
```

使用的损失函数是 mean_squared_error，思路是对正样例取最小点积，对负样例取最大点积。你回想一下——点积是把两个向量的对应元素相乘后再求和——这会使得相似的向量比不相似的向量有更高的点积，因为前者有更多的重叠元素。

Keras 提供了为已经转换为词索引序列的文本提取 skip-gram 的便捷函数。下面是使用这个函数提取生成的 56 个 skip-gram（包括正、负样例）中的前 10 个的例子。

我们先声明导入部分和需要分析的文本：

```
from keras.preprocessing.text import *
from keras.preprocessing.sequence import skipgrams

text = "I love green eggs and ham ."
```

接下来声明 tokenizer 并输入文本运行，这将生成一个词 token 序列：

```
tokenizer = Tokenizer()
tokenizer.fit_on_texts([text])
```

tokenizer 创建了一个字典，它把每个单词映射到一个整形 ID，并让它在 word_index 属性中可用。我们提取索引值并创建一个双向查找的表：

```
word2id = tokenizer.word_index
id2word = {v:k for k, v in word2id.items()}
```

最后，我们把输入的词序列转换成 ID 列表并将其传给 skipgrams 函数。接着我们把生成的 56 个 skip_gram 数据组（pair,label）中的前 10 个打印出来：

```
wids = [word2id[w] for w in text_to_word_sequence(text)]
pairs, labels = skipgrams(wids, len(word2id))
print(len(pairs), len(labels))
for i in range(10):
```

```
    print("({:s} ({:d}), {:s} ({:d})) -> {:d}".format(
          id2word[pairs[i][0]], pairs[i][0],
          id2word[pairs[i][1]], pairs[i][1],
          labels[i]))
```

代码的运行结果如下所示。注意你的结果可能不太一样，因为 skip-gram 方法会对正样例可能性的结果池进行随机取样。另外，对用于生成负样例的负样本取样处理，会包含从文本中随机组对的任意 token。在我们的例子中，因为文本很短，所以结果有可能是生成了正样例。

```
(and (1), ham (3)) -> 0
(green (6), i (4)) -> 0
(love (2), i (4)) -> 1
(and (1), love (2)) -> 0
(love (2), eggs (5)) -> 0
(ham (3), ham (3)) -> 0
(green (6), and (1)) -> 1
(eggs (5), love (2)) -> 1
(i (4), ham (3)) -> 0
(and (1), green (6)) -> 1
```

本例的代码位于本章配套的源码 skipgram_example.py 文件中。

5.2.2 CBOW word2vec 模型

现在让我们来看看 CBOW word2vec 模型。请回想一下，CBOW 是通过周围词预测中心词的。因此，在下例中的第一个数据组，CBOW 模型需要根据给定的上下文 I 和 green 预测出输出词 love：

([I, green], love) ([love, eggs], green) ([green, and], eggs) ...

如同 skip-gram 模型，CBOW 模型也是一个以周围词为输入来预测目标词的分类器。这种结构某种程度上比 skip-gram 模型更直接。模型的输入是上下文词汇的 ID，这些词的 ID 被输入到以很小的随机权重值初始化的通用的嵌入层，每个词的 ID 都被嵌入层转换成大小为 embed_size 的向量。这样，上下文输入的每一行都被这一层转换成大小为(2*window_size, embed_size)的矩阵。之后矩阵被送入 lambda 层，这一层计算所有向量的均值。均值之后被输入全连接层，这一层为每一行创建了一个大小为 vocab_size 的向量。全连接层的激活函数是 softmax，它将输出向量的最大值以概率值汇总出来。具有最大概率值的 ID 就对应了目标词。

CBOW 模型产生的是图 5.2 所示灰色部分的嵌入层的权重。

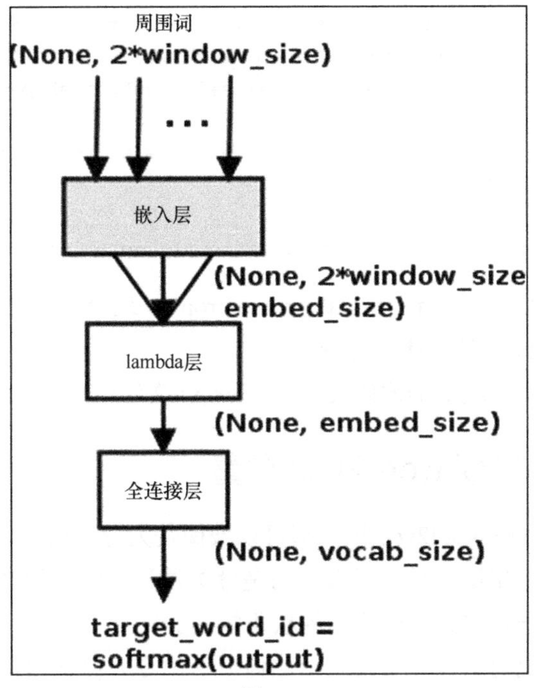

图 5.2

模型对应的 Keras 代码如下所示。我们再次假设字典的大小为 5 000，向量大小为 300，上下文窗口大小为 1。首先，我们设置所有的导入和变量值：

```
from keras.models import Sequential
from keras.layers.core import Dense, Lambda
from keras.layers.embeddings import Embedding
import keras.backend as K

vocab_size = 5000
embed_size = 300
window_size = 1
```

然后，我们构建一个序贯模型，并添加一个嵌入层。嵌入层的权重值用很小的随机值初始化。注意，嵌入层的 input_length 等于上下文词汇的个数，这样每个上下文单词被输入这一层，并通过反向传播联合更新权重。这一层的输出是周围词向量的矩阵，它通过 lambda 层对输入的每一行取均值并存入向量。最后，全连接层把每一行转换成一个大小为 vocab_size 的稠密向量。目标词是全连接层输出向量中具有最大值的词对应的 ID。

```
model = Sequential()
model.add(Embedding(input_dim=vocab_size, output_dim=embed_size,
```

```
                    embeddings_initializer='glorot_uniform',
                    input_length=window_size*2))
model.add(Lambda(lambda x: K.mean(x, axis=1), output_shape=
(embed_size,)))
model.add(Dense(vocab_size, kernel_initializer='glorot_uniform',
activation='softmax'))

model.compile(loss='categorical_crossentropy', optimizer="adam")
```

这里用到的损失函数是 categorical_crossentropy，这个函数是存在两种或更多类型（我们这里是 vocab_size）时的通常选择。

本例的代码位于本章配套的源码 keras_cbow.py 文件中。

5.2.3　从模型中提取 word2vec 向量

如前所述，尽管两种 word2vec 模型都可以被简化为分类问题，但我们并不是真的对分类问题本身感兴趣。相反，我们感兴趣的是分类过程产生的副产物，即把字典中的词转换成稠密的低维的分布式表示时所用的权重矩阵。

有很多例子可以说明这些分布式表示如何展示出令人惊奇的句法和语义信息。

例如，图 5.3 来自 Tomas Mikolov 在 2013 年神经信息处理系统大会（NIPS）（更多信息请参考文章《Learning Representations of Text using Neural Networks》，作者 T. Mikolov, I. Sutskever, K. Chen, G. S. Corrado, J. Dean, Q. Le 和 T. Strohmann, NIPS 2013）的演示报告，其中连接了含义相似但性别相反的词的向量，在简化的二维空间中近乎是平行的。我们通常可以通过词向量上的数学运算来获得非常直观的结果。这个演示还给出了很多其他的例子。

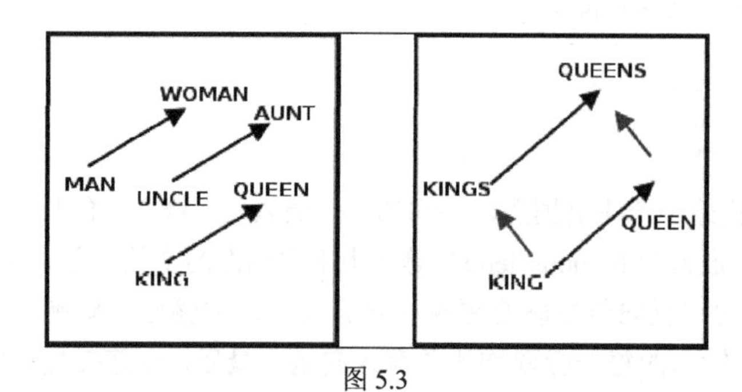

图 5.3

直观地讲，训练过程为内部编码提供了足够的信息来预测输入词上下文中出现的输出词。表示词的点从它所在的空间转移到距它的共现词更近的地方。这就使得相似的词聚在一起，这些词的共现词也以类似的方式聚在一起。因此，连接了语义上相关的点的向量，倾向于呈现出分布式表示中的规律性。

Keras 提供了从训练好的模型中提取权重的方法。对 skip-gram 的例子，权重向量可以提取如下：

```
merge_layer = model.layers[0]
word_model = merge_layer.layers[0]
word_embed_layer = word_model.layers[0]
weights = word_embed_layer.get_weights()[0]
```

同样，CBOW 例子中的权重向量也可以通过以下的一行代码来提取：

```
weights = model.layers[0].get_weights()[0]
```

两种情况下，权重矩阵的形状都是 vocab_size 和 embed_size。为了计算字典中某个词的分布式表示，你需要在一个大小为 vocab_size 的零向量中将词索引位置设为 1 来构造一个 one-hot 向量，并将它和矩阵相乘来得到大小为 embed_size 的嵌入向量。

Christopher Olah 完成的词向量的图形化表示（更多信息请参考文章《Document Embedding with Paragraph Vectors》，作者 Andrew M.Dai，Christopher Olah 和 Quoc V. Le, arXiv:1507.07998, 2015）如图 5.4 所示，这是一个降至二维的使用 T-SNE 绘制的词向量的散点图，形成实体类型的词选自 WordNet 同义词集合。如你所见，对应相似实体类型的点更趋向于聚合在一起。

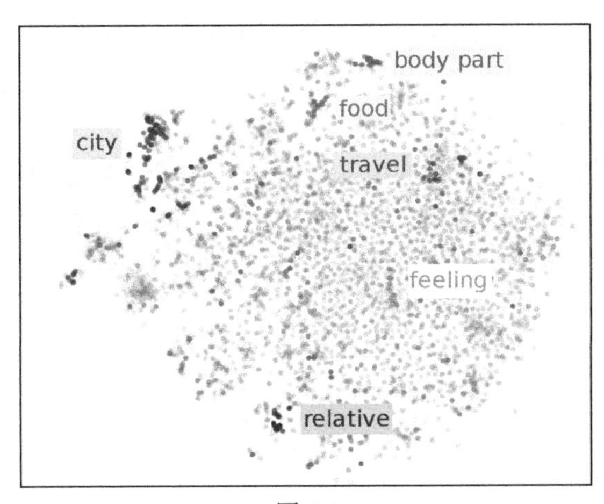

图 5.4

本例的代码位于配套的源码 keras_skipgram.py 文件中。

5.2.4 使用 word2vec 的第三方实现

我们在上面的几节中全面介绍了 word2vec，现在，你了解了 skip-gram 和 CBOW 模型是如何工作的，以及如何用 Keras 构建这些模型。不过，word2vec 的第三方实现很容易获取，除非你的问题非常复杂或不同，否则使用一个这样的实现而非自己构建将很有意义。

Gensim 库提供了一个 word2vec 的实现。即使本书是关于 Keras 而非 Gensim 的，但由于 Keras 没有提供任何 word2vec 的支持，所以我们在本章包含了相关的讨论，而将 Gensim 实现集成到 Keras 代码中是一个非常普遍的做法。

Gensim 的安装相当简单，详见 Gensim 的安装页面（https://radimrehurek.com/gensim/install.html）。

下面的代码演示了如何用 Gensim 构建 word2vec 模型，并用 text8 语料中的文本进行训练。text8 语料继承自维基百科文本（Wikipedia Text），是一个包含 1 700 万词的文件。维基百科文本已经清除了标记、标点和非 ASCII 码文本，经过清洗的前 1 亿个字符就成为了 text8 语料。这个语料作为 word2vec 的样例被普遍使用，因为它的训练很快并且结果很好。首先，我们仍旧设置好导入：

```
from gensim.models import KeyedVectors
import logging
import os
```

然后，我们读入 text8 语料的词汇，并且将其划分成由 50 个词组成的句子。Gensim 库提供的内置的 text8 文本处理器，包含了类似的功能。因为我们想演示如何用任意语料（最好是大语料）生成模型，而这个语料可能超出了内存大小，这里我们将展示如何通过 Python 生成器来生成这些句子。

Text8Sentences 类将从 text8 文件中生成由 maxlen 个词组成的句子。本例中，我们把整个文件取进内存。当遍历文件目录时，生成器允许我们每次只把一部分数据加载到内存中进行处理并交给调用器。

```
class Text8Sentences(object):
    def __init__(self, fname, maxlen):
        self.fname = fname
        self.maxlen = maxlen

def __iter__(self):
    with open(os.path.join(DATA_DIR, "text8"), "rb") as ftext:
        text = ftext.read().split(" ")
        sentences, words = [], []
        for word in text:
            if len(words) >= self.maxlen:
                yield words
                words = []
            words.append(word)
```

```
        yield words
```

接着，我们设置调用代码。Gensim word2vec 使用 Python 日志汇报进度，因此首先让我们启用它。下一行声明了 Text8Sentences 类的实例，再下一行使用数据集中的句子训练模型。我们将词向量的大小设为 300，并且只考虑语料中出现至少 30 次的词。默认的窗口大小是 5，所以我们考虑将 $wi-5$, $wi-4$, $wi-3$, $wi-2$, $wi-1$, $wi+1$, $wi+2$, $wi+3$, $wi+4$ 和 $wi+5$ 作为词 wi 的周围词。默认情况下，创建的 word2vec 模型是 CBOW，但你可以把参数 sg 设置为 sg=1 来修改。

```
logging.basicConfig(format='%(asctime)s : %(levelname)s : %(message)s',
level=logging.INFO)

DATA_DIR = "../data/"
sentences = Text8Sentences(os.path.join(DATA_DIR, "text8"), 50)
model = word2vec.Word2Vec(sentences, size=300, min_count=30)
```

word2vec 的实现将两次遍历数据，第一次生成一个字典并构建实际的模型。运行时你可以在控制台看到进度，如图 5.5 所示。

```
2017-01-30 16:16:27,786 : INFO : PROGRESS: at 76.44% examples, 691859 words/s, in_qsize 0, out_qsize 0
2017-01-30 16:16:28,801 : INFO : PROGRESS: at 77.74% examples, 693040 words/s, in_qsize 0, out_qsize 0
2017-01-30 16:16:29,807 : INFO : PROGRESS: at 79.00% examples, 693746 words/s, in_qsize 2, out_qsize 0
2017-01-30 16:16:30,815 : INFO : PROGRESS: at 79.99% examples, 692107 words/s, in_qsize 0, out_qsize 0
2017-01-30 16:16:31,819 : INFO : PROGRESS: at 80.03% examples, 682583 words/s, in_qsize 0, out_qsize 0
2017-01-30 16:16:32,842 : INFO : PROGRESS: at 81.15% examples, 682090 words/s, in_qsize 1, out_qsize 0
2017-01-30 16:16:33,869 : INFO : PROGRESS: at 82.46% examples, 683117 words/s, in_qsize 0, out_qsize 1
2017-01-30 16:16:34,873 : INFO : PROGRESS: at 83.77% examples, 684403 words/s, in_qsize 0, out_qsize 0
2017-01-30 16:16:35,882 : INFO : PROGRESS: at 85.02% examples, 685224 words/s, in_qsize 5, out_qsize 0
2017-01-30 16:16:36,884 : INFO : PROGRESS: at 86.36% examples, 686831 words/s, in_qsize 0, out_qsize 1
2017-01-30 16:16:37,925 : INFO : PROGRESS: at 87.51% examples, 686556 words/s, in_qsize 2, out_qsize 0
2017-01-30 16:16:38,925 : INFO : PROGRESS: at 88.57% examples, 685873 words/s, in_qsize 0, out_qsize 0
2017-01-30 16:16:39,933 : INFO : PROGRESS: at 89.84% examples, 686756 words/s, in_qsize 0, out_qsize 0
2017-01-30 16:16:40,936 : INFO : PROGRESS: at 91.17% examples, 688126 words/s, in_qsize 0, out_qsize 0
2017-01-30 16:16:41,939 : INFO : PROGRESS: at 92.43% examples, 688894 words/s, in_qsize 0, out_qsize 1
2017-01-30 16:16:42,946 : INFO : PROGRESS: at 93.69% examples, 689612 words/s, in_qsize 1, out_qsize 0
2017-01-30 16:16:43,960 : INFO : PROGRESS: at 94.97% examples, 690484 words/s, in_qsize 1, out_qsize 0
2017-01-30 16:16:44,978 : INFO : PROGRESS: at 96.30% examples, 691348 words/s, in_qsize 0, out_qsize 0
2017-01-30 16:16:45,982 : INFO : PROGRESS: at 97.58% examples, 692158 words/s, in_qsize 0, out_qsize 0
2017-01-30 16:16:46,980 : INFO : PROGRESS: at 98.83% examples, 692731 words/s, in_qsize 2, out_qsize 0
2017-01-30 16:16:48,092 : INFO : PROGRESS: at 99.92% examples, 691317 words/s, in_qsize 4, out_qsize 1
2017-01-30 16:16:48,124 : INFO : worker thread finished; awaiting finish of 2 more threads
2017-01-30 16:16:48,125 : INFO : worker thread finished; awaiting finish of 1 more threads
2017-01-30 16:16:48,128 : INFO : worker thread finished; awaiting finish of 0 more threads
2017-01-30 16:16:48,129 : INFO : training on 85026040 raw words (59645573 effective words) took 86.2s, 691572
effective words/s
2017-01-30 16:16:48,129 : INFO : precomputing L2-norms of word weight vectors
```

图 5.5

一旦模型创建好，我们就应该把结果向量标准化。研究表明，这节省了很多内存。一旦模型训练好，我们就可以选择性保存到磁盘：

```
model.init_sims(replace=True)
model.save("word2vec_gensim.bin")
```

保存好的模型可以通过下面代码的调用重新装入内存：

```
model = word2vec.load("word2vec_gensim.bin")
```

现在我们可以查询模型来找出所有它了解的词：

```
>>> model.vocab.keys()[0:10]
['homomorphism',
'woods',
'spiders',
'hanging',
'woody',
'localized',
'sprague',
'originality',
'alphabetic',
'hermann']
```

对于给定一个词，我们可以找到实际的词向量：

```
>>> model["woman"]
array([ -3.13099056e-01, -1.85702944e+00, 1.18816841e+00,
-1.86561719e-01, -2.23673001e-01, 1.06527400e+00,
&mldr;
4.31755871e-01, -2.90115297e-01, 1.00955181e-01,
-5.17173052e-01, 7.22485244e-01, -1.30940580e+00], dtype="float32")
```

我们也可以找到和某个词最相类似的词:

```
>>> model.most_similar("woman")
[('child', 0.7057571411132812),
('girl', 0.702182412147522),
('man', 0.6846336126327515),
('herself', 0.6292711496353149),
('lady', 0.6229539513587952),
('person', 0.6190367937088013),
('lover', 0.6062309741973877),
('baby', 0.5993420481681824),
('mother', 0.5954475402832031),
('daughter', 0.5871444940567017)]
```

我们可以给出查找词相似度的提示。例如，下面的命令返回了最像 woman 和 king 但不像 man 的最靠前的 10 个词：

```
>>> model.most_similar(positive=['woman', 'king'], negative=['man'],
topn=10)
[('queen', 0.6237582564353943),
('prince', 0.5638638734817505),
('elizabeth', 0.5557916164398193),
('princess', 0.5456407070159912),
('throne', 0.5439794063568115),
('daughter', 0.5364126563072205),
('empress', 0.5354889631271362),
('isabella', 0.5233952403068542),
('regent', 0.520746111869812),
```

```
('matilda', 0.5167444944381714)]
```

我们也可以找出各个词的相似度。为了让你感受一下，向量空间中的词的位置如何和它们的语义相关，我们看下面的词组：

```
>>> model.similarity("girl", "woman")
0.702182479574
>>> model.similarity("girl", "man")
0.574259909834
>>> model.similarity("girl", "car")
0.289332921793
>>> model.similarity("bus", "car")
0.483853497748
```

如你所见，girl 和 woman 比 girl 和 man 更加相似，并且 car 和 bus 比 girl 和 car 更加相似。这和我们人类对这些词的直观理解非常一致。

本例的代码位于本章配套的源码 word2vec_gensim.py 文件中。

5.3 探索 GloVe

字典表示中的全局向量，或叫 GloVe 向量，是 Jeffrey Pennington、Richard Socher 和 Christopher Manning 发明的（更多信息请参考文章《GloVe: Global Vectors for Word Representation》，作者 J. Pennington, R. Socher 和 C. Manning, Proceedings of the 2014 Conference on Empirical Methods in Natural Language Processing (EMNLP), pp. 1532~1543，2013）。作者把 GloVe 描述为获取词的向量表示的非监督学习算法。训练基于语料中全局聚合的共现词的统计进行，结果表示展示了词向量空间中有趣的线性子结构（linear substructure）。

GloVe 和 word2vec 的不同点在于，word2vec 是一个预测模型，而 GloVe 是一个基于计数的模型。第一步是构造一个训练语料中共现的(word, context)的大型矩阵。矩阵中的每个元素代表了以行表示的词，与以列表示的周围词（通常是一系列词）共现的频数，如图 5.6 所示。

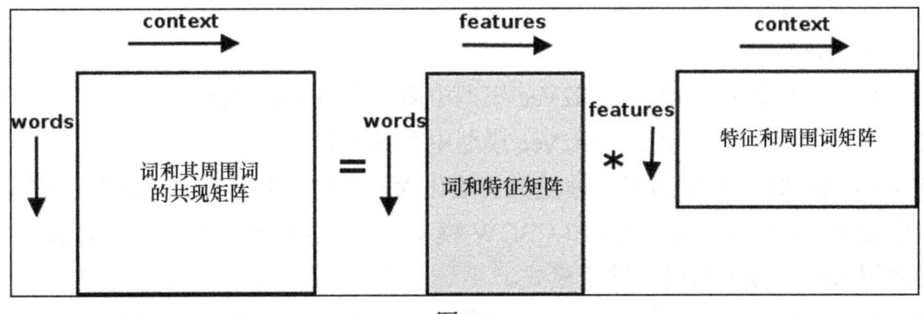

图 5.6

GloVe 处理过程把共现矩阵转换成了一对（word，feature）和（feature，context）的矩阵。这个过程就是矩阵分解，它是通过随机梯度下降的方法完成的，随机梯度下降是一种数值迭代方法。我们以等式的方式重写如下：

$$\boldsymbol{R} = \boldsymbol{P} \times \boldsymbol{Q} \approx \boldsymbol{R}'$$

这里，$\boldsymbol{R}$ 是最初的共现矩阵，我们先随机生成 $\boldsymbol{P}$ 和 $\boldsymbol{Q}$，并尝试通过相乘来重构矩阵 $\boldsymbol{R}'$，重构后的 $\boldsymbol{R}'$和最初的矩阵 $\boldsymbol{R}$ 的不同会告诉我们，为了使 $\boldsymbol{R}'$更接近 $\boldsymbol{R}$，我们应该如何调整 $\boldsymbol{P}$ 和 $\boldsymbol{Q}$ 的值，以最小化重构的误差。这个过程被重复多次，直到 SGD 收敛，并且重构误差低于一个特定的阈值。而那一点的矩阵(word, feature)就是 GloVe 向量。为了加快这一过程，如同“HOGWILD!”论文中提及的那样，SGD 通常采用并发模式。

需要注意的一点是，基于预测神经网络的模型如 word2vec 和基于计数的模型如 GloVe 在思路上是相似的。它们都构造了一个向量空间，其中词的位置会被它的邻近词影响。神经网络模型以共现词的各个样例开始，而基于计数的模型通过语料中所有词的聚合共现统计开始。最近的几篇论文展示了这两种模型之间的相关性。

本书不涵盖 GloVe 向量生成的更多细节，尽管 GloVe 通常比 word2vec 有更高的准确率，而且使用并发时比 word2vec 训练得更快，但其相关的 Python 工具并不如 word2vec 的那么成熟。截至本书写作时间，完成这项工作的唯一可用的是 GloVe-Python 项目（https://github.com/maciejkula/glove-python），这个项目给出了 GloVe 在 Python 上的一个玩具实现。

5.4 使用预训练好的词向量

总的来说，只有出现大量生僻文本的时候，你才会从头训练 word2vec 或 GloVe 模型。

现在词向量的最通常的用法就是，在你的网络中以某种方式使用预训练好的词向量。你可能在网络中使用词向量的 3 种主要方式如下：

（1）从头开始学习词向量；

（2）从预训练好的 GloVe/word2Vec 模型中微调学习到的词向量；

（3）从预训练好的 GloVe/word2Vec 模型中查找词向量。

在第（1）种选择中，向量权重被随机初始化为较小的值并用反向传播算法进行训练。这一点你在 Keras 中的 skip-gram 和 CBOW 模型的示例中已经看到过。这是你在自己的网络中使用 Keras 嵌入层时的默认模式。

第（2）种选择中，你从预训练好的模型中构建权重向量，并用它初始化你的嵌入层。网络会用反向传播算法更新这些权重，但因为权重的初始值较好，模型也收敛得更快。

第（3）种选择是从预训练好的模型中查找词向量，并把你的输入转换成词向量。之后你可以在转换后的数据上训练任意机器学习的模型（就是说，没必要非是一个深度学习网络）。如果预训练模型的领域和目标领域相似，通常就会工作得很好，而且是成本最低的选择。

对英语语言文本这种通常性的应用，你可以使用谷歌的 word2vec 模型。它是在谷歌新闻数据集中超 10 亿词汇上训练好的模型，这个模型的字典的大小约为 300 万，词向量的维度是 300。谷歌的新闻模型大约 1.5GB。

类似地，一个在英语维基百科的 60 亿词上训练好的模型和 gigaword 语料可以从 GloVe 网站上下载。字典大小约为 40 万，下载提供的向量维度是 50、100、200 和 300，模型大小约为 822MB。

接下来的几节中，我们将讲述如何用上面列举的 3 种方式来使用这些预训练好的模型。

5.4.1 从头开始学习词向量

这个例子中，我们将训练一个一维的卷积神经网络，来将句子分成正负例两种。你在第 3 章“深度学习之卷积网络”中已经见过如何用二维的 CNN 来对图像进行分类。回想一下，CNN 通过在相邻层的神经元上施加局部连接来利用图片的空间结构。

词汇在句子中呈现的线性结构和图像呈现的空间结构有着相同的方式。传统（非深度）语言模型的 NLP 围绕着利用词语内在的线性结构创建 *n* 元模型（*n*–grams）的方法进行。一维的 CNN 做的事情与此类似，作用于句子上的卷积滤波器一次学习几个词，并将结果最大池化来创建一个代表句子中心思想的向量。

还有另一类神经网络，叫作循环神经网络（Recurrent Neutral Network，RNN），这个网络是专门设计用来处理序列化数据的，包括作为词序列的文本。RNN 中的处理和 CNN 有所不同，我们将在后面的章节学习 RNN。

在我们的示例网络中，输入文本被转换成一系列的词索引。注意，我们使用了自然语言工具包（NLTK）来把文本解析成句子和词。我们也可以使用正则表达式来做同样的处理，但 NLTK 在解析过程中提供的统计模型比正则表达式更加强大。如果你在和词向量打交道，很可能你在从事与 NLP 相关的工作，这种情况下，你可能早已经安装了 NLTK。

链接（http://www.nltk.org/install.html）中有帮你安装 NLTK 的信息。你还需要安装 NLTK 数据，它是 NLTK 标准使用的训练好的语料。NLTK 数据的安装指南链接如下：http://www.nltk.org/data.html。

词索引的序列输入给嵌入层的一个数据集大小（本例中，是最长句子的词数目）的数组。嵌入层通过默认的随机值初始化。嵌入层的输出链接到一个一维的卷积层，卷积层用 256 种不同的方式卷积（本例中）词三元组（本质上，它是在词向量上应用学得的不同权重的线性组合）。这些特征随后被一个全局的最大池化层池化到一个池化词（pooled word）。这个向量（256）之后输入给全连接层，全连接层输出一个向量（2）。softmax 激活函数将返回一对概率，一个对应于正面情绪，另一个对应于负面情绪。网络如图 5.7 所示。

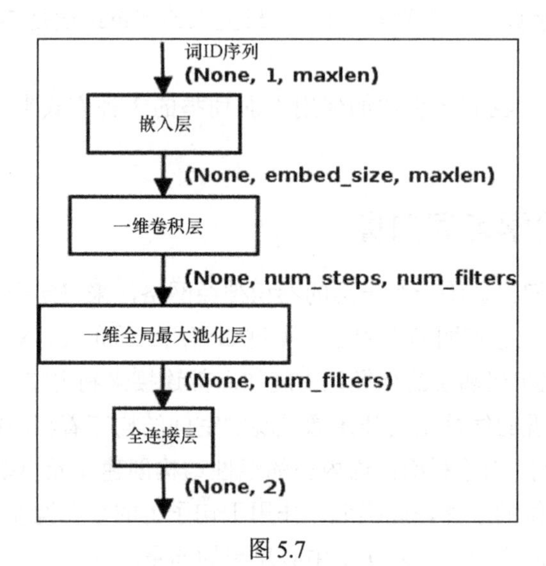

图 5.7

让我们看一下如何用 Keras 对这个过程编码。首先，我们声明导入，常量设置完成后，你会注意到我把随机种子的值设为了 42。这是因为我们想在不同的运行中得到一致的结果。由于权重向量的初始化是随机的，不同的初始化会导致输出不同的结果，以下代码是一种控制方式：

```
from keras.layers.core import Dense, Dropout, SpatialDropout1D
from keras.layers.convolutional import Conv1D
from keras.layers.embeddings import Embedding
from keras.layers.pooling import GlobalMaxPooling1D
from kera
s.models import Sequential
from keras.preprocessing.sequence import pad_sequences
```

```
from keras.utils import np_utils
from sklearn.model_selection import train_test_split
import collections
import matplotlib.pyplot as plt
import nltk
import numpy as np

np.random.seed(42)
```

我们声明了常量，在本章随后的所有例子中，我们将从 Kaggle 上 UMICH SI650 情感分类竞赛中选取句子进行分类。这个数据集有大约 7 000 个句子，用 1 表示正例，用 0 表示负例。INPUT_FILE 定义了句子和标签的文件路径，文件的格式是一个情感标签（0 或 1），后面跟着一个制表符（Tab），再跟着一个句子。

VOCAB_SIZE 的设置表示我们将只考虑文本中的前 5 000 个词汇。EMBED_SIZE 是网络中嵌入层生成的向量的大小。NUM_FILTERS 是用于卷积层训练的卷积滤波器的数目，NUM_WORDS 是每个滤波器的大小，即每次我们将卷积多少个词。BATCH_SIZE 和 NUM_EPOCHS 是每次送入网络的记录的数量和训练中对整个数据集的所有样例重复运行的次数：

```
INPUT_FILE = "../data/umich-sentiment-train.txt"
VOCAB_SIZE = 5000
EMBED_SIZE = 100
NUM_FILTERS = 256
NUM_WORDS = 3
BATCH_SIZE = 64
NUM_EPOCHS = 20
```

下一段代码块中，我们首先读取输入的句子，并用语料中最常用的词汇来构造字典；然后，我们用这个字典把输入语句转换成词索引列表：

```
counter = collections.Counter()
fin = open(INPUT_FILE, "rb")
maxlen = 0
for line in fin:
    _, sent = line.strip().split("t")
    words = [x.lower() for x in   nltk.word_tokenize(sent)]
    if len(words) > maxlen:
        maxlen = len(words)
    for word in words:
        counter[word] += 1
fin.close()

word2index = collections.defaultdict(int)
for wid, word in enumerate(counter.most_common(VOCAB_SIZE)):
```

```
    word2index[word[0]] = wid + 1
vocab_size = len(word2index) + 1
index2word = {v:k for k, v in word2index.items()}
```

我们用空白来填充每个句子，让它们达到预先设定的长度 maxlen（本例中是训练集中最长句子的单词数量）。我们用 Keras 的工具函数把标签转换成分类的类别格式。最后两步是我们将反复看到的，用于处理输入文本的标准的工作流：

```
xs, ys = [], []
fin = open(INPUT_FILE, "rb")
for line in fin:
    label, sent = line.strip().split("t")
    ys.append(int(label))
    words = [x.lower() for x in nltk.word_tokenize(sent)]
    wids = [word2index[word] for word in words]
    xs.append(wids)
fin.close()
X = pad_sequences(xs, maxlen=maxlen)
Y = np_utils.to_categorical(ys)
```

最后，我们按照 70/30 的比例把数据划分成训练集和测试集。现在，数据的格式已经准备好，可以输入网络：

```
Xtrain, Xtest, Ytrain, Ytest = train_test_split(X, Y, test_size=0.3,
random_state=42)
```

我们定义本节前面描述的网络：

```
model = Sequential()
model.add(Embedding(vocab_size, EMBED_SIZE, input_length=maxlen)
model.add(SpatialDropout1D(Dropout(0.2)))
model.add(Conv1D(filters=NUM_FILTERS, kernel_size=NUM_WORDS,
activation="relu"))
model.add(GlobalMaxPooling1D())
model.add(Dense(2, activation="softmax"))
```

现在我们编译模型，因为我们的目标是二值的（正例或负例），我们选用 categorical_crossentropy 作为我们的损失函数。对于优化器，我们选择 adam。之后我们用训练集训练模型，批大小设置为 64，训练 20 个周期：

```
model.compile(loss="categorical_crossentropy", optimizer="adam",
              metrics=["accuracy"])
history = model.fit(Xtrain, Ytrain, batch_size=BATCH_SIZE,
                    epochs=NUM_EPOCHS,
                    validation_data=(Xtest, Ytest))
```

代码的输出如图 5.8 所示。

```
Epoch 9/20
4960/4960 [==============================] - 3s - loss: 0.0337 - acc: 0.9855 - val_loss: 0.0263 - val_acc: 0.9882
Epoch 10/20
4960/4960 [==============================] - 3s - loss: 0.0369 - acc: 0.9843 - val_loss: 0.0277 - val_acc: 0.9878
Epoch 11/20
4960/4960 [==============================] - 3s - loss: 0.0331 - acc: 0.9881 - val_loss: 0.0303 - val_acc: 0.9878
Epoch 12/20
4960/4960 [==============================] - 3s - loss: 0.0289 - acc: 0.9879 - val_loss: 0.0291 - val_acc: 0.9882
Epoch 13/20
4960/4960 [==============================] - 3s - loss: 0.0261 - acc: 0.9901 - val_loss: 0.0305 - val_acc: 0.9878
Epoch 14/20
4960/4960 [==============================] - 3s - loss: 0.0261 - acc: 0.9895 - val_loss: 0.0310 - val_acc: 0.9859
Epoch 15/20
4960/4960 [==============================] - 3s - loss: 0.0355 - acc: 0.9857 - val_loss: 0.0307 - val_acc: 0.9873
Epoch 16/20
4960/4960 [==============================] - 3s - loss: 0.0247 - acc: 0.9893 - val_loss: 0.0283 - val_acc: 0.9868
Epoch 17/20
4960/4960 [==============================] - 3s - loss: 0.0249 - acc: 0.9891 - val_loss: 0.0329 - val_acc: 0.9854
Epoch 18/20
4960/4960 [==============================] - 3s - loss: 0.0299 - acc: 0.9895 - val_loss: 0.0285 - val_acc: 0.9882
Epoch 19/20
4960/4960 [==============================] - 3s - loss: 0.0282 - acc: 0.9887 - val_loss: 0.0287 - val_acc: 0.9882
Epoch 20/20
4960/4960 [==============================] - 3s - loss: 0.0401 - acc: 0.9839 - val_loss: 0.0311 - val_acc: 0.9878

2126/2126 [==============================] - 0s
Test score: 0.031, accuracy: 0.986
```

图 5.8

如你所见，网络在测试集上的准确率是 98.6%。

本例的代码位于本章配套的源码 learn_embedding_from_scratch.py 文件中。

5.4.2 从 word2vec 中微调训练好的词向量

这个示例中，我们使用上一节“从头开始学习词向量”中相同的网络。从代码角度讲，唯一不同的是，一段用来加载 word2vec 模型以及为嵌入层构建权重矩阵的额外代码。

我们仍然从导入开始，并设置随机种子。除我们之前见过的导入外，还有一行用于从 gensim 中导入 word2vec 模型的代码：

```
from gensim.models import KeyedVectors
from keras.layers.core import Dense, Dropout, SpatialDropout1D
from keras.layers.convolutional import Conv1D
from keras.layers.embeddings import Embedding
from keras.layers.pooling import GlobalMaxPooling1D
from keras.models import Sequential
from keras.preprocessing.sequence import pad_sequences
from keras.utils import np_utils
from sklearn.model_selection import train_test_split
import collections
```

```
import matplotlib.pyplot as plt
import nltk
import numpy as np

np.random.seed(42)
```

接下来是设置常量，这里唯一的不同是我们把 EPOCHS 的设置从 20 降低到 10。上文提到，从预训练好的模型初始化矩阵使得模型有较好的初始值，因而收敛得更快。

```
INPUT_FILE = "../data/umich-sentiment-train.txt"
WORD2VEC_MODEL = "../data/GoogleNews-vectors-negative300.bin.gz"
VOCAB_SIZE = 5000
EMBED_SIZE = 300
NUM_FILTERS = 256
NUM_WORDS = 3
BATCH_SIZE = 64
NUM_EPOCHS = 10
```

下面的代码块首先从数据集提取词汇，并创建一个最常用的字典。然后再次解析数据集并创建用空白补足的词列表。它也把标签转换成类别格式。最后，数据集被划分成训练集和测试集。这段代码和之前的例子完全一样，我们已经深入解释过。

```
counter = collections.Counter()
fin = open(INPUT_FILE, "rb")
maxlen = 0
for line in fin:
    _, sent = line.strip().split("t")
    words = [x.lower() for x in nltk.word_tokenize(sent)]
    if len(words) > maxlen:
        maxlen = len(words)
    for word in words:
        counter[word] += 1
fin.close()

word2index = collections.defaultdict(int)
for wid, word in enumerate(counter.most_common(VOCAB_SIZE)):
    word2index[word[0]] = wid + 1
vocab_sz = len(word2index) + 1
index2word = {v:k for k, v in word2index.items()}

xs, ys = [], []
fin = open(INPUT_FILE, "rb")
for line in fin:
    label, sent = line.strip().split("t")
    ys.append(int(label))
    words = [x.lower() for x in nltk.word_tokenize(sent)]
```

```
        wids = [word2index[word] for word in words]
        xs.append(wids)
    fin.close()
    X = pad_sequences(xs, maxlen=maxlen)
    Y = np_utils.to_categorical(ys)

    Xtrain, Xtest, Ytrain, Ytest = train_test_split(X, Y, test_size=0.3,
        random_state=42)
```

下面的代码块从一个预训练好的模型加载 word2vec。这个模型是用有 100 亿个词并且字典大小为 300 万的谷歌文章训练的。我们加载模型并为字典中的词查找对应的词向量，并将其写入权重矩阵 embedding_weights。权重矩阵的行数相当于字典的词数，每行的列构成了这个词的词向量。

embedding_weights 矩阵的维度是 vocab_sz 和 EMBED_SIZE。vocab_sz 比字典中不同单词的最大数量多 1，多出来的伪词_UNK_表示字典中没有的词。

注意，我们字典中的某些词有可能并没有出现在谷歌的新闻 word2vec 模型里，因而当我们遇到这样的词时，它们的词向量将保留全 0 的默认值：

```
#加载 word2vec 模型
word2vec = Word2Vec.load_word2vec_format(WORD2VEC_MODEL, binary=True)
embedding_weights = np.zeros((vocab_sz, EMBED_SIZE))
for word, index in word2index.items():
    try:
        embedding_weights[index, :] = word2vec[word]
    except KeyError:
        pass
```

我们来定义网络。这段代码和前面的不同之处在于，我们用前面代码中构造的 embedding_weights 矩阵来初始化嵌入层的权重：

```
model = Sequential()
model.add(Embedding(vocab_sz, EMBED_SIZE, input_length=maxlen, weights=
          [embedding_weights]))
model.add(SpatialDropout1D(Dropout(0.2)))
model.add(Conv1D(filters=NUM_FILTERS, kernel_size=NUM_WORDS, activation=
                        "relu"))
model.add(GlobalMaxPooling1D())
model.add(Dense(2, activation="softmax"))
```

我们之后用分类交叉熵损失函数和 Adam 优化器来编译模型，并以 64 的批处理大小来训练网络 10 个周期，然后评估训练好的模型。

```
model.compile(optimizer="adam", loss="categorical_crossentropy", metrics= ["accuracy"])
history = model.fit(Xtrain, Ytrain, batch_size=BATCH_SIZE, epochs=NUM_EPOCHS,
validation_data=(Xtest,Ytest))
```

```
score = model.evaluate(Xtest, Ytest, verbose=1)
print("Test score: {:.3f}, accuracy: {:.3f}".format(score[0], score[1]))
```

代码运行结果如下：

```
((4960, 42), (2126, 42), (4960, 2), (2126, 2))
 Train on 4960 samples, validate on 2126 samples
 Epoch 1/10
 4960/4960 [==============================] - 7s - loss: 0.1766 - acc:
0.9369 - val_loss: 0.0397 - val_acc: 0.9854
 Epoch 2/10
 4960/4960 [==============================] - 7s - loss: 0.0725 - acc:
0.9706 - val_loss: 0.0346 - val_acc: 0.9887
 Epoch 3/10
 4960/4960 [==============================] - 7s - loss: 0.0553 - acc:
0.9784 - val_loss: 0.0210 - val_acc: 0.9915
 Epoch 4/10
 4960/4960 [==============================] - 7s - loss: 0.0519 - acc:
0.9790 - val_loss: 0.0241 - val_acc: 0.9934
 Epoch 5/10
 4960/4960 [==============================] - 7s - loss: 0.0576 - acc:
0.9746 - val_loss: 0.0219 - val_acc: 0.9929
 Epoch 6/10
 4960/4960 [==============================] - 7s - loss: 0.0515 - acc:
0.9764 - val_loss: 0.0185 - val_acc: 0.9929
 Epoch 7/10
 4960/4960 [==============================] - 7s - loss: 0.0528 - acc:
0.9790 - val_loss: 0.0204 - val_acc: 0.9920
 Epoch 8/10
 4960/4960 [==============================] - 7s - loss: 0.0373 - acc:
0.9849 - val_loss: 0.0221 - val_acc: 0.9934
 Epoch 9/10
 4960/4960 [==============================] - 7s - loss: 0.0360 - acc:
0.9845 - val_loss: 0.0194 - val_acc: 0.9929
 Epoch 10/10
 4960/4960 [==============================] - 7s - loss: 0.0389 - acc:
0.9853 - val_loss: 0.0254 - val_acc: 0.9915
 2126/2126 [==============================] - 1s
 Test score: 0.025, accuracy: 0.993
```

这个模型在训练集上经过 10 个周期的训练后给出了 99.3%的准确率，比前面的例子有所改进。前面例子经过 20 轮训练后的准确率只有 98.6%。

本例的代码位于本章配套的源码 finetune_word2vec_embeddings.py 文件中。

5.4.3 从 GloVe 中微调训练好的词向量

微调预训练好的 GloVe 向量和微调预训练好的 word2vec 向量很类似，事实上，除了为嵌入层构建权重矩阵的代码外，其他代码完全一样。鉴于我们已经看到过这些代码两次，我将只关注从 GloVe 向量构造权重矩阵的代码部分。

GloVe 向量有多种形式。我们使用基于英语维基百科和 gigaword 语料库中 60 亿个词汇预训练好的模型，模型的字典大小是 40 万，下载提供的向量维度分别为 50、100、200 和 300。我们将使用维度为 300 的词向量模型。

我们唯一需要对前一个例子修改代码的地方是，替换掉实例化 word2vec 模型的代码，并用下面的代码加载向量矩阵。如果我们使用向量大小不为 300 的模型，我们还要更新 EMBED_SIZE。

向量以空格分隔的文本格式给出，所以第一步是把文本读入到字典 word2emb 中。这和前一个例子中实例化 word2vec 的代码行类似：

```
GLOVE_MODEL = "../data/glove.6B.300d.txt"
word2emb = {}
fglove = open(GLOVE_MODEL, "rb")
for line in fglove:
    cols = line.strip().split()
    word = cols[0]
    embedding = np.array(cols[1:], dtype="float32")
    word2emb[word] = embedding
fglove.close()
```

之后我们实例化一个大小为（vocab_size 和 EMBED_SIZE）的权重矩阵，并从 word2emb 字典中生成向量。对于字典中有而 GloVe 模型中没有的词其向量设为全 0：

```
embedding_weights = np.zeros((vocab_sz, EMBED_SIZE))
for word, index in word2index.items():
    try:
        embedding_weights[index, :] = word2emb[word]
    except KeyError:
        pass
```

这个程序的完整代码可以从本书 GitHub 的代码库下载得到，文件名为 finetune_glove_embeddings.py。运行的输出如图 5.9 所示。

这个程序在 10 个训练周期后给出了 99.1%的准确率，其结果和使用 word2vec 权重矩阵微调后的网络一样出色。

```
((4960, 42), (2126, 42), (4960, 2), (2126, 2))
Train on 4960 samples, validate on 2126 samples
Epoch 1/10
4960/4960 [==============================] - 7s - loss: 0.1748 - acc: 0.9240 - val_loss: 0.0390 - val_acc: 0.9840
Epoch 2/10
4960/4960 [==============================] - 7s - loss: 0.0859 - acc: 0.9649 - val_loss: 0.0431 - val_acc: 0.9845
Epoch 3/10
4960/4960 [==============================] - 7s - loss: 0.0586 - acc: 0.9754 - val_loss: 0.0528 - val_acc: 0.9779
Epoch 4/10
4960/4960 [==============================] - 8s - loss: 0.0565 - acc: 0.9798 - val_loss: 0.0386 - val_acc: 0.9873
Epoch 5/10
4960/4960 [==============================] - 8s - loss: 0.0792 - acc: 0.9683 - val_loss: 0.0233 - val_acc: 0.9892
Epoch 6/10
4960/4960 [==============================] - 8s - loss: 0.0618 - acc: 0.9746 - val_loss: 0.0247 - val_acc: 0.9911
Epoch 7/10
4960/4960 [==============================] - 7s - loss: 0.0569 - acc: 0.9752 - val_loss: 0.0266 - val_acc: 0.9906
Epoch 8/10
4960/4960 [==============================] - 8s - loss: 0.0419 - acc: 0.9829 - val_loss: 0.0211 - val_acc: 0.9920
Epoch 9/10
4960/4960 [==============================] - 7s - loss: 0.0371 - acc: 0.9849 - val_loss: 0.0206 - val_acc: 0.9920
Epoch 10/10
4960/4960 [==============================] - 9s - loss: 0.0422 - acc: 0.9815 - val_loss: 0.0266 - val_acc: 0.9906
2126/2126 [==============================] - 1s
Test score: 0.027, accuracy: 0.991
```

图 5.9

本例的代码位于本章配套的源码 finetune_glove_embeddings.py 文件中。

5.4.4　查找词向量

我们最后的策略是通过预训练好的网络查找词向量。对本例最简单的方法就是把嵌入层的参数 trainable 设置为 False。这会确保反向传播算法不更新嵌入层的权重：

```
model.add(Embedding(vocab_sz, EMBED_SIZE, input_length=maxlen,
                    weights=[embedding_weights],
                    trainable=False))
model.add(SpatialDropout1D(Dropout(0.2)))
```

在 word2vec 和 GloVe 的例子中设置了这个值后，在 10 个训练周期后给出的准确率分别为 98.7%和 98.9%。

然而，总的来说，这不是你在代码中使用预训练好的向量的方式。通常，它涉及通过在预训练好的某个模型中查找词来预处理你的数据集并创建词向量，然后用这个数据来训练另一模型。第二个模型不会包含嵌入层，甚至不会用到深度学习网络。

下例中描述了一个全连接的网络，它把一个大小为 100 的句子向量作为输入，并输出 1 或 0 作为正负情感标记。我们的数据集依然是来自 UMICH S1650 情感分类竞赛中的大约 7 000 个句子。

如前所述，大部分的代码都是重复的，所以我们只解释新出现的代码或者需要解释的地方。

我们从导入开始，并设置随机种子和一些常量值。为了给每个句子创建 100 维的向量，我们需要把句中词汇的 100 维 GloVe 向量相加，因此我们选择 glove.6B.100d.txt 文件：

```
from keras.layers.core import Dense, Dropout, SpatialDropout1D
from keras.models import Sequential
from keras.preprocessing.sequence import pad_sequences
from keras.utils import np_utils
from sklearn.model_selection import train_test_split
import collections
import matplotlib.pyplot as plt
import nltk
import numpy as np

np.random.seed(42)

INPUT_FILE = "../data/umich-sentiment-train.txt"
GLOVE_MODEL = "../data/glove.6B.100d.txt"
VOCAB_SIZE = 5000
EMBED_SIZE = 100
BATCH_SIZE = 64
NUM_EPOCHS = 10
```

下面的代码段读入句子并创建词汇频数表，由此，最常用的 5 000 词汇被选出，查询表（词和词索引的双向查询）被创建。另外，我们创建一个伪词_UNK_来表示那些在字典中不存在的词。使用这些查询表，我们把每个句子转换成一系列的词 ID，并用空白填充这些句子，这样所有的句子都会有相同的长度（训练集中拥有最多词的句子长度）。我们也把标签转换成类别格式：

```
counter = collections.Counter()
fin = open(INPUT_FILE, "rb")
maxlen = 0
for line in fin:
    _, sent = line.strip().split("t")
    words = [x.lower() for x in nltk.word_tokenize(sent)]
    if len(words) > maxlen:
        maxlen = len(words)
    for word in words:
        counter[word] += 1
fin.close()

word2index = collections.defaultdict(int)
```

```
for wid, word in enumerate(counter.most_common(VOCAB_SIZE)):
     word2index[word[0]] = wid + 1
vocab_sz = len(word2index) + 1
index2word = {v:k for k, v in word2index.items()}
index2word[0] = "_UNK_"

ws, ys = [], []
fin = open(INPUT_FILE, "rb")
for line in fin:
    label, sent = line.strip().split("t")
    ys.append(int(label))
    words = [x.lower() for x in nltk.word_tokenize(sent)]
    wids = [word2index[word] for word in words]
    ws.append(wids)
fin.close()
W = pad_sequences(ws, maxlen=maxlen)
Y = np_utils.to_categorical(ys)
```

我们把 GloVe 向量加载到字典。如果我们想在这里使用 word2vec，所有我们要做的就是把代码替换成 gensim Word2Vec.load_word2vec_format()的调用，并查询 word2vec 模型而不是 word2emb 字典：

```
word2emb = collections.defaultdict(int)
fglove = open(GLOVE_MODEL, "rb")
for line in fglove:
    cols = line.strip().split()
    word = cols[0]
    embedding = np.array(cols[1:], dtype="float32")
    word2emb[word] = embedding
fglove.close()
```

下面的代码从词 ID 矩阵 ***W*** 中为每个句子查找其包含的词，并用对应的词向量生成一个矩阵 ***E***。之后这些词向量被加在一起来创建一个句向量，并被回写到矩阵 ***X*** 中。这段代码的输出是大小为（num_records 和 EMBED_SIZE）的矩阵 ***X***：

```
X = np.zeros((W.shape[0], EMBED_SIZE))
for i in range(W.shape[0]):
    E = np.zeros((EMBED_SIZE, maxlen))
    words = [index2word[wid] for wid in W[i].tolist()]
    for j in range(maxlen):
         E[:, j] = word2emb[words[j]]
    X[i, :] = np.sum(E, axis=1)
```

现在我们已经使用预训练好的模型预处理好我们的数据，并准备好用它来训练和评估我们的最终模型。让我们像通常那样按 70/30 的比例把数据划分成训练集和测试集：

```
Xtrain, Xtest, Ytrain, Ytest = train_test_split(X, Y, test_size=0.3,
random_state=42)
```

我们用来训练处理情感分析任务的网络是一个简单的全连接网络。我们使用分类交叉熵损失函数和 Adam 优化器来编译模型，并用通过预训练好的词向量构造的句向量来训练它。最后，我们在 30%的测试集上评估这个模型：

```
model = Sequential()
model.add(Dense(32, input_dim=100, activation="relu"
model.add(Dropout(0.2))
model.add(Dense(2, activation="softmax"))

model.compile(optimizer="adam", loss="categorical_crossentropy",
metrics=["accuracy"])
history = model.fit(Xtrain, Ytrain, batch_size=BATCH_SIZE,
                    epochs=NUM_EPOCHS,
                    validation_data=(Xtest, Ytest))

score = model.evaluate(Xtest, Ytest, verbose=1)
print("Test score: {:.3f}, accuracy: {:.3f}".format(score[0], score[1]))
```

使用 GloVe 词向量的代码输出如图 5.10 所示。

```
((4960, 100), (2126, 100), (4960, 2), (2126, 2))
Train on 4960 samples, validate on 2126 samples
Epoch 1/10
4960/4960 [==============================] - 0s - loss: 1.9577 - acc: 0.5667 - val_loss: 0.4448 - val_acc: 0.8556
Epoch 2/10
4960/4960 [==============================] - 0s - loss: 0.5245 - acc: 0.7942 - val_loss: 0.3167 - val_acc: 0.9078
Epoch 3/10
4960/4960 [==============================] - 0s - loss: 0.3026 - acc: 0.9002 - val_loss: 0.2456 - val_acc: 0.9473
Epoch 4/10
4960/4960 [==============================] - 0s - loss: 0.2338 - acc: 0.9270 - val_loss: 0.2068 - val_acc: 0.9398
Epoch 5/10
4960/4960 [==============================] - 0s - loss: 0.1802 - acc: 0.9520 - val_loss: 0.1720 - val_acc: 0.9581
Epoch 6/10
4960/4960 [==============================] - 0s - loss: 0.1561 - acc: 0.9552 - val_loss: 0.1561 - val_acc: 0.9610
Epoch 7/10
4960/4960 [==============================] - 0s - loss: 0.1396 - acc: 0.9631 - val_loss: 0.1535 - val_acc: 0.9577
Epoch 8/10
4960/4960 [==============================] - 0s - loss: 0.1216 - acc: 0.9645 - val_loss: 0.1338 - val_acc: 0.9628
Epoch 9/10
4960/4960 [==============================] - 0s - loss: 0.1152 - acc: 0.9641 - val_loss: 0.1273 - val_acc: 0.9643
Epoch 10/10
4960/4960 [==============================] - 0s - loss: 0.1044 - acc: 0.9706 - val_loss: 0.1257 - val_acc: 0.9647

1888/2126 [=========================>....] - ETA: 0s
Test score: 0.126, accuracy: 0.965
```

图 5.10

在用 100 维的 GloVe 词向量进行预处理后，全连接网络训练 10 个周期后在测试集上给出了 96.5%的准确率，用 word2vec 词向量（固定的 300 维）预处理后的网络在测试集上给出的准确率为 98.5%。

本例的代码位于本章配套的源码 transfer_glove_embeddings.py（GloVe 示例）文件和 transfer_word2vec_embeddings.py（word2vec 示例）文件中。

5.5 小结

本章中，我们学习了如何把文本中的词转换成保留了其分布式语义的词向量的方法。我们也对为何词向量呈现出这类行为，以及为何词向量对处理文本数据的深度学习模型非常有用，有了直观的理解。

之后我们探讨了两个流行的模型：word2vec 和 GloVe，并明白了这些模型是如何工作的。我们还讨论了如何使用 gensim 从数据训练我们自己的 word2vec 模型。

最后，我们学习了在网络中使用词向量的不同方式。第一种是作为训练网络的一部分从头开始学习词向量；第二种是从预训练好的 word2vec 和 GloVe 模型中导出权重矩阵到我们的网络，并在网络训练中进行微调；第三种是在下游的应用程序中直接使用这些预训练好的权重。

下一章，我们将学习循环神经网络，这是一类为了处理文本等序列化数据优化的网络。

第 6 章 循环神经网络——RNN

第 3 章“深度学习之卷积网络”中，我们学习了卷积神经网络，并知道 CNN 如何利用输入中的空间几何的结构信息。例如，CNN 对音频和文本数据在一个一维的时间维度上，对图像在（高×宽）的二维维度上，对视频在（高×宽×时间）的三维维度上采用了卷积和池化操作。

本章中，我们将学习循环神经网络（Recurrent Neural Networks，RNN），这是一类利用了输入数据的序列化特性的神经网络。序列化输入可以是文本、语音、时间序列或任意其元素的出现依赖于它之前元素的序列。例如，句子“the dog……”中的下一个词更有可能是 barks 而不是 car，因此，给定这样的序列，RNN 的预测更可能是 barks 而非 car。

RNN 可以理解成一个 RNN 单元的图形，图形中的每个单元对序列中的每个元素执行相同的操作。RNN 网络非常灵活，而且已被用来解决诸如语音识别、语言建模、机器翻译、情感分析和图片说明等各类问题。RNN 可以通过重新安排图形中的单元来解决不同类型的问题。我们将看到这些构造的一些实例以及它们是如何解决特定问题的。

我们还将学习 SimpleRNN 单元的主要局限，以及 SimpleRNN 的两种变体长短期记忆网络（Long Short Term Memory，LSTM）和门控循环单元网络（Gated Recurrent Unit，GRU）是如何突破这个局限的。LSTM 和 GRU 都可以很简单地替换掉 SimpleRNN 单元，而用二者之一替代 RNN 单元经常会让你的网络有显著的改进。LSTM 和 GRU 并非仅有的变体，实证研究（更多信息请参考文章《An Empirical Exploration of Recurrent Network Architectures》，作者 R. Jozefowicz, W. Zaremba 和 I. Sutskever, JMLR, 2015 and《LSTM: A Search Space Odyssey》, by K. Greff, arXiv:1503.04069, 2015）表明，LSTM 和 GRU 是大多数序列化问题的较好选择。

最后，我们也将学习改善 RNN 性能的一些小窍门以及如何应用它们。

本章中，我们将涵盖以下内容：

- SimpleRNN 单元；
- 用于生成文本的基本 RNN 的 Keras 实现；

- RNN 拓扑结构；
- LSTM、GRU 和其他 RNN 变体。

6.1　SimpleRNN 单元

传统多层感知机网络假设所有的输入数据之间都是独立的，这种假设对于序列化数据不再成立。你在上个小节中已经见过一个例子，其中的前两个词影响了第三个词。这种想法对语音数据也成立——如果我们正在一个吵闹的屋子里对话，即使有个词没听清楚，我也可以根据已经听到的部分进行合理的猜测。时间序列数据，如股票价格或天气，也呈现出对前面数据的依赖，这被称为长期趋势。

RNN 单元用隐藏状态或记忆引入这种依赖，以保存当前的关键信息。任一时刻的隐藏状态值是前一时间步中隐藏状态值和当前时间步中输入值的函数，如下：

$$\boldsymbol{h}_t = \phi(\boldsymbol{h}_{t-1}, \boldsymbol{x}_t)$$

$\boldsymbol{h}_t$ 和 $\boldsymbol{h}_{t-1}$ 分别是时间步 t 和 $t-1$ 的隐藏状态值，$\boldsymbol{x}_t$ 是时刻 t 的输入，注意等式是递归的，即，$\boldsymbol{h}_{t-1}$ 可以用 $\boldsymbol{h}_{t-2}$ 和 $\boldsymbol{x}_{t-1}$ 表示，以此类推，一直到序列的开始。RNN 就是这样对任意长度的序列化数据进行编码和合并信息的。

我们也可以用图 6.1 中的左边部分来图形化表示 RNN 单元，在时间步 t，单元的输入是 $\boldsymbol{x}_t$ 输出是 $\boldsymbol{y}_t$。输出 $\boldsymbol{y}_t$ 的一部分（即隐藏状态 $\boldsymbol{h}_t$）反馈给神经单元，以在稍后的时间步 $t+1$ 上使用。就如传统神经网络的参数被包含在权重矩阵中一样，RNN 的参数用 3 个权重矩阵 $\boldsymbol{U}$、$\boldsymbol{V}$ 和 $\boldsymbol{W}$ 定义，分别对应输入、输出和隐藏状态。

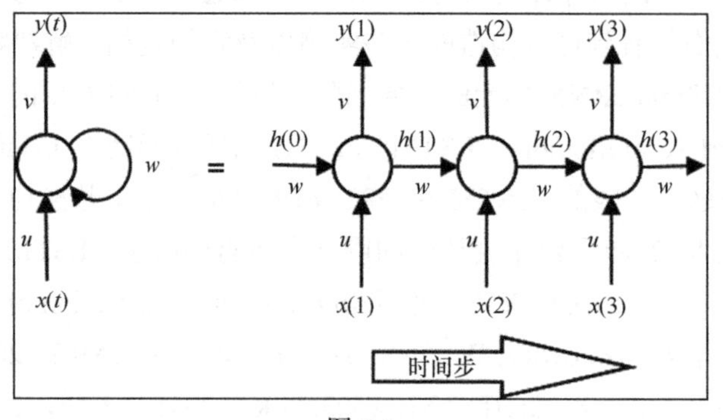

图 6.1

另一种观察 RNN 的方式是把它展开，如图 6.1 右侧所示。展开是指我们把整个序列的网络绘出。这里展示的网络是一个 3 层的 RNN，适用于处理 3 个元素的序列化数据。注意权重矩阵 $\boldsymbol{U}$、$\boldsymbol{V}$ 和 $\boldsymbol{W}$ 是所有时间步共享的。这是因为我们在每个时间步的不同输入上施加了相同的操作。在所有时间步上共享相同的权重向量，极大地减少了 RNN 网络需要学习的参数个数。

我们也可以用方程式来描述 RNN 中的运算。RNN 在时间步 t 的内部状态由隐藏向量 $\boldsymbol{h}_t$ 给出。$\boldsymbol{h}_t$ 的值，是先对权重矩阵 $\boldsymbol{W}$ 和时间步 $t-1$ 上的隐藏状态值 $\boldsymbol{h}_{t-1}$ 的乘积与权重矩阵 $\boldsymbol{U}$ 和时间步 t 上的输入 $\boldsymbol{x}_t$ 的乘积求和后，再传入非线性的 tanh 函数取得的值。相对其他的非线性函数而选择了 tanh，和它的二阶导数衰减到 0 非常缓慢有关。这保持了激活函数的线性域的斜度，并帮助防止梯度消失问题。本章稍后会介绍更多有关梯度消失问题的内容。

时间步 t 的输出向量 $\boldsymbol{y}_t$，是先求得权重矩阵 $\boldsymbol{V}$ 和隐藏状态 $\boldsymbol{h}_t$ 的乘积，再把乘积传给 softmax 函数计算得到的，因此结果向量是输出概率的集合：

$$\boldsymbol{h}_t = \tanh(\boldsymbol{W}\boldsymbol{h}_{t-1}+\boldsymbol{U}\boldsymbol{x}_t)$$

$$\boldsymbol{y}_t = \text{softmax}(\boldsymbol{V}\boldsymbol{h}_t)$$

Keras 提供的 SimpleRNN 的循环层包含了我们到现在为止看到过的所有的逻辑，也包含了更多高级的变体，如 LSTM 和 GRU，我们将在本章稍后讲述这些内容，因此严格地说你并不一定要先理解它们的工作原理才能开始构建 RNN 网络。然而，如果你需要构造一个你自己的 RNN 网络来解决给定的问题，理解结构和方程式就会很有帮助。

用 Keras 实现 SimpleRNN——生成文本

RNN 被自然语言处理社区广泛用于多种不同的应用，其中一种应用是构建语言模型。语言模型允许我们根据文本给定的前置词预测下一个词出现的概率。语言模型对很多高级任务，如机器翻译、拼写更正等，都很重要。

这种根据给定的前置词预测下一词的能力的附带产物是生成模型，这个模型允许我们通过从输出概率中取样来生成文本。在语言建模中，输入通常是词的序列，输出是预测的词的序列。训练数据是已存在的未标记的文本，我们把时间步 t 的标签 $\boldsymbol{y}_t$ 设为时间步 $t+1$ 的输入 $\boldsymbol{x}_{t+1}$。

对于我们用 Keras 构建的第一个 RNN 实例，我们将在“爱丽丝梦游仙境”的文本上训练一个基于字符的语言模型，这个模型将通过给定的前 10 个字符预测下一个字符。这里我们之所以选择构建一个基于字符的模型，因为它的字典较小，并可以训练得更快，这和基于词的语言模型的想法是一样的，只不过我们用字符代替了词。我们使用训练好的模型来生成同样样式的文本。

首先，我们导入用到的模块：

```
from __future__ import print_function
from keras.layers import Dense, Activation
```

```
from keras.layers.recurrent import SimpleRNN
from keras.models import Sequential
from keras.utils.visualize_util import plot
import numpy as np
```

我们从古腾堡项目的网站上读取“爱丽丝梦游仙境”的输入文本。文本包含了断行和非 ASCII 字符，因此我们做一些初步的清理并把清理后的内容写入一个叫 text 的变量中：

```
fin = open("../data/alice_in_wonderland.txt", 'rb')
lines = []
for line in fin:
    line = line.strip().lower()
    line = line.decode("ascii", "ignore")
    if len(line) == 0:
       continue
    lines.append(line)
fin.close()
text = " ".join(lines)
```

因为我们在构建一个字符级水平的 RNN，我们将字典设置为文本中出现的所有字符。我们的例子中共有 42 个字符。因为我们将要处理的是这些字符的索引而非字符本身，下面的代码段创建了必要的查询表：

```
chars = set([c for c in text])
nb_chars = len(chars)
char2index = dict((c, i) for i, c in enumerate(chars))
index2char = dict((i, c) for i, c in enumerate(chars))
```

下一步是创建输入和标签文本。我们通过 STEP 变量给出的字符数目（本例为 1）来步进遍历文本，并提取出一段大小为 SEQLEN 变量定义值（本例为 10）的文本段。文本段的下一字符是我们的标签字符。

```
SEQLEN = 10
STEP = 1

input_chars = []
label_chars = []
for i in range(0, len(text) - SEQLEN, STEP):
    input_chars.append(text[i:i + SEQLEN])
    label_chars.append(text[i + SEQLEN])
```

使用前面的代码，对文本“it turned into a pig”，输入和标签文本如下所示：

```
it turned -> i
 t turned i -> n
 turned in -> t
turned int -> o
```

```
urned into ->
rned into -> a
ned into a ->
ed into a -> p
d into a p -> i
 into a pi -> g
```

下一步是把输入和标签文本向量化。RNN 输入中的每行都对应了前面展示的一个输入文本。输入中共有 SEQLEN 个字符，因为我们的字典大小是 nb_chars 给定的，我们把每个输入字符表示成 one-hot 编码的大小为（nb_chars）的向量。这样每行输入就是一个大小为（SEQLEN 和 nb_chars）的张量。我们的输出标签是一个单个的字符，所以和输入中的每个字符的表示类似。我们将输出标签表示成大小为（nb_chars）的 one-hot 编码的向量。因此，每个标签的形状就是 nb_chars。

```
X = np.zeros((len(input_chars), SEQLEN, nb_chars), dtype=np.bool)
y = np.zeros((len(input_chars), nb_chars), dtype=np.bool)
for i, input_char in enumerate(input_chars):
    for j, ch in enumerate(input_char):
        X[i, j, char2index[ch]] = 1
    y[i, char2index[label_chars[i]]] = 1
```

我们终于准备好了构建模型。我们将 RNN 的输出维度大小定义为 128。这是一个需要通过实验决定的超参数。通常情况下，如果我们选择的值比较小，那么模型就不具有生成较好文本的有效容量，我们会看到重复字符或重复词组的长时运行。另一方面，如果选择的值太大，会造成模型参数过多，并需要很多的数据才能有效训练。我们想返回一个字符作为输出，而非字符序列，因而 return_sequences=False。我们早已看到 RNN 的输入数据的形状是（SEQLEN 和 nb_chars）。另外，我们设置 unroll=True，因为这样会改善 TensorFlow 后端的性能。

RNN 连接到一个全连接 dense 层，dense 层有（nb_chars）个单元，为字典中每个字符发出评分。全连接层的激活函数是 softmax，它把分数标准化成概率。概率最高的字符即成为预测字符。我们用分类输出中出色的分类交叉熵函数作为损失函数，RMSprop 作为优化器来编译模型。

```
HIDDEN_SIZE = 128
BATCH_SIZE = 128
NUM_ITERATIONS = 25
NUM_EPOCHS_PER_ITERATION = 1
NUM_PREDS_PER_EPOCH = 100

model = Sequential()
model.add(SimpleRNN(HIDDEN_SIZE, return_sequences=False,
    input_shape=(SEQLEN, nb_chars),
```

```
    unroll=True))
model.add(Dense(nb_chars))
model.add(Activation("softmax"))

model.compile(loss="categorical_crossentropy", optimizer="rmsprop")
```

我们的训练方法和目前为止看到过的方法略有不同。目前我们用过的方法是对模型训练固定的期数，然后在一部分保留好的训练数据上测试评估。因为这里我们没有任何带标签的数据，我们把模型训练一个周期（NUM_EPOCHS_ PER_ITERATION=1），然后进行测试，我们持续训练 25（NUM_ITERATIONS= 25）次迭代，一旦我们发现有意义的输出就停止。因而我们高效地将模型训练 NUM_ITERATIONS 次，并在每个训练期后测试模型。

我们的测试包括，首先对一个给定的随机输入，从模型中生成一个字符；然后把第一个字符从输入中丢弃，并把预测字符附加到之前的运行上；最后从模型中生成另一个字符。我们持续进行 100(NUM_PREDS_PER_EPOCH=100)次，生成并打印结果字符串。这个字符串表明了模型的质量。

```
for iteration in range(NUM_ITERATIONS):
    print("=" * 50)
    print("Iteration #: %d" % (iteration))
    model.fit(X, y, batch_size=BATCH_SIZE, epochs=NUM_EPOCHS_PER_ITERATION)

    test_idx = np.random.randint(len(input_chars))
    test_chars = input_chars[test_idx]
    print("Generating from seed: %s" % (test_chars))
    print(test_chars, end="")
    for i in range(NUM_PREDS_PER_EPOCH):
        Xtest = np.zeros((1, SEQLEN, nb_chars))
        for i, ch in enumerate(test_chars):
                Xtest[0, i, char2index[ch]] = 1
        pred = model.predict(Xtest, verbose=0)[0]
        ypred = index2char[np.argmax(pred)]
        print(ypred, end="")
        #使用 test_chars + ypred 继续
        test_chars = test_chars[1:] + ypred
print()
```

运行的输入如图 6.2 所示。如你所见，模型开始的预测毫无意义，但第 25 轮训练结束后，它已经学得可以进行很好的合理的拼写，尽管它在清楚地表达想法上还有困难。令人惊奇的是，这个模型是基于字符的，它对词没有任何认识，然而它却学会了拼写单词，以至于这些词看起来好像来源于最初的文本一样。

```
==================================================
Iteration #: 21
Epoch 1/1
142544/142544 [==============================] - 10s - loss: 1.3916
Generating from seed: e with the
e with the white rabbit had no the that the mouse the mouse the mouse the mouse the mouse the mouse the mouse
==================================================
Iteration #: 22
Epoch 1/1
142544/142544 [==============================] - 10s - loss: 1.3831
Generating from seed: and an ol
and an ollar the caterpillar the seapped did not a moment the cook of the courter the caterpillar the seapped
==================================================
Iteration #: 23
Epoch 1/1
142544/142544 [==============================] - 10s - loss: 1.3757
Generating from seed: ' the mock
' the mock turtle said the dormouse some of the conce in the dormouse some of the conce in the dormouse some o
==================================================
Iteration #: 24
Epoch 1/1
142544/142544 [==============================] - 10s - loss: 1.3685
Generating from seed: raving mad
raving made to goon of the sord alice could got to the dormouse so they looked at the sord alice could got to
```

图 6.2

为文本生成下一个字符或词并非这类模型的唯一用途，这类模型被成功用来预测股票行情（更多信息请参考文章《Financial Market Time Series Prediction with Recurrent Neural Networks》，作者 A. Bernal，S. Fok 和 R. Pidaparthi, 2012）和生成古典音乐（更多信息请参考文章《DeepBach: A Steerable Model for Bach Chorales Generation》，作者 G. Hadjeres 和 F. Pachet, arXiv:1612.01010, 2016）。

Andrej Karpathy 在他的博客上的一篇文章《The Unreasonable Effectiveness of Recurrent Neural》里揭示了一些其他有趣的例子，如生成仿造的维基百科页面、代数几何证明，以及生成 Linux 源码等。

本节的源码位于本章配套的 alice_chargen_rnn.py 文件中。数据来源于古滕堡项目。

6.2 RNN 拓扑结构

MLP 和 CNN 架构的 API 是有局限的，两种架构都接受一个固定大小的张量作为输入，并产生一个固定大小的张量作为输出，执行由模型的层数给定的固定数目的步骤将输入转换成输出。RNN 没有这个局限——你可以在输入、输出或者两者中都使用序列。这意味着 RNN 可以设计成多种形式以解决特定问题。

我们已经知道，RNN 联合当前输入向量和前一状态向量来生成新的状态向量。这可以类似地理解成用一些输入和一些内部变量来运行程序。这样 RNN 本质上就可以认为是描述了计算机程序。事实上，从给定适合的权重，RNN 可以模仿任何程序的意义上讲，RNN 已被证明是图灵完备的（更多信息请参考文章《On the Computational Power of Neural

Nets》，作者 H. T.Siegelmann 和 E. D. Sontag, Proceedings of the fifth annual workshop on computational learning theory, ACM, 1992.）。

RNN 处理序列化数据的特性衍生了一些常用的拓扑结构，其中一些我们会讨论到，如图 6.3 所示。

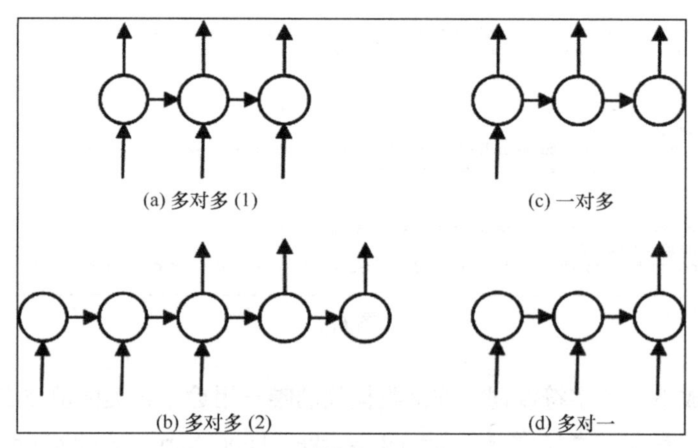

图 6.3

所有这些不同的拓扑都继承自图 6.1 的基础结构。在基础拓扑中，所有的输入序列长度都相同，每个时间步上产生一个输出。我们早已经见过一个生成“爱丽丝漫游仙境”中单词的字符级 RNN 的例子。

一个多对多的 RNN 例子是图 6.3 中（b）所示的机器翻译网络，它是一类称为序列对序列（更多信息请参考《Grammar as a Foreign Language》，作者 O. Vinyals, Advances in Neural Information Processing Systems, 2015）的网络家族的一部分。这类网络使用输入的序列数据生成另一个序列数据。对机器翻译而言，输入可能是一系列组成英文句子的词，而输出可能是翻译好的西班牙句子的词。对于使用序列对序列模型的词性标注，输入可能是句子中的词，输出可能是对应的词性标签。和前面的拓扑的不同之处在于，它在某些时间步上没有输入，而某些时间步上没有输出。本章后续我们将会看到这样的网络实例。

其他的变体还有图 6.3 中（c）所示的一对多，一个例子是图片说明网络（更多信息请参考文章《Deep Visual-Semantic Alignments for Generating Image Descriptions》，作者 A. Karpathy 和 F. Li，Proceedings of the IEEE Conference on Computer Vision and Pattern，2015），它的输入是图片而输出是一个词序列。

类似地，图 6.3 中（d）所示的多对一的例子，可能是对句子进行情感分析的网络。它的输入是一个词序列，而输出是正面和负面情感（更多信息请参考文章《Recursive Deep Models for Semantic Compositionality over a Sentiment Treebank》，作者 R. Socher, Proceedings of the Conference on Empirical Methods in Natural Language Processing (EMNLP). Vol. 1631, 2013）。本章稍后我们会看到这类拓扑的一个实例。

6.3 梯度消失和梯度爆炸

恰如传统的神经网络，训练 RNN 也涉及反向传播。本例中的不同在于，因为参数是所有时间步共享的，所以每个输出的梯度不只依赖当前的时间步，也依赖之前的时间步。这一过程被称为时延反向传播（Backpropagation Through Time，BPTT）（更多信息请参考文章《Learning Internal Representations by Backpropagating errors》，作者 G. E. Hinton, D. E.Rumelhart 和 R. J. Williams，Parallel Distributed Processing: Explorations in the Microstructure of Cognition 1, 1985）：

细想一下 RNN 在图 6.4 中展示的 3 个小的网络层。在正向传播（实线所示）中，网络在每个时间步产生预测，并将它与标签比较，来计算损失 L_t。反向传播（虚线所示）中，关于参数 $\boldsymbol{U}$、$\boldsymbol{V}$ 和 $\boldsymbol{W}$ 的损失梯度在每个时间步上计算，并用梯度之和来更新参数。

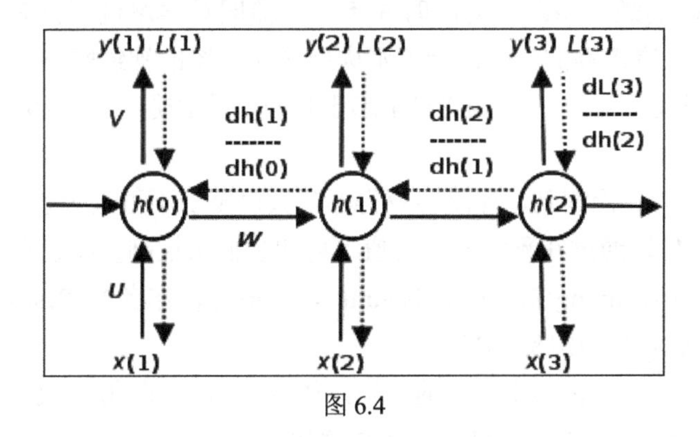

图 6.4

下面的等式表明关于 $\boldsymbol{W}$ 的损失梯度，$\boldsymbol{W}$ 是为了长期依赖对权重编码的矩阵。我们关注这部分的更新，是因为它是梯度消失和爆炸问题的起因。关于矩阵 $\boldsymbol{U}$ 和 $\boldsymbol{V}$ 的另两个损失梯度也以类似方式在所有时间步上求和：

$$\frac{\partial L}{\partial \boldsymbol{W}} = \sum_t \frac{\partial L_t}{\partial \boldsymbol{W}}$$

让我们看一下在最后的时间步($t = 3$)上损失梯度是怎样的。如你所见，梯度可以使用链式法则分解成 3 个子梯度。关于 $\boldsymbol{W}$ 的隐藏状态 h_2 的梯度可以进一步分解成每个隐藏状态关于前一状态的梯度之和。最后，每个隐藏状态关于前一状态的梯度可被进一步分解为当前状态梯度和前一梯度的乘积：

$$\begin{aligned}\frac{\partial L_3}{\partial \boldsymbol{W}} &= \frac{\partial L_3}{\partial y_3} \cdot \frac{\partial y_3}{\partial h_2} \cdot \frac{\partial h_2}{\partial \boldsymbol{W}} \\ &= \sum_{t=0}^{2} \frac{\partial L_3}{\partial y_3} \cdot \frac{\partial y_3}{\partial h_2} \cdot \frac{\partial h_2}{\partial h_t} \cdot \frac{\partial h_t}{\partial \boldsymbol{W}} \\ &= \sum_{t=0}^{2} \frac{\partial L_3}{\partial y_3} \cdot \frac{\partial y_3}{\partial h_2} \cdot \left(\prod_{j=t+1}^{2} \frac{\partial h_j}{\partial h_{j-1}} \right) \cdot \frac{\partial h_t}{\partial \boldsymbol{W}}\end{aligned}$$

损失函数 L_1 和 L_2（在时间步 1 和 2 上的损失函数）关于 $\boldsymbol{W}$ 的梯度计算也类似，并把它们相加来更新 $\boldsymbol{W}$。本书中我们将不再深入探讨数学问题。如果你还想深入下去，WILDML 上的博文对 BPTT 做了很好的解释，包括了更多过程背后数学求导的细节。

我们的意图是，上面等式中梯度的最终形式告诉了我们为什么 RNN 会有梯度消失和梯度爆炸问题。考虑下一个隐藏状态关于它前一状态的梯度小于 1 的情况，因为我们跨多个时间步反向传播，梯度的乘积变得越来越小，这就导致了梯度消失问题的出现。类似地，如果梯度比 1 大很多，乘积就会变得越来越大，最终导致梯度爆炸问题的出现。

梯度消失的影响是，相距较远的时间步上的梯度对学习过程没有任何用处，因此 RNN 不能进行大范围依赖的学习。梯度消失问题在传统的神经网络上也会发生，只是对于 RNN 网络可见性更高，因为 RNN 趋于拥有更多的层（时间步），而反向传播在这些层是必然发生的。

梯度爆炸更容易被检测到，梯度会变得非常大以至于不再是数字，训练过程也将崩溃。梯度爆炸问题可以通过在预定义的阈值上剪切它们来控制，就如下面论文中讨论的：《On the Difficulty of Training Recurrent Neural Networks》，作者 R. Pascanu, T. Mikolov 和 Y.Bengio, ICML, pp 1310~1318, 2013。

存在几种方法来最小化梯度消失的问题，如 $\boldsymbol{W}$ 权重向量的适当初始化，使用 ReLU 替代 tanh 层，以及使用非监督方法预训练网络等，最流行的方案是使用 LSTM 或 GRU 架构。这些架构被设计成处理梯度消失问题以及更高效的学习长期依赖。本章稍后会学习关于 LSTM 和 GRU 架构的更多内容。

6.4　长短期记忆网络——LSTM

LSTM 是 RNN 的一个变体，它能学习长期依赖。LSTM 首先被 Hochreiter 和 Schmidhuber 提出并被很多其他研究者改善。它可以有效处理很多问题，是 RNN 中最广泛应用的一类。

我们已经看到过 SimpleRNN 如何在 tanh 层使用前一时间步的状态和当前输入来实现

递归。LSTM 也以类似的方式实现了递归，但并不是一个单独的 tanh 层，而是以特别方式交互的 4 个层。图 6.5 展示了时间步 t 的隐藏状态的转换。

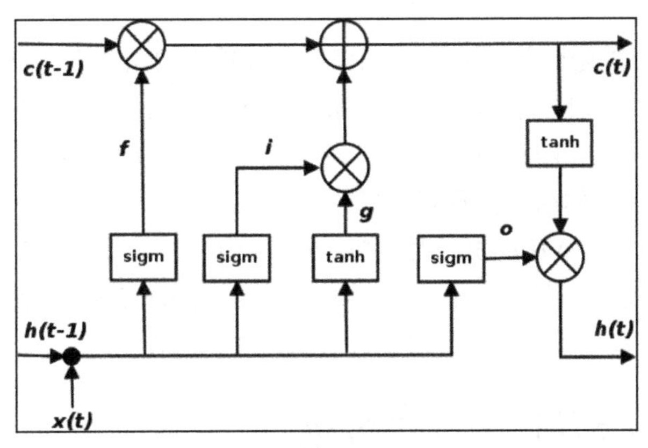

图 6.5

图 6.5 看起来有些复杂，让我们逐个查看组件。横穿图 6.5 上部的线是单元状态 c，它表示单元的内部记忆。横穿底部的线是隐藏状态，i、f、o 和 g 门是 LSTM 围绕梯度消失问题的机制。训练中，LSTM 为这些门进行参数学习。

为了更深入地理解这些门如何调节 LSTM 的隐藏状态，让我们看下面的等式。等式显示了它是如何通过前一时间步的隐藏状态 h_{t-1} 来计算时间步 t 的隐藏状态 h_t 的：

$$i = \sigma(W_i h_{t-1} + U_i x_t)$$
$$f = \sigma(W_f h_{t-1} + U_f x_t)$$
$$o = \sigma(W_o h_{t-1} + U_o x_t)$$
$$g = \tanh(W_g h_{t-1} + U_g x_t)$$
$$c_t = (c_{t-1} \otimes f) \oplus (g \otimes i)$$
$$h_t = \tanh(c_t) \otimes o$$

这里，i、f 和 o 是输入、遗忘和输出门，它们用相同的等式但不同的参数矩阵进行计算。sigmoid 函数调节这些门使其输出 0 和 1 之间的值，因此产生的输出向量可以和另一个向量按元素相乘，以决定第二个向量的多少部分可以通过第一个。

遗忘门定义了你希望前一状态 h_{t-1} 的多少部分可以通过。输入门定义了为当前输入 x_t 新计算出的状态的多少部分可以通过，而输出门定义了你想把当前状态的多少部分揭示给下一层。内部隐藏状态 g 基于当前输入 x_t 和前一状态 h_{t-1} 计算。注意计算 g 的等式和 SimpleRNN 单元的相同，但这里我们将通过输入门 i 产生的输出来进行调节。

给定 i、f、o 和 g，根据时间步（t−1）上的状态 c_{t-1}，乘以遗忘门，我们就能计算时

间步 t 的单元状态 c_t；乘以输入门 i，就能计算出状态 g。因此，这基本是一种联合前面记忆和新输入的方法，遗忘门设为 0 表示忽略所有旧记忆，输入门设为 0 表示忽略新计算出的状态。

最后，时间步 t 的隐藏状态 h_t 通过把记忆 c_t 和输出门相乘来计算。

需要注意的是，LSTM 可以随时替换 SimpleRNN 单元，唯一的不同是 LSTM 能对抗梯度消失问题。你可以在网络中用 LSTM 替换掉 RNN 单元而不必担心任何的副作用。在更多的训练次数后，你通常会看到更好的结果。

如果你想了解更多，WILDML 的博文对这些 LSTM 门以及它们如何工作有更详细的阐述。如果想获得更多直观的解释，可以看看 Christopher Olah 的博文：《Understanding LSTMs》，他将带你逐步了解这些计算，并且每一步都有图解。

用 Keras 实现 LSTM——情感分析

Keras 提供了一个 LSTM 层，我们将用它来构造和训练一个多对一的 RNN。我们的网络吸收一个序列（词序列）并输出一个情感分析值（正或负）。我们的训练集是 Kaggle 上情感分类竞赛所用的包含 7 000 个短句的数据集 UMICH SI650。每个句子有一个值为 1 或 0 的分别用来代替正负情感的标签，这个标签就是我们将要学习预测的。

像往常一样，我们以导入开始：

```
from keras.layers.core import Activation, Dense, Dropout, SpatialDropout1D
from keras.layers.embeddings import Embedding
from keras.layers.recurrent import LSTM
from keras.models import Sequential
from keras.preprocessing import sequence
from sklearn.model_selection import train_test_split
import collections
import matplotlib.pyplot as plt
import nltk
import numpy as np
import os
```

在我们开始前，我们先对数据做一些探索性分析。特别地，我们想知道语料中有多少个独立的词以及每个句子包含多少个词：

```
maxlen = 0
word_freqs = collections.Counter()
num_recs = 0
ftrain = open(os.path.join(DATA_DIR, "umich-sentiment-train.txt"), 'rb')
for line in ftrain:
    label, sentence = line.strip().split("t")
    words = nltk.word_tokenize(sentence.decode("ascii", "ignore").lower())
```

```
        if len(words) > maxlen:
            maxlen = len(words)
        for word in words:
            word_freqs[word] += 1
        num_recs += 1
    ftrain.close()
```

以下这段代码，让我们得到了语料的估算值：

```
maxlen : 42
len(word_freqs) : 2313
```

用不同单词的数量作为 len(word_freqs)，我们将字典大小设为固定值，并把所有其他词看作字典外（Out of Vocabulary，OOV）的词，这些词全部用伪词 UNK（Unknown）替换。预测时，这允许我们处理从未见过的词，我们把它们作为 OOV。

句子包含的单词数（maxlen）让我们可以设置一个固定的序列长度，并用 0 来补足短句，把更长的句子截短至合适的长度。即使 RNN 可以处理变长的序列，通常也是通过上面的补 0 或者截短的方式，或者根据序列长度把输入分成不同的批次组。我们这里将使用前面的方法。对于后一种方法，Keras 推荐使用批大小为 1 的设置。

根据前面的估计，我们把 VOCABULARY_SIZE 设成“2002”，即来源于字典的 2 000 个词，加上伪词 UNK 和填充伪词 PAD（用来补足句子到固定长度的词），本例中给定 MAX_SENTENCE_LENGTH 为 40：

```
DATA_DIR = "../data"

MAX_FEATURES = 2000
MAX_SENTENCE_LENGTH = 40
```

下一步我们需要两个查询表，RNN 的每一个输入行都是一个词序列索引，索引按训练集中词的使用频度从高到低排序。这两张查询表允许我们通过给定的词来查找索引以及通过给定的索引来查找词。表中也包含了伪词 PAD 和 UNK。

```
vocab_size = min(MAX_FEATURES, len(word_freqs)) + 2
word2index = {x[0]: i+2 for i, x in
enumerate(word_freqs.most_common(MAX_FEATURES))}
word2index["PAD"] = 0
word2index["UNK"] = 1
index2word = {v:k for k, v in word2index.items()}
```

接着我们将输入序列转换成词索引序列，补足 MAX_SENTENCE_ LENGTH 定义的词的长度。因为我们的输出标签是二值的（正或负情感），我们不需要处理标签。

```
X = np.empty((num_recs, ), dtype=list)
y = np.zeros((num_recs, ))
i = 0
```

```
ftrain = open(os.path.join(DATA_DIR, "umich-sentiment-train.txt"), 'rb')
for line in ftrain:
    label, sentence = line.strip().split("t")
    words = nltk.word_tokenize(sentence.decode("ascii", "ignore").lower())
    seqs = []
    for word in words:
        if word2index.has_key(word):
            seqs.append(word2index[word])
        else:
            seqs.append(word2index["UNK"])
    X[i] = seqs
    y[i] = int(label)
    i += 1
ftrain.close()
X = sequence.pad_sequences(X, maxlen=MAX_SENTENCE_LENGTH)
```

最终，我们按 80/20 的比例把数据划分成训练集和测试集：

```
Xtrain, Xtest, ytrain, ytest = train_test_split(X, y, test_size=0.2,
random_state=42)
```

图 6.6 展示了 RNN 的结构。

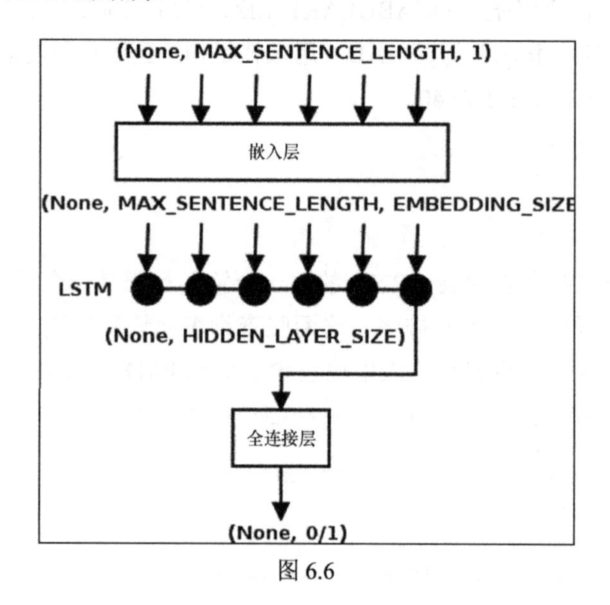

图 6.6

每行的输入是一个词索引序列，序列的长度由 MAX_SENTENCE_ LENGTH 给出。张量的第一维设成 None，表明批大小（每次输入网络的记录数）在当前定义时间未知，它在运行时由 batch_size 参数指定。因此假设一个现在还未确定的批尺寸，输入向量的形状是（None,MAX_SENTENCE_ LENGTH,1）。这些张量输入给大小 EMBEDDING_

SIZE 的嵌入层，嵌入层的权重以较小的随机值初始化，并在训练中学习。这一层将把张量转换成形状（None, MAX_SENTENCE_LENGTH, EMBEDDING_SIZE）。嵌入层的输出被送入序列长度为 MAX_SENTENCE_LENGTH 的 LSTM 层，输出层的大小是 HIDDEN_LAYER_SIZE，因此 LSTM 层的输出是形状为（None, HIDDEN_LAYER_SIZE, MAX_SENTENCE_LENGTH）的张量。默认情况下，LSTM 层将在它最后的序列（return_sequences=False）上输出一个形状为（None，HIDDEN_LAYER_SIZE）的张量。

这个张量输入使用 sigmoid 作为激活函数的全连接层，它的输出大小为 1，因而它的输出或者为 0（负面评述），或者为 1（正面评述）。

因为本例预测的是一个二值输出，我们使用一个好用的通用优化器 Adam 和二分交叉熵损失函数来编译模型。注意超参数 EMBEDDING_SIZE、HIDDEN_LAYER_SIZE、BATCH_SIZE 和 NUM_EPOCHS（设成如下常量）通过多次运行实验调优：

```
EMBEDDING_SIZE = 128
HIDDEN_LAYER_SIZE = 64
BATCH_SIZE = 32
NUM_EPOCHS = 10

model = Sequential()
model.add(Embedding(vocab_size, EMBEDDING_SIZE,
input_length=MAX_SENTENCE_LENGTH))
model.add(SpatialDropout1D(Dropout(0.2)))
model.add(LSTM(HIDDEN_LAYER_SIZE, dropout=0.2, recurrent_dropout=0.2))
model.add(Dense(1))
model.add(Activation("sigmoid"))

model.compile(loss="binary_crossentropy", optimizer="adam",
    metrics=["accuracy"])
```

然后，我们将网络训练 10 轮（NUM_EPOCHS），每轮的批大小为 32（BATCH_SIZE）。在每个训练期中，我们用测试数据来验证模型：

```
history = model.fit(Xtrain, ytrain, batch_size=BATCH_SIZE,
epochs=NUM_EPOCHS,
    validation_data=(Xtest, ytest))
```

这一步的输出显示了多轮训练后损失在下降而准确率在上升，如图 6.7 所示。

```
Train on 5668 samples, validate on 1418 samples
Epoch 1/10
5668/5668 [==============================] - 20s - loss: 0.3316 - acc: 0.8626 - val_loss: 0.0799 - val_acc: 0.9746
Epoch 2/10
5668/5668 [==============================] - 19s - loss: 0.0911 - acc: 0.9626 - val_loss: 0.0512 - val_acc: 0.9810
Epoch 3/10
5668/5668 [==============================] - 18s - loss: 0.0649 - acc: 0.9730 - val_loss: 0.0553 - val_acc: 0.9859
Epoch 4/10
5668/5668 [==============================] - 19s - loss: 0.0642 - acc: 0.9746 - val_loss: 0.0596 - val_acc: 0.9845
Epoch 5/10
5668/5668 [==============================] - 20s - loss: 0.0531 - acc: 0.9787 - val_loss: 0.0434 - val_acc: 0.9845
Epoch 6/10
5668/5668 [==============================] - 19s - loss: 0.0575 - acc: 0.9762 - val_loss: 0.0396 - val_acc: 0.9852
Epoch 7/10
5668/5668 [==============================] - 19s - loss: 0.0494 - acc: 0.9797 - val_loss: 0.0374 - val_acc: 0.9873
Epoch 8/10
5668/5668 [==============================] - 19s - loss: 0.0467 - acc: 0.9809 - val_loss: 0.0374 - val_acc: 0.9859
Epoch 9/10
5668/5668 [==============================] - 18s - loss: 0.0440 - acc: 0.9811 - val_loss: 0.0425 - val_acc: 0.9852
Epoch 10/10
5668/5668 [==============================] - 18s - loss: 0.0464 - acc: 0.9795 - val_loss: 0.0378 - val_acc: 0.9873

1418/1418 [==============================] - 0s
```

图 6.7

我们也可以用下面的代码绘制出损失和准确率随时间变化的曲线：

```
plt.subplot(211)
plt.title("Accuracy")
plt.plot(history.history["acc"], color="g", label="Train")
plt.plot(history.history["val_acc"], color="b", label="Validation")
plt.legend(loc="best")

plt.subplot(212)
plt.title("Loss")
plt.plot(history.history["loss"], color="g", label="Train")
plt.plot(history.history["val_loss"], color="b", label="Validation")
plt.legend(loc="best")

plt.tight_layout()
plt.show()
```

上述例子的输出如图 6.8 所示。

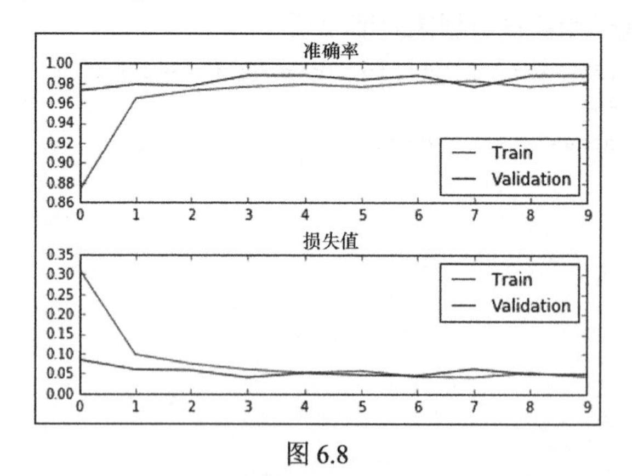

图 6.8

最后，我们在整个测试集上评估模型并打印出评分和准确率。我们也随机从测试集选出几个句子，并打印出 RNN 的预测结果、标签和实际的句子：

```
score, acc = model.evaluate(Xtest, ytest, batch_size=BATCH_SIZE)
print("Test score: %.3f, accuracy: %.3f" % (score, acc))

for i in range(5):
    idx = np.random.randint(len(Xtest))
    xtest = Xtest[idx].reshape(1,40)
    ylabel = ytest[idx]
    ypred = model.predict(xtest)[0][0]
    sent = " ".join([index2word[x] for x in xtest[0].tolist() if x != 0])
    print("%.0ft%dt%s" % (ypred, ylabel, sent))
```

你可以从图 6.9 所示的结果中看到，我们回到了接近于 99%的准确率。模型为本特定数据集做出的预测和标签完全匹配，尽管并非所有预测都如此。

```
Test score: 0.038, accuracy: 0.987

#pred label sentence
1     1     i like th mission impossible one ...
1     1     we 're gon na like watch mission impossible or hoot . (
1     1     the people who are worth it know how much i love the da vinci code .
0     0     ok brokeback mountain is such a horrible movie .
1     1     brokeback mountain is the most amazing / beautiful / romantic /
            Heartbraking movie i have ever or will ever see in my life
```

图 6.9

如果你想在本地运行代码，你需要从 Kaggle 网站上获取数据。

本例的源代码位于本章配套的 umich_sentiment_lstm.py 文件中。

6.5 门控循环单元——GRU

GRU 是 LSTM 的一个变体，由 K. Cho 引入（更多信息请参考《Learning Phrase Representations using RNN Encoder-Decoder for Statistical Machine Translation》, by K. Cho, arXiv:1406.1078, 2014）。GRU 保留了 LSTM 对梯度消失问题的抗力，但它的内部结构更加简单，更新隐藏状态时需要的计算也更少，因此训练得更快。GRU 单元的门如图 6.10 所示。

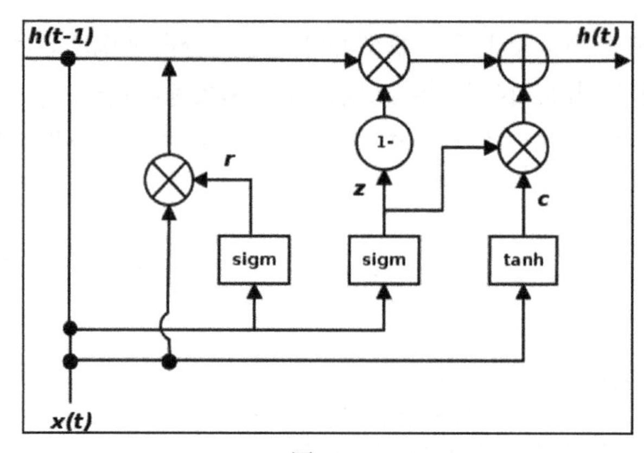

图 6.10

取代了 LSTM 单元中的输入、遗忘和输出门，GRU 单元有两个门：更新门 z 和重置门 r。更新门定义了保留上一记忆的多少部分，重置门定义了如何把新的输入和上一记忆结合起来。和 LSTM 不同的是，这里没有持久化的单元状态。下面的等式定义了 GRU 中的门控机制：

$$z = \sigma(W_2 h_{t-1} + U_2 x_t)$$
$$r = \sigma(W_r h_{t-1} + U_r x_t)$$
$$c = \tanh(W_c (h_{t-1} \otimes r) + U_c x_t)$$
$$h_t = (z \otimes c) \oplus ((1 - z) \otimes h_{t-1})$$

根据实验评估（更多信息请参考文章《An Empirical Exploration of Recurrent Network Architectures》，作者 R. Jozefowicz, W. Zaremba 和 I.Suts- kever，JMLR，2015 及《Empirical Evaluation of Gated Recurrent Neural Networks on Sequence Modeling》，作者 J. Chung，arXiv:1412.3555. 2014），GRU 和 LSTM 具有同样出色的性能，对某个特定任务，并不存在简单的方法来推荐使用其中一个或另一个。GRU 训练起来更快并且需要较少的数据就可以泛化，但在数据充足的情况下，LSTM 网络卓越的表示能力可能会产生更好的结果。和 LSTM 一样，GRU 也可以用来随意替换掉 SimpleRNN 单元。

Keras 提供了 LSTM 和 GRU 的内部实现，也包括我们先前看到的 SimpleRNN。

用 Keras 实现 GRU——词性标注

Keras 提供了一个 GRU 的实现，这里我们将用它构建一个用于词性标注的网络。词性（POS）是词在语法上的分类，它在不同句子中以相同方式使用。词性的例子有名词、动词、形容词等。例如，名词通常用来标识物体，动词通常用来表示它们在做什么，形容词用来描述这些物体的一些属性。词性标注过去是手工完成的，现在则是利用统计学模型进行自动标注。近些年来，深度学习也被用来解决这个问题（更多信息请参考文章《Natural Language Processing (almost) from Scratch》，作者 R. Collobert, Journal of Machine Learning Research, pp. 2493～2537, 2011）。

对训练数据，我们需要对句子进行词性标注。宾州树库（Penn Treebank）就是一个这样的数据集，它是一个人工标注的语料库，包含约 4 500 万个美式英语词汇。然而，这一资源并非免费的。宾州树库中 10%的样本作为 NLTK（http://www.nltk.org/）的一部分是免费的，我们将用它来训练我们的网络。

我们的模型取入句子的词序列，并输出每个词对应的词性标注。对一个包含[*The*, *cat*, *sat*, *on*,*the*, *mat*, .]的输入词序列，输出的词性标记应为[*DT*, *NN*, *VB*, *IN*, *DT*, *NN*]。

首先，我们从导入开始：

```
from keras.layers.core import Activation, Dense, Dropout, RepeatVector,
SpatialDropout1D
from keras.layers.embeddings import Embedding
from keras.layers.recurrent import GRU
from keras.layers.wrappers import TimeDistributed
from keras.models import Sequential
from keras.preprocessing import sequence
from keras.utils import np_utils
from sklearn.model_selection import train_test_split
import collections
import nltk
import numpy as np
import os
```

然后，我们从 NLTK 下载数据，并选择下面代码可用的格式。特别地，作为 NLTK 树库语料的一部分，数据提供了解析好的格式。我们用下面的 Python 代码把数据下载到两个并行的文件，一个用于句中的词，另一个用于词性标注。

```
DATA_DIR = "../data"

fedata = open(os.path.join(DATA_DIR, "treebank_sents.txt"), "wb")
ffdata = open(os.path.join(DATA_DIR, "treebank_poss.txt"), "wb")

sents = nltk.corpus.treebank.tagged_sents()
for sent in sents:
    words, poss = [], []
    for word, pos in sent:
        if pos == "-NONE-":
            continue
        words.append(word)
```

```
            poss.append(pos)
        fedata.write("{:s}n".format(" ".join(words)))
        ffdata.write("{:s}n".format(" ".join(poss)))

    fedata.close()
    ffdata.close()
```

我们再一次浏览数据，找出要设置的字典大小。此时，我们要考虑两个不同的字典，源字典用于词，目标字典用于词性标注。我们需要找出每个字典中的单词的数量，也要找出训练语料的句子中包含的最大词数和记录数。因为词性标注是一对一的，最后两个值对两个字典都相同。

```
    def parse_sentences(filename):
        word_freqs = collections.Counter()
        num_recs, maxlen = 0, 0
        fin = open(filename, "rb")
        for line in fin:
            words = line.strip().lower().split()
            for word in words:
                word_freqs[word] += 1
            if len(words) > maxlen:
                maxlen = len(words)
            num_recs += 1
        fin.close()
        return word_freqs, maxlen, num_recs

        s_wordfreqs, s_maxlen, s_numrecs = parse_sentences(
        os.path.join(DATA_DIR, "treebank_sents.txt"))
        t_wordfreqs, t_maxlen, t_numrecs = parse_sentences(
        os.path.join(DATA_DIR, "treebank_poss.txt"))
    print(len(s_wordfreqs), s_maxlen, s_numrecs, len(t_wordfreqs), t_maxlen,
    t_numrecs)
```

运行这段代码可知，共有 10 947 个词和 45 个词性标签。最大句子长度是 249,10% 的数据集包含的句子数是 3 914。利用这个信息，我们决定只考虑源字典中的前 5 000 个词。我们的目标字典包含 45 个标签，我们希望能全部预测，所以将它们全部放进字典。最后，我们把句子最大长度设为 250。

```
    MAX_SEQLEN = 250
    S_MAX_FEATURES = 5000
    T_MAX_FEATURES = 45
```

如同情感分析的例子，每一行输入会被表示成词索引的序列，对应的输出将是词性标签的索引的序列。我们需要建立查询表，以在单词/词性标注和它们对应的索引间转换。下面是相关代码。对于源表，我们多加两个索引位置来保存伪词 PAD 和 UNK。对于目标表，我们没有丢弃任何词，因而没必要填加伪词。

```
s_vocabsize = min(len(s_wordfreqs), S_MAX_FEATURES) + 2
s_word2index = {x[0]:i+2 for i, x in
enumerate(s_wordfreqs.most_common(S_MAX_FEATURES))}
s_word2index["PAD"] = 0
s_word2index["UNK"] = 1
s_index2word = {v:k for k, v in s_word2index.items()}

t_vocabsize = len(t_wordfreqs) + 1
t_word2index = {x[0]:i for i, x in
enumerate(t_wordfreqs.most_common(T_MAX_FEATURES))}
t_word2index["PAD"] = 0
t_index2word = {v:k for k, v in t_word2index.items()}
```

下一步是构造输入给网络的数据集。我们将使用查询表把输入的句子转换成长度为MAX_SEQLEN (250)的词 ID 序列。标签需要结构化成 one-hot 编码的大小为 T_MAX_FEATURES +1 (46)的向量的序列，序列的大小也是 MAX_SEQLEN (250)。build_tensor 函数从这两个文件读取数据，并把它们转换成输入和输出张量。构建输出张量时传入了更多的默认参数，这个过程调用了 np_utils.to_categorical()函数来把输出的词性标注的 ID 序列转换成 one-hot 向量表示。

```
def build_tensor(filename, numrecs, word2index, maxlen,
        make_categorical=False, num_classes=0):
    data = np.empty((numrecs, ), dtype=list)
    fin = open(filename, "rb")
    i = 0
    for line in fin:
        wids = []
        for word in line.strip().lower().split():
            if word2index.has_key(word):
                wids.append(word2index[word])
            else:
                wids.append(word2index["UNK"])
        if make_categorical:
            data[i] = np_utils.to_categorical(wids,
                num_classes=num_classes)
        else:
            data[i] = wids
        i += 1
    fin.close()
    pdata = sequence.pad_sequences(data, maxlen=maxlen)
    return pdata

X = build_tensor(os.path.join(DATA_DIR, "treebank_sents.txt"),
```

```
    s_numrecs, s_word2index, MAX_SEQLEN)
Y = build_tensor(os.path.join(DATA_DIR, "treebank_poss.txt"),
    t_numrecs, t_word2index, MAX_SEQLEN, True, t_vocabsize)
```

然后，我们按照 80/20 的比例把数据集划分成训练集和测试集：

```
Xtrain, Xtest, Ytrain, Ytest = train_test_split(X, Y, test_size=0.2,
random_state=42)
```

图 6.11 展示了网络的纲要，看起来有些复杂，让我们逐步解析。

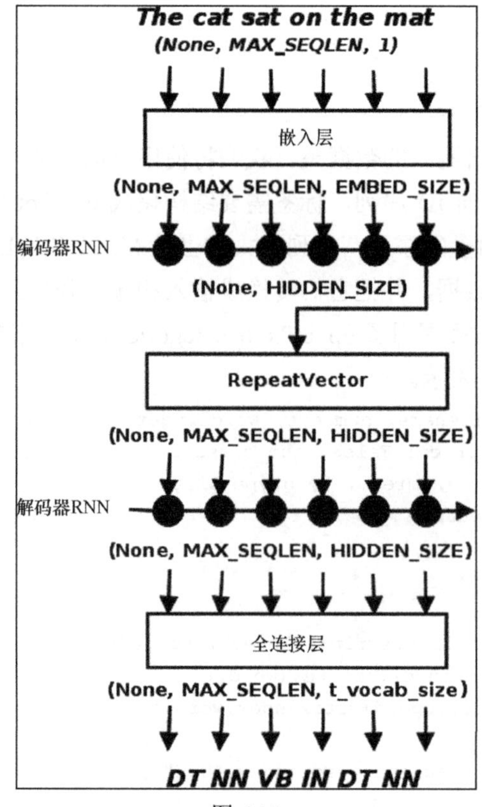

图 6.11

和之前一样，假设批大小尚未被确定，网络的输入是一个形状为(None, MAX_SEQLEN, 1)的词 ID 的张量。向量通过嵌入层发出，嵌入层把每个词转换成形状为(EMBED_SIZE)的稠密向量，所以这一层输出张量的形状是(None, MAX_SEQLEN, EMBED_SIZE)。张量以 HIDDEN_SIZE 的输出大小被输入编码器 GRU。在得知序列大小 MAX_SEQLEN 后，GRU 被设置成返回一个上下文向量（return_sequences=False），因而 GRU 层输出向量的形状为(None,HIDDEN_SIZE)。

上下文向量随后被 RepeatVector 层复制给形状为（None，MAX_SEQLEN，HIDDEN_SIZE）的张量，并输入解码器 GRU 层。之后进入全连接层。这一层将产生一个形状为（None，MAX_SEQLEN，t_vocab_size）的输出向量。全连接层的激活函数是 softmax，张量每列的 argmax 函数值就是词在当时位置预测出的词性标注的索引。

模型定义如下：EMBED_SIZE、HIDDEN_SIZE、BATCH_SIZE 和 NUM_ EPOCHS 是超参数，这些参数的指定值是通过多次赋予不同的值试验后得到的。因为我们的标签有多个，所以模型用 categoricalcategorical_crossentropy 损失函数编译，使用的优化器是流行的 adam 优化器。

```
EMBED_SIZE = 128
HIDDEN_SIZE = 64
BATCH_SIZE = 32
NUM_EPOCHS = 1

model = Sequential()
model.add(Embedding(s_vocabsize, EMBED_SIZE,
input_length=MAX_SEQLEN))
model.add(SpatialDropout1D(Dropout(0.2)))
model.add(GRU(HIDDEN_SIZE, dropout=0.2, recurrent_dropout=0.2))
model.add(RepeatVector(MAX_SEQLEN))
model.add(GRU(HIDDEN_SIZE, return_sequences=True))
model.add(TimeDistributed(Dense(t_vocabsize)))
model.add(Activation("softmax"))

model.compile(loss="categorical_crossentropy", optimizer="adam",
    metrics=["accuracy"])
```

我们把这个模型训练一轮。模型很丰富，包含很多超参数，在第一轮的训练后就变得过拟合了。接下来的训练中，我们多次输入相同的数据，模型开始对训练数据过拟合，在验证数据上则更甚。

```
model.fit(Xtrain, Ytrain, batch_size=BATCH_SIZE, epochs=NUM_EPOCHS,
   validation_data=[Xtest, Ytest])

score, acc = model.evaluate(Xtest, Ytest, batch_size=BATCH_SIZE)
print("Test score: %.3f, accuracy: %.3f" % (score, acc))
```

训练和评估的输出如图 6.12 所示，如你所见，模型在第一轮的训练后效果非常好。

```
Train on 3131 samples, validate on 783 samples
Epoch 1/1
3131/3131 [==============================] - 81s - loss: 0.3013 - acc: 0.8263 - val_loss: 0.2934 - val_acc: 0.9159

783/783 [==============================] - 3s
Test score: 0.293, accuracy: 0.916
```

图 6.12

和实际的 RNN 类似，Keras 实现的 3 类循环神经网络（SimpleRNN、LSTM 和 GRU）可以互换。为了演示，我们把前面程序中所有出现 GRU 的地方都用 LSTM 替换，并重新运行程序，我们只需修改模型定义和导入语句。

```
from keras.layers.recurrent import GRU

model = Sequential()
model.add(Embedding(s_vocabsize, EMBED_SIZE,
input_length=MAX_SEQLEN))
model.add(SpatialDropout1D(Dropout(0.2)))
model.add(GRU(HIDDEN_SIZE, dropout=0.2, recurrent_dropout=0.2))
model.add(RepeatVector(MAX_SEQLEN))
model.add(GRU(HIDDEN_SIZE, return_sequences=True))
model.add(TimeDistributed(Dense(t_vocabsize)))
model.add(Activation("softmax"))
```

你可以从输出中看到，基于 GRU 的网络可以和之前基于 LSTM 的网络相媲美。

序列对序列模型是一类非常强大的模型，它最权威的应用是机器翻译，但还有很多其他应用，如前面讲的词性标注。事实上，很多的自然语言处理任务在层级结构上更进一步，如命名实体识别（更多信息请参考文章《Named Entity Recognition with Long Short Term Memory》，作者 J. Hammerton, Proceedings of the Seventh Conference on Natural Language Learning at HLT-NAACL, Association for Computational Linguistics, 2003）和句法分析（更多信息请参考文章《Grammar as a Foreign Language》，作者 O. Vinyals, Advances in Neural Information Processing Systems, 2015），也有更复杂的网络，如图片说明（更多信息请参考文章《Deep Visual-Semantic Alignments for Generating Image Descriptions》，作者 A. Karpathy 和 F. Li, Proceedings of the IEEE Conference on Computer Vision and Pattern Recognition, 2015），这些都是序列对序列组合模型的例子。

本例的完整代码位于本章配套的 pos_tagging_gru.py 文件中。

6.6　双向 RNN

给定时间步 t，RNN 的输出依赖于前面所有时间步的输出。然而，输出也很可能依赖于未来的输出，特别是对如自然语言处理这样的应用，要预测的词或词组的属性可能依赖于整个完整句子的上下文，而不仅仅是它前面的词。双向 RNN 也帮助网络架构实现对句子首尾给予同样的重视，并增加训练中的可用数据。

双向 RNN 是彼此互相堆叠的两个 RNN，它们从相反的方向读取输入。因此我们的例子中，一个 RNN 从左向右读取词，另一个 RNN 从右向左读取词。每个时间步的输出将基于两个 RNN 的隐藏状态。

Keras 通过一个双向包装层提供了对双向 RNN 的支持，例如，对词性标注的例子，我们可以简单地使用双向包装层把 LSTM 网络包装起来，就可以让它成为双向的。下面是模型的定义代码。

```
from keras.layers.wrappers import Bidirectional

model = Sequential()
model.add(Embedding(s_vocabsize, EMBED_SIZE,
input_length=MAX_SEQLEN))
model.add(SpatialDropout1D(Dropout(0.2)))
model.add(Bidirectional(LSTM(HIDDEN_SIZE, dropout=0.2,
recurrent_dropout=0.2)))
model.add(RepeatVector(MAX_SEQLEN))
model.add(Bidirectional(LSTM(HIDDEN_SIZE, return_sequences=True)))
model.add(TimeDistributed(Dense(t_vocabsize)))
model.add(Activation("softmax"))
```

其性能可与单向的 LSTM 示例相媲美，如图 6.13 所示。

```
Train on 3131 samples, validate on 783 samples
Epoch 1/1
3131/3131 [==============================] - 268s - loss: 0.2889 - acc: 0.8226 - val_loss: 0.2788 - val_acc: 0.9036

783/783 [==============================] - 12s
Test score: 0.279, accuracy: 0.904
```

图 6.13

6.7 有状态 RNN

RNN 可以是有状态的，它能在训练中维护跨批次的状态信息，即为当前批次的训练数据计算的状态值，可以用作下一批次训练数据的初始隐藏状态。不过，这需要显式设置，因为 Keras RNN 默认是无状态的，并且每批数据都要重置状态。将 RNN 设为有状态的，即可构造一个跨训练序列的状态，甚至在预测时也可以维护这个状态信息。

使用有状态 RNN 的优点是更小的网络或更少的训练时间，缺点是我们要负责使用反映数据周期性的批大小来训练网络，并在每个训练期后重置状态。另外，网络训练期间数据不能被移动，因为数据呈现的顺序与有状态网络是相关的。

用 Keras 实现有状态 LSTM——电量消费预测

这个例子中，我们分别使用一个有状态的和一个无状态的 LSTM 网络来预估用户的电量消费，并比较他们的表现。前面提到过，Keras 中的 RNN 默认是无状态的。在有状态的模型中，处理完一批数据后计算得到的内部状态，将被重用为下一批数据的初始状态。换言之，一个批次数据中为元素 i 计算的状态将被用作下一批数据中的元素 i 的初始状态。

我们使用的数据集是 UCI 机器学习库上的用电负荷表，它记录了 370 个用户的消费信息，在 2011～2014 年这 4 年间每 15 分钟采集一次。我们随机选取 250 个用户用于我们的例子。

需要记住的是，大多数问题都可以用无状态 RNN 解决，所以如果你使用了一个有状态的 RNN，请确认你的确需要。你通常会在数据有周期分量时用到它。稍加思考，你就会认识到电量消费是周期性的。白天的消耗偏向于高于晚上。让我们提取出 250 个用户的消费数据，并绘出前 10 天的数据图。最后我们把它保存到二进制文件 NumPy 中，以便在下一步中使用。

```
import numpy as np
import matplotlib.pyplot as plt
import os
import re

DATA_DIR = "../data"

fld = open(os.path.join(DATA_DIR, "LD2011_2014.txt"), "rb")
data = []
cid = 250
for line in fld:
    if line.startswith(""";"):
       continue
    cols = [float(re.sub(",", ".", x)) for x in
                 line.strip().split(";")[1:]]
    data.append(cols[cid])
fld.close()

NUM_ENTRIES = 1000
plt.plot(range(NUM_ENTRIES), data[0:NUM_ENTRIES])
plt.ylabel("electricity consumption")
plt.xlabel("time (1pt = 15 mins)")
plt.show()

np.save(os.path.join(DATA_DIR, "LD_250.npy"), np.array(data))
```

前面例子的输出如图 6.14 所示。

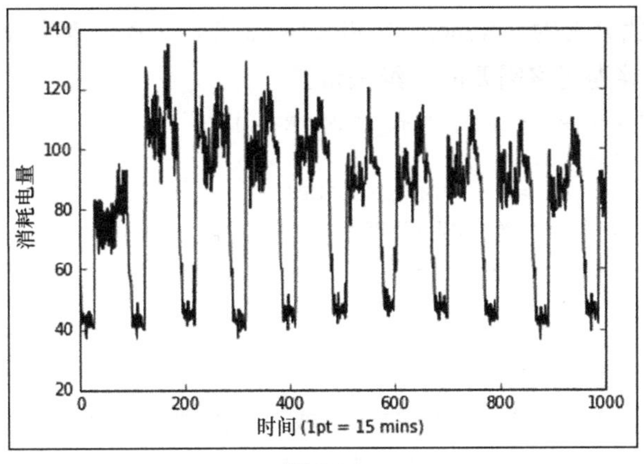

图 6.14

如你所见，存在一个明显的每日趋势，因此这是一个适用于有状态模型的好问题。而且，根据我们的观察，BATCH_SIZE 设为 96（24 小时中每 15 分钟读取一次）看起来比较恰当。

我们将在展示有状态版本的代码的同时展示无状态版本的代码。两个版本的大多数代码都相同，因此我们将同时查看它们。代码中有不同时我会指出。首先，我们导入必要的库和类。

```
from keras.layers.core import Dense
from keras.layers.recurrent import LSTM
from keras.models import Sequential
from sklearn.preprocessing import MinMaxScaler
import numpy as np
import math
import os
```

接下来我们从已保存的二进制文件 NumPy 中加载 250 个用户的数据到大小为（140256）的长数组中，并重新调整到(0, 1)范围。最后，按网络需要，我们把输入形状变形为三维。

```
DATA_DIR = "../data"

data = np.load(os.path.join(DATA_DIR, "LD_250.npy"))
data = data.reshape(-1, 1)
scaler = MinMaxScaler(feature_range=(0, 1), copy=False)
data = scaler.fit_transform(data)
```

每批数据中，模型将取入 15 分钟间隔读取的序列数据并预测下一个。输入序列的长度由代码中的 NUM_TIMESTEPS 变量给出。基于一些实验，我们将 NUM_TIMESTEPS 设为 20，即每个输入行都是一个长度为 20 的序列，输出的长度是 1。下一步将输入数组重新调整并放入形状分别为（None, 4）和（None, 1）的张量 ***X*** 和 ***Y*** 中。最后，我们把输入张量 ***X*** 再次调整为网络需要的三维张量。

```
X = np.zeros((data.shape[0], NUM_TIMESTEPS))
Y = np.zeros((data.shape[0], 1))
for i in range(len(data) - NUM_TIMESTEPS - 1):
    X[i] = data[i:i + NUM_TIMESTEPS].T
    Y[i] = data[i + NUM_TIMESTEPS + 1]

#将 X 变形为三维(样例,时间步,特征)
X = np.expand_dims(X, axis=2)
```

之后我们把 ***X*** 和 ***Y*** 张量按 70/30 的比例做训练测试集划分。因为我们处理的是时间序列，我们只需选择一个划分点，然后把数据切成两部分，而不是使用 train_test_split 函数，尽管这个函数也能分割数据。

```
sp = int(0.7 * len(data))
Xtrain, Xtest, Ytrain, Ytest = X[0:sp], X[sp:], Y[0:sp], Y[sp:]
print(Xtrain.shape, Xtest.shape, Ytrain.shape, Ytest.shape)
```

首先，我们定义无状态模型，并按我们前面讨论的来设置变量 BATCH_SIZE 和 NUM_TIMESTEPS。LSTM 输出的大小由 HIDDEN_SIZE 给出，这是另一个经过实验得出的超参数。这里，我们暂且设置为 10，因为我们的目标是对比两种网络。

```
NUM_TIMESTEPS = 20
HIDDEN_SIZE = 10
BATCH_SIZE = 96 # 24 hours (15 min intervals)

#无状态
model = Sequential()
model.add(LSTM(HIDDEN_SIZE, input_shape=(NUM_TIMESTEPS, 1),
    return_sequences=False))
model.add(Dense(1))
```

你可以从下面的代码看出，对应的有状态模型的定义非常类似。在 LSTM 的构造函数中，你需要设置 stateful=True，而且相比 input_shape 中运行时才确定的批大小，你需要显式设置 batch_input_shape。你也要确保你的训练和测试数据大小刚好是批大小的倍数，稍后我们查看训练代码时再看如何做。

```
#有状态
model = Sequential()
model.add(LSTM(HIDDEN_SIZE, stateful=True,
    batch_input_shape=(BATCH_SIZE, NUM_TIMESTEPS, 1),
    return_sequences=False))
model.add(Dense(1))
```

下面我们编译模型，有状态和无状态 RNN 的操作相同。注意，这里我们的度量是均方误差，而非通常的准确率。因为这是一个回归问题，我们更感兴趣的是我们的预测偏离标签的程度，而非我们的预测和标签是否匹配。你可以在 Keras 的度量标准页面上看到 Keras 内置的度量标准的完整列表。

```
model.compile(loss="mean_squared_error", optimizer="adam",
    metrics=["mean_squared_error"])
```

为了训练无状态的模型，我们使用一行可能已经非常熟悉的代码。

```
BATCH_SIZE = 96 #24小时（间隔15分钟）

#无状态
model.fit(Xtrain, Ytrain, epochs=NUM_EPOCHS, batch_size=BATCH_SIZE,
    validation_data=(Xtest, Ytest),
    shuffle=False)
```

有状态模型对应的代码如下所示，这里有 3 点需要注意。

第一，需要选择一个反映了数据周期性的批大小，这是因为有状态 RNN 会将本批数据和下一批排列对齐，所以选择合适的批大小会让网络学得更快。

一旦你设置好了批大小，你的训练和测试数据集就需要刚好是批大小的倍数。我们下面通过截断训练集和测试集最后的几行记录来确保这一点。

第二，你需要手动控制模型、循环训练模型至要求的轮数。每次迭代训练模型一轮，状态信息跨批次保留。每轮训练后，模型的状态需要手动重设。

第三，数据要按序输入，默认情况下，Keras 会移动每批内的行，这将破坏我们为了高效训练有状态 RNN 而进行的排列。可以通过调用 model.fit()设置 shuffle=False 来完成。

```
BATCH_SIZE = 96 #24小时（间隔15分钟）

#有状态
#需将训练和测试数据设为 BATCH_SIZE 的倍数
train_size = (Xtrain.shape[0] // BATCH_SIZE) * BATCH_SIZE
test_size = (Xtest.shape[0] // BATCH_SIZE) * BATCH_SIZE
Xtrain, Ytrain = Xtrain[0:train_size], Ytrain[0:train_size]
Xtest, Ytest = Xtest[0:test_size], Ytest[0:test_size]
print(Xtrain.shape, Xtest.shape, Ytrain.shape, Ytest.shape)
for i in range(NUM_EPOCHS):
    print("Epoch {:d}/{:d}".format(i+1, NUM_EPOCHS))
    model.fit(Xtrain, Ytrain, batch_size=BATCH_SIZE, epochs=1,
        validation_data=(Xtest, Ytest),
        shuffle=False)
    model.reset_states()
```

最后，我们在测试数据上评估模型，并打印出评分。

```
score, _ = model.evaluate(Xtest, Ytest, batch_size=BATCH_SIZE)
```

```
rmse = math.sqrt(score)
print("MSE: {:.3f}, RMSE: {:.3f}".format(score, rmse))
```

无状态模型运行 5 轮后的输出如图 6.15 所示。

```
(98179, 20, 1) (42077, 20, 1) (98179, 1) (42077, 1)
Train on 98179 samples, validate on 42077 samples
Epoch 1/5
98179/98179 [==============================] - 41s - loss: 0.0086 - mean_squared_error: 0.0086 - val_loss: 0.0040 -
val_mean_squared_error: 0.0040
Epoch 2/5
98179/98179 [==============================] - 41s - loss: 0.0045 - mean_squared_error: 0.0045 - val_loss: 0.0039 -
val_mean_squared_error: 0.0039
Epoch 3/5
98179/98179 [==============================] - 43s - loss: 0.0041 - mean_squared_error: 0.0041 - val_loss: 0.0038 -
val_mean_squared_error: 0.0038
Epoch 4/5
98179/98179 [==============================] - 44s - loss: 0.0039 - mean_squared_error: 0.0039 - val_loss: 0.0040 -
val_mean_squared_error: 0.0040
Epoch 5/5
98179/98179 [==============================] - 44s - loss: 0.0038 - mean_squared_error: 0.0038 - val_loss: 0.0038 -
val_mean_squared_error: 0.0038

42077/42077 [==============================] - 2s

MSE: 0.004, RMSE: 0.062
```

图 6.15

对应的有状态模型的输出，也每次每轮运行 5 次，如图 6.16 所示。注意一下第二行中截断操作的结果。

```
Train on 98112 samples, validate on 42048 samples
Epoch 1/1
98112/98112 [==============================] - 37s - loss: 0.0056 - mean_squared_error: 0.0056 - val_loss: 0.0038 -
val_mean_squared_error: 0.0038
Epoch 2/5
Train on 98112 samples, validate on 42048 samples
Epoch 1/1
98112/98112 [==============================] - 36s - loss: 0.0044 - mean_squared_error: 0.0044 - val_loss: 0.0037 -
val_mean_squared_error: 0.0037
Epoch 3/5
Train on 98112 samples, validate on 42048 samples
Epoch 1/1
98112/98112 [==============================] - 38s - loss: 0.0043 - mean_squared_error: 0.0043 - val_loss: 0.0038 -
val_mean_squared_error: 0.0038
Epoch 4/5
Train on 98112 samples, validate on 42048 samples
Epoch 1/1
98112/98112 [==============================] - 37s - loss: 0.0042 - mean_squared_error: 0.0042 - val_loss: 0.0038 -
val_mean_squared_error: 0.0038
Epoch 5/5
Train on 98112 samples, validate on 42048 samples
Epoch 1/1
98112/98112 [==============================] - 37s - loss: 0.0040 - mean_squared_error: 0.0040 - val_loss: 0.0035 -
val_mean_squared_error: 0.0035
41952/42048 [============================>.] - ETA: 0s

MSE: 0.003, RMSE: 0.059
```

图 6.16

如你所见，有状态模型生成的结果比无状态模型略好。按绝对数值，由于我们把数据压缩到了(0, 1)范围，这意味着无状态模型的错误率是 6.2%而有状态模型是 5.9%，或者反之，它们各自的准确率大约为 93.8%和 94.1%。相对而言，我们的有状态模型略优于无状态模型。

本例的源码可通过下载本章的源代码获取，用于解析数据集的代码位于 econs_data.py 文件中，定义和训练有状态和无状态模型的代码位于 econs_stateful.py 文件中。

6.8　其他 RNN 变体

我们将通过查看一些 RNN 单元的更多变体来综述本章。RNN 是一个非常活跃的研究课题，很多研究者都提出了特殊目的的变体。一个流行的 LSTM 变体加入了 peephole 连接，意思是门控层允许窥视单元状态。这由 Gers 和 Schmidhuber 在 2002 年引入（更多信息请参考文章《Learning Precise Timing with LSTM Recurrent Networks》，作者 F. A. Gers, N. N. Schraudolph 和 J. Schmidhuber, Journal of Machine Learning Research, pp. 115~143）。

另一个 LSTM 的变体，最终演变成了 GRU，是成对使用遗忘门和输出门。关于遗忘何种信息以及获取何种信息的决定是同时做出的，新的信息代替了被遗忘的信息。

Keras 只提供了 3 种基本变体，即 SimpleRNN、LSTM 和 GRU 层。然而，这并不是什么问题。Gref 组织了一个关于很多 LSTM 变体的实验性调查（更多信息请参考文章《LSTM: A Search Space Odyssey》，by K. Greff, arXiv: 1503. 04069, 2015），得出的结论是没有任何一个变体比之标准的 LSTM 结构有重大的改善。因此，Keras 提供的组件足以解决大多数问题。

假如你需要自己构造网络层的能力，你可以构建自定义 Keras 层。我们将在下一章讨论如何构建自定义层。还有一个叫作 Recurrent Shop 的开源框架，可以让你用 Keras 构造复杂的循环神经网络。

6.9　小结

本章中，我们探讨了循环神经网络的基本架构，以及它们在处理序列化数据时比之传统网络的优势。我们了解了 RNN 如何学习作家的写作风格并用习得模型生成文本。我们也了解了这个例子如何扩展到股价预测或其他时间序列、有噪声的语音等，以及用学得的模型创作生成音乐。

我们看到了构造 RNN 单元的不同方式，以及这些拓扑可以建模并解决特定的如情感分析、机器翻译、图片说明和分类等问题。

之后我们探讨了简单 RNN 结构的最大缺点，即梯度消失和梯度爆炸的问题。我们知道了梯度消失问题可以用 LSTM（或 GRU）架构处理。我们也深入了 LSTM 和 GRU 架构的一些细节。我们还看了两个例子，一个是基于 LSTM 模型的情感分析，一个是基于 GRU 的序列对序列架构的词性标注。

我们之后学习了有状态 RNN 以及它们在 Keras 中的使用。我们也看到了一个用有状态 RNN 学习模型预测大气中 CO 含量的例子（文中给出的是电量消费预测的例子）。

最后，我们讨论了 Keras 中不可用的一些 RNN 的变体，并简述了如何构造它们。

下一章中，我们将探讨和我们目前看到的基础模型不大一样的模型，并将学习使用 Keras 的功能函数 API 来构造由基本模型组成的更大、更复杂的网路，以及如何自定义 Keras，以满足我们实际需要的例子。

第 7 章 其他深度学习模型

到目前为止，我们的讨论大多集中在用于分类的模型。这些模型使用对象特征和它们的标签进行训练，并预测之前未见过的对象的标签。它们的结构也相当简单，至今我们看到过的所有模型都是用 Keras 序贯模型 API 建模的线性管道模型。

本章中，我们将关注更复杂的模型，这些模型的管道不一定是线性的。Keras 提供了处理这类架构的函数 API。本章中我们将学习如何使用函数 API 定义网络。注意函数 API 也可用于创建线性架构。

分类网络最简单的扩展是回归网络。有监督机器学习的两大子类是分类和回归。回归网络不再预测分类，而是预测连续值。我们讨论无状态 RNN 和有状态 RNN 的时候已经看到过回归网络的例子。许多回归问题都可以使用分类模型稍做改进就能解决，本章中我们将看到一个用于预测空气中的苯含量的网络。

另一类用来学习无标签的数据结构的模型被称作无监督（或更准确地说，自监督）模型。它们和分类模型相类似，但是标签是隐含在数据中的。我们已经见过这类模型的例子；如 CBOW 和 skip-gram word2vec 模型就是自监督模型。自动编码器是另一个这类模型的例子。我们将学习自动编码器，并给出一个构建句子的紧凑向量表示的例子。

之后我们会看一下如何用我们之前见过的网络组建出更大的计算图。这些图通常是为特定目标构建，而这些目标单用序贯模型不能完成，它们可能包含多个输入和输出，以及和外部组件的连接。我们将看到一个组建问题回答网络的例子。

再之后我们会查看 Keras 的后端 API，以及我们如何使用 API 构建自定义组件来扩展 Keras 功能。

再回到无标签数据的模型，另一类不需要标签的是生成模型。这些模型用已有对象的集合进行训练，并尝试学习这些对象的分布。一旦学到分布特征，我们就能从这一分布中抽取出和原始训练数据类似的样本。我们在前面的章节中看到过一个这样的例子，用于生成和“爱丽丝梦游仙境”相似文本的字符 RNN 模型。这个话题已经讲过了，这里我们不再赘述生成模型相关的内容。不过，我们会利用训练好的网络学习数据分布的思路，这个网络使用在 ImageNet 数据上预训练好的 VGG-16 网络创建有趣的视觉效果。

总的来说，本章我们将学习如下内容：

- Keras 函数 API
- 回归网络
- 无监督学习之自动编码器
- 使用函数 API 构建复杂网络
- 自定义 Keras
- 生成网络

让我们开始吧。

7.1 Keras 函数 API

Keras 函数 API 将每一层定义成函数，并提供了将这些函数组合成大型计算图的操作。某种意义上说，函数是从单个输入到单个输出的转换。例如，函数 $y = f(x)$ 定义了一个输入为 x、输出为 y 的函数。让我们考虑一下 Keras 中的简单序贯模型。

```
from keras.models import Sequential
from keras.layers.core import dense, Activation

model = Sequential([
    dense(32, input_dim=784),
    Activation("sigmoid"),
    dense(10),
    Activation("softmax"),
])

model.compile(loss="categorical_crossentropy", optimizer="adam")
```

如你所见，序贯模型把网络表示成网络层的线性管道或列表。我们也可以把网络描述成下面嵌套函数的组合。这里 $\boldsymbol{x}$ 是形状为（*None*, 784）的输入张量，$\boldsymbol{y}$ 是形状为（*None*, 10）的输出张量。*None* 指的是批大小尚未确定：

$$\boldsymbol{y} = \sigma_K(f(\sigma_2(g(\boldsymbol{x}))))$$

其中：

$$g(\boldsymbol{x}) = W_g \boldsymbol{x} + b_g$$

$$\sigma_2(x) = \frac{1}{1+e^{-x}}$$

$$f(x) = W_f x + b_f$$

$$\sigma_K(x) = \frac{e^x}{\sum_{k=1}^{K} e^{x_k}}$$

网络可以用下面的 Keras 函数 API 重新定义。注意，预测变量是如何由前面方程式中的相同函数组成的。

```
from keras.layers import Input
from keras.layers.core import dense
from keras.models import Model
from keras.layers.core import Activation

inputs = Input(shape=(784,))

x = dense(32)(inputs)
x = Activation("sigmoid")(x)
x = dense(10)(x)
predictions = Activation("softmax")(x)

model = Model(inputs=inputs, outputs=predictions)

model.compile(loss="categorical_crossentropy", optimizer="adam")
```

因为模型是由层也就是函数组成的，所以模型也是函数。因此，你可以把训练好的模型仅仅看作另一个层，并用适当形状的输入张量来调用。这样，假如你已经构建了一个有用的网络，如图像分类，你就可以使用 Keras 的 TimeDistributed 包装器很容易地加以扩展，以处理图像序列：

```
sequence_predictions = TimeDistributed(model)(input_sequences)
```

函数 API 可以用来定义任何可以使用序贯模型 API 定义的网络。另外，下列类型的网络只能用函数 API 定义：

- 多输入输出模型
- 多个子模型组成的模型
- 使用了共享层的模型

如前面的例子所示，多输入输出模型通过分别构造输入和输出来定义，并在模型构造函数的输入和输出参数中传入输入函数和输出函数的数组。

```
model = Model(inputs=[input1, input2], outputs=[output1, output2])
```

多输入输出模型通常也包含多个子网络，这些子网络的计算结果将被合并到最终结果中。合并函数提供了多种合并中间结果的方式，如向量相加、求点积、拼接等。我们将在本章稍后的问题回答的示例中看到合并的例子。

另一个函数 API 的标准使用方法是有共享层的模型。共享层只定义一次，并在每个需要共享权重的管道里引用。

本章中我们几乎全部使用函数 API，所以你会看到很多应用的例子。Keras 网站有更多的函数 API 的使用示例。

7.2 回归网络

监督学习中两类主要的技术是分类和回归。两种情况下，模型用数据训练预测已知的标签。对于分类问题，这些标签的值是离散的，如文本题材、图片类别等。对于回归问题，标签的值是连续的，如股价或人类的智商。

现在我们看到的深度学习模型示例中的大多数都是用于分类问题。本节中，我们将讲述如何使用这样的模型处理回归问题。

前文提到，分类模型的末尾是一个带有非线性激活函数的全连接层，输出维度和模型预测的类别数相对应。因此，ImageNet 图片分类模型的最后就是一个维度为（1000）的全连接层，对应了它能预测的 ImageNet 上的 1 000 种分类。类似地，情感分析模型最后的全连接层，对应了正负情感。

回归模型最后也有一个全连接层，但只有一个一维的输出，并且没有非线性激活函数。这样，全连接层只返回前一层的激活函数值的总和。另外，使用的损失函数通常是均方误差（Mean Squared Error，MSE），但其他损失函数也可能被用到。

Keras 回归示例——预测空气中的苯含量

本例中，我们将根据给定的一些其他变量，如一氧化碳浓度、一氧化二氮浓度等，以及温度和相对湿度，来预测大气中的苯浓度。我们将使用的数据集是 UCI 机器学习库。数据集包含 9 358 个由一组 5 个的金属氧化物化学传感器按小时平均读取的数据实例。传感器组位于意大利某城市，记录取自 2004 年 3 月—2005 年 2 月。

同样，我们先导入需要的库。

```
from keras.layers import Input
from keras.layers.core import dense
from keras.models import Model
from sklearn.preprocessing import StandardScaler
import matplotlib.pyplot as plt
```

```
import numpy as np
import os
import pandas as pd
```

数据集由 CSV 文件提供，我们把输入数据加载到 Pandas 数据帧。Pandas 是一个流行的构造数据帧的数据分析库，借助了 R 语言的概念。这里我们使用 Pandas 读取数据集的原因有二：第一，数据集中包含了一些因为某些原因没有记录到的空字段；第二，数据集使用了欧洲国家通常习惯的逗号作为小数点。Pandas 内置了对这两种情况的支持，还有一些其他的好处，我们稍后会看到。

```
DATA_DIR = "../data"
AIRQUALITY_FILE = os.path.join(DATA_DIR, "AirQualityUCI.csv")

aqdf = pd.read_csv(AIRQUALITY_FILE, sep=";", decimal=",", header=0)

#移除前面和最后两列
del aqdf["Date"]
del aqdf["Time"]
del aqdf["Unnamed: 15"]
del aqdf["Unnamed: 16"]

#用平均值填充空缺值
aqdf = aqdf.fillna(aqdf.mean())

Xorig = aqdf.as_matrix()
```

前面的例子移除了前两列，它们包含了观察的日期和时间，最后两列看起来是伪造的。然后我们将空字段替换为本列的平均值。最后，我们把数据帧导出成矩阵，以备后面使用。

需要注意的一点是，各列数据的规模都不一样，因为它们测量的是不同的数据量。如氧化锡的浓度范围以千计，而非甲烷烃的浓度范围以百计。很多情况下我们的特征都是同类的，所以数据规模不是问题，但如果出现这样的情况，伸缩数据通常是一个好的实践方法。这里伸缩的操作包括从每列中减去列平均值，再除以它的标准差：

$$z = \frac{x - \mu}{\sigma}$$

为此，我们使 scikit-learn 库提供的 StandardScaler 类，如下所示。我们把均值和标准差保存起来，因为稍后我们统计结果或预测新数据时还会用到。我们的目标变量是输入数据集中的第 4 列，因此我们把伸缩后的数据划分到输入变量 X 和目标变量 y 中。

```
scaler = StandardScaler()
Xscaled = scaler.fit_transform(Xorig)
```

```
#保存数据，以用于新数据的预测
Xmeans = scaler.mean_
Xstds = scaler.scale_

y = Xscaled[:, 3]
X = np.delete(Xscaled, 3, axis=1)
```

之后我们划分数据，前 70%用于训练，后 30%用于测试。这样我们就有了 6 549 条训练数据和 2 808 条测试数据。

```
train_size = int(0.7 * X.shape[0])
Xtrain, Xtest, ytrain, ytest = X[0:train_size], X[train_size:],
    y[0:train_size], y[train_size:]
```

下面我们定义网络。这是一个简单的两层全连接网络，输入是包含 12 个特征的向量，输出是伸缩值的预测（Scaled Predication）。隐藏的全连接层有 8 个神经元。我们使用一个特别的初始化机制 *glorot uniform* 来初始化两个全连接层的权重矩阵。如果你想查看完整的初始化机制列表，请参考 Keras 官网初始化页。这里使用的损失函数是均方误差（MSE），优化器是 adam。

```
readings = Input(shape=(12,))
x = dense(8, activation="relu",
kernel_initializer="glorot_uniform")(readings)
benzene = dense(1, kernel_initializer="glorot_uniform")(x)

model = Model(inputs=[readings], outputs=[benzene])
model.compile(loss="mse", optimizer="adam")
```

我们设置批大小为 10，训练模型 20 轮。

```
NUM_EPOCHS = 20
BATCH_SIZE = 10

history = model.fit(Xtrain, ytrain, batch_size=BATCH_SIZE,
epochs=NUM_EPOCHS,
    validation_split=0.2)
```

模型在训练集上的结果显示均方误差为 0.000 3（均方根误差约 2%），在验证集上的均方误差为 0.001 6（均方根误差约 4%），图 7.1 所示是分步训练日志的记录。

```
Epoch 8/20
5239/5239 [==============================] - 0s - loss: 0.0015 - val_loss: 0.0024
Epoch 9/20
5239/5239 [==============================] - 0s - loss: 0.0012 - val_loss: 0.0020
Epoch 10/20
5239/5239 [==============================] - 0s - loss: 9.5742e-04 - val_loss: 0.0018
Epoch 11/20
5239/5239 [==============================] - 0s - loss: 8.2761e-04 - val_loss: 0.0019
Epoch 12/20
5239/5239 [==============================] - 0s - loss: 7.1237e-04 - val_loss: 0.0021
Epoch 13/20
5239/5239 [==============================] - 0s - loss: 6.4492e-04 - val_loss: 0.0018
Epoch 14/20
5239/5239 [==============================] - 0s - loss: 6.0119e-04 - val_loss: 0.0019
Epoch 15/20
5239/5239 [==============================] - 0s - loss: 5.1915e-04 - val_loss: 0.0017
Epoch 16/20
5239/5239 [==============================] - 0s - loss: 4.4686e-04 - val_loss: 0.0014
Epoch 17/20
5239/5239 [==============================] - 0s - loss: 5.6912e-04 - val_loss: 0.0019
Epoch 18/20
5239/5239 [==============================] - 0s - loss: 3.6897e-04 - val_loss: 0.0013
Epoch 19/20
5239/5239 [==============================] - 0s - loss: 3.6652e-04 - val_loss: 0.0012
Epoch 20/20
5239/5239 [==============================] - 0s - loss: 3.2395e-04 - val_loss: 0.0016
```

图 7.1

我们也查看一下苯浓度的值，将模型预测值和最初的记录值相对比，我们将伸缩化后的 z 值重新伸缩后得到真正的实际值和预测值。

```
ytest_ = model.predict(Xtest).flatten()
for i in range(10):
    label = (ytest[i] * Xstds[3]) + Xmeans[3]
    prediction = (ytest_[i] * Xstds[3]) + Xmeans[3]
    print("Benzene Conc. expected: {:.3f}, predicted: {:.3f}".format(label,
prediction))
```

比较结果显示，预测值非常接近实际值。

```
Benzene Conc. expected: 4.600, predicted: 5.254
Benzene Conc. expected: 5.500, predicted: 4.932
Benzene Conc. expected: 6.500, predicted: 5.664
Benzene Conc. expected: 10.300, predicted: 8.482
Benzene Conc. expected: 8.900, predicted: 6.705
Benzene Conc. expected: 14.000, predicted: 12.928
Benzene Conc. expected: 9.200, predicted: 7.128
Benzene Conc. expected: 8.200, predicted: 5.983
Benzene Conc. expected: 7.200, predicted: 6.256
Benzene Conc. expected: 5.500, predicted: 5.184
```

最后，我们绘制整个测试集上实际值和预测值的对比图，我们再次看到网络预测的结果很接近预期值。

```
plt.plot(np.arange(ytest.shape[0]), (ytest * Xstds[3]) / Xmeans[3],
    color="b", label="actual")
plt.plot(np.arange(ytest_.shape[0]), (ytest_ * Xstds[3]) / Xmeans[3],
```

```
        color="r", alpha=0.5, label="predicted")
plt.xlabel("time")
plt.ylabel("C6H6 concentrations")
plt.legend(loc="best")
plt.show()
```

前面例子的输出如图 7.2 所示。

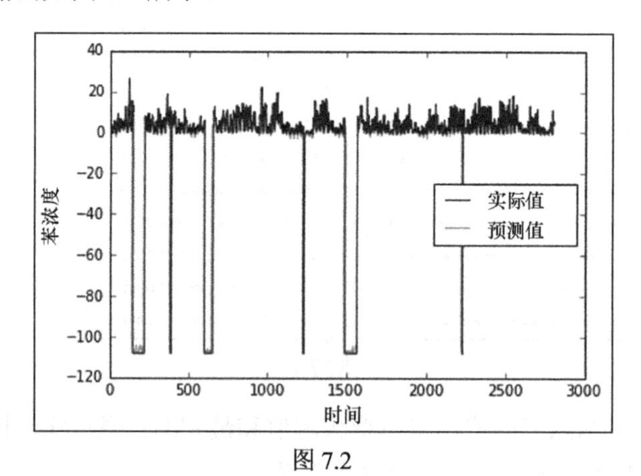

图 7.2

7.3　无监督学习——自动编码器

自动编码器是一类尝试使用反向传播算法重新创建输入数据作为输出的神经网络。自动编码器包含两部分：编码器和解码器。编码器读取输入并把它压缩成紧凑表示，解码器则读取紧凑表示并用其重建输入。换言之，编码器试图通过最小化重构误差来学习恒等函数。

虽然学习恒等函数看起来并不怎么有趣，但学习的方式很有意思。自动编码器的隐藏单元数通常少于输入单元，这迫使编码器学习输入的压缩表示并用解码器解构。如果输入数据的输入特征存在相互关联的结构，那么编码器就会发现这些相关性，并最终学习到数据的低维表示，这类似于使用主成分分析方法（Principal Component Analysis，PCA）进行学习。

一旦编码器训练好，我们通常就会丢弃解码器组件，并使用编码器组件生成输入的紧凑表示。或者说，我们可以使用编码器作为特征检测器来生成紧凑的语义丰富的输入表示，并通过附加一个 softmax 分类器到隐藏层来构建分类器。

取决于要建模的数据的类型，自动编码器的编码器和解码器组件可以使用全连接网络、卷积网络或者循环网络实现。例如，全连接网络对用于协同过滤模型（更多信息请参考文章《AutoRec: Autoencoders Meet Collaborative Filtering》，作者 S. Sedhain, Proceedings of the 24th International Conference on World Wide Web, ACM, 2015 及《Wide & Deep Learning for Recommender Systems》，作者 H. Cheng, Proceedings of the 1st Workshop on Deep Learning for Recommender Systems, ACM, 2016）的自动编码器可能是一个较好的选择，根据基于实际稀疏用户评级的用户喜好来学习压缩模型。类似地，卷积网络可能更适于下文涵盖的用例：《Using Deep Learning to Remove Eyeglasses from Faces》，作者 M. Runfeldt。而回归网络可能更适合用于文本数据的自动编码器，如深度病人（更多信息请参考文章《Deep Patient: An Unsupervised Representation to Predict the Future of Patients from the Electronic Health Records》，作者 R. Miotto, Scientific Reports 6, 2016）和 skip-thought 向量（更多信息请参考文章《Skip-Thought Vectors》，作者 R. Kiros, Advances in Neural Information Processing Systems, 2015）

自动编码器还可以叠加使用。成功叠加使用编码器后，输入表示被压缩的越来越小，叠加解码器时则反向为之。叠加后的自动编码器有更强的表现力，表示将逐层捕获输入的层级分组，这类似于卷积神经网络中的卷积和池化操作。

堆叠的自动编码器过去是一层一层训练，例如，后面所示的网络中，我们将先训练 *X* 层以使用隐藏层 *H1*（忽略 *H2*）重构 *X'* 层。之后，我们使用隐藏层 *H2* 训练 *H1* 层来重构 *H1'* 层。最后，我们在图 7.3 所示布局中把所有层堆叠在一起并进行调整，以从 *X* 重构 *X'*。然而，现在有了更好的激活和正则化函数，所以通常都是整体训练这些网络。

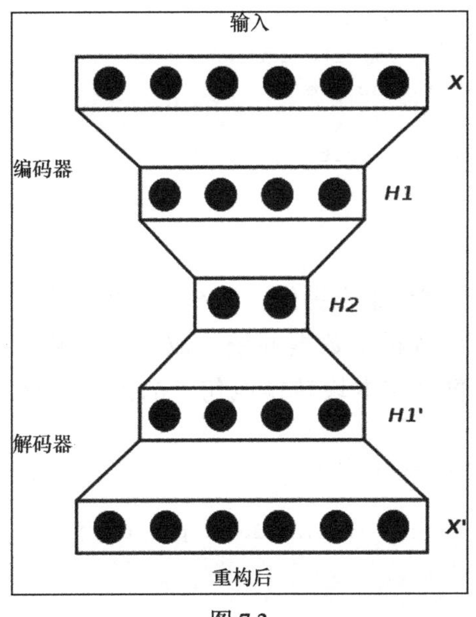

图 7.3

Keras 的博客文章《Building Autoencoders in Keras》中有使用全连接的卷积神经网络重构 MNIST 数字图片的更好的例子，也有关于降噪和变分自动编码器的精彩讨论，我们这里不再涉及。

Keras 自动编码器示例——句向量

本例中，我们将构造并训练一个基于 LSTM 的自动编码器，用于为 Reuters-21578 语料中的文档生成句向量。我们在第 5 章“词嵌入”中已经了解，如何使用词嵌入创造可以表示词在其上下文中的含义的向量。这里，我们会看到如何为句子构造类似的向量。句子是词的序列，因此句向量将表示语句的含义。

构造句向量最简单的方式是把词向量简单相加，再除以词的数量。然而，这把句子看成了一个词袋，并没有考虑到词的顺序。在这种思路下，句子“*The dog bit the man*”和“*The man bit the dog*”会被认为是相同的。LSTM 网络被设计成处理句子的输入，并将词的顺序纳入考虑，因而为句子提供了一种更好也更自然的表示。

首先，我们导入必需的库。

```
from sklearn.model_selection import train_test_split
from keras.callbacks import ModelCheckpoint
from keras.layers import Input
from keras.layers.core import RepeatVector
from keras.layers.recurrent import LSTM
from keras.layers.wrappers import Bidirectional
from keras.models import Model
from keras.preprocessing import sequence
from scipy.stats import describe
import collections
import matplotlib.pyplot as plt
import nltk
import numpy as np
import os
```

数据以 SGML 格式的文件集合提供。第 6 章“循环神经网络”中基于 GRU 的词性标注例子里，我们已经解析了数据并统一成一个单独的文本文件。这里我们将重用这些数据，首先将每个文本块转换成句子的列表，每行一句。

```
sents = []
fsent = open(sent_filename, "rb")
for line in fsent:
    docid, sent_id, sent = line.strip().split("t")
    sents.append(sent)
fsent.close()
```

为建立字典，我们再一次按词读取句子序列，每个词在加入字典时被标准化。标准化操作是指把任何看起来像数字的字符替换成数字 9，所有字母转换成小写表示。我们得到了词的频数表 word_freqs。我们计算每个句子的长度，并用空白符重新连接字符来生成解析后的句子列表，这样后面解析起来就更加容易。

```
def is_number(n):
    temp = re.sub("[.,-/]", "", n)
    return temp.isdigit()
word_freqs = collections.Counter()
sent_lens = []
parsed_sentences = []
for sent in sentences:
    words = nltk.word_tokenize(sent)
    parsed_words = []
    for word in words:
        if is_number(word):
            word = "9"
        word_freqs[word.lower()] += 1
        parsed_words.append(word)
    sent_lens.append(len(words))
    parsed_sentences.append(" ".join(parsed_words))
```

下面代码给出了语料的一些信息，可以帮我们找出 LSTM 网络中用到的常量值。

```
sent_lens = np.array(sent_lens)
print("number of sentences: {:d}".format(len(sent_lens)))
print("distribution of sentence lengths (number of words)")
print("min:{:d}, max:{:d}, mean:{:.3f}, med:{:.3f}".format(
np.min(sent_lens), np.max(sent_lens), np.mean(sent_lens),
np.median(sent_lens)))
print("vocab size (full): {:d}".format(len(word_freqs)))
```

语料的信息如下：

```
number of sentences: 131545
distribution of sentence lengths (number of words)
min: 1, max: 429, mean: 22.315, median: 21.000
vocab size (full): 50751
```

基于这些信息，我们为 LSTM 模型设置以下常量。我们把 VOCAB_SIZE 设为“5000”，即我们的字典包括了最常使用的 5 000 个词，它们是语料中所用词的 93%，剩下的词作为字典外的词（Out Of Vocabulary，OOV）并用符号 UNK 替换。SEQUENCE_LEN 设置成训练集中句子中间长度的约两倍，事实上，1.31 亿个句子中有大约 1.1 亿个句子的长度短于此设置。长度短于 SEQUENCE_LENGTH 设置的句子将用特别的 PAD 字符填充，而长于设置的句子将被截短以满足限制。

```
VOCAB_SIZE = 5000
SEQUENCE_LEN = 50
```

由于我们的 LSTM 网络的输入是数值，我们需要构造查询表来提供词和词 ID 的互查。 因为我们把字典大小限制为 5 000，并且要加入伪词 PAD 和 UNK，所以我们的查询表将包含最常使用的 4 998 个词加上 PAD 和 UNK。

```
word2id = {}
word2id["PAD"] = 0
word2id["UNK"] = 1
for v, (k, _) in enumerate(word_freqs.most_common(VOCAB_SIZE - 2)):
    word2id[k] = v + 2
id2word = {v:k for k, v in word2id.items()}
```

网络的输入是一个词序列，其中每个词都表示成了向量。我们可以简单地为每个词使用 one-hot 编码，但这会让输入数据非常庞大。因此，我们使用 50 维的 GloVe 向量对每个词编码。生成的向量存入形状为（VOCAB_SIZE, EMBED_SIZE）的矩阵，其中每行代表字典中一个词的 GloVe 向量。伪词 PAD 和 UNK 的行（分别是第 0 和 1 行）分别用 0 值和同一随机值生成。

```
EMBED_SIZE = 50

def lookup_word2id(word):
    try:
        return word2id[word]
    except KeyError:
       return word2id["UNK"]

def load_glove_vectors(glove_file, word2id, embed_size):
    embedding = np.zeros((len(word2id), embed_size))
    fglove = open(glove_file, "rb")
    for line in fglove:
        cols = line.strip().split()
        word = cols[0]
        if embed_size == 0:
            embed_size = len(cols) - 1
        if word2id.has_key(word):
            vec = np.array([float(v) for v in cols[1:]])
        embedding[lookup_word2id(word)] = vec
    embedding[word2id["PAD"]] = np.zeros((embed_size))
    embedding[word2id["UNK"]] = np.random.uniform(-1, 1, embed_size)
    return embedding

embeddings = load_glove_vectors(os.path.join(
    DATA_DIR, "glove.6B.{:d}d.txt".format(EMBED_SIZE)), word2id,
EMBED_SIZE)
```

自动编码器模型取入一个 GloVe 词向量的序列，并学习生成另一个和输入序列类似的序列。编码器 LSTM 模型把序列压缩成固定大小的环境向量，解码器 LSTM 用这个向量来重构初始的序列。网络的原理如图 7.4 所示。

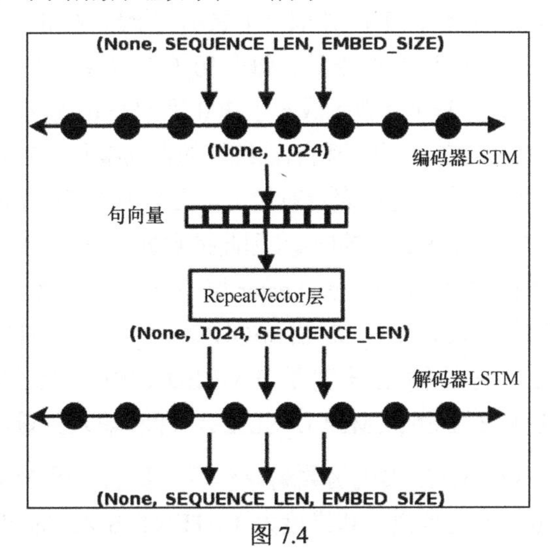

图 7.4

因为输入非常大，我们将使用一个生成器来生成每批的输入。生成器为批数据生成形状为（BATCH_SIZE, SEQUENCE_LEN, EMBED_SIZE）的张量。这里 BATCH_SIZE 是 64，因为我们使用的是 50 维的 GloVe 向量，所以 EMBED_SIZE 是 50。我们在每个训练期的开头将数据洗牌（shuffle），并返回包含 64 个句子的批数据。每个句子表示成 GloVe 词向量。如果字典中的词没有对应的 GloVe 词向量，就将其表示成 0 向量。我们构造两个生成器的实例，一个用于训练数据，一个用于测试数据，分别由初始数据集的 70%和 30%组成。

```
BATCH_SIZE = 64

def sentence_generator(X, embeddings, batch_size):
    while True:
        #每一轮循环一次
        num_recs = X.shape[0]
        indices = np.random.permutation(np.arange(num_recs))
        num_batches = num_recs // batch_size
        for bid in range(num_batches):
            sids = indices[bid * batch_size : (bid + 1) * batch_size]
            Xbatch = embeddings[X[sids, :]]
            yield Xbatch, Xbatch

train_size = 0.7
Xtrain, Xtest = train_test_split(sent_wids, train_size=train_size)
```

```
train_gen = sentence_generator(Xtrain, embeddings, BATCH_SIZE)
test_gen = sentence_generator(Xtest, embeddings, BATCH_SIZE)
```

现在我们可以定义自动编码器了。如前面的图表所示，它由一个编码器 LSTM 和一个解码器 LSTM 组成。编码器 LSTM 读取一个表示句子批数据的形状为（BATCH_SIZE, SEQUENCE_LEN, EMBED_SIZE）的张量。每个句子表示成一个已填充过具有固定长度 SEQUENCE_LEN 的词序列。每个字典示成一个 300 维的 GloVe 向量。编码器 LSTM 的输出维度是超参数 LATENT_SIZE，它等于稍后训练好的自动编码器的编码器部分的句向量的大小。维度 LATENT_SIZE 的向量空间表示对句子含义编码的潜在空间。LSTM 对每个句子的输出是一个大小为(LATENT_SIZE)的向量，因此批数据输出张量的形状为(BATCH_SIZE, LATENT_SIZE)。现在数据被输送给 RepearVector 层，这一层将跨整个序列复制，也就是说，这一层的输出张量的形状是（BATCH_SIZE, SEQUENCE_LEN, LATENT_SIZE）。这个张量将输入解码器 LSTM，它的输出维度是 EMBED_SIZE，因此输出张量的形状为（BATCH_SIZE, SEQUENCE_ LEN, EMBED_SIZE），即和输入张量相同的形状。

我们用 SGD 优化器和 MSE 损失函数编译模型，我们使用 MSE 的原因是我们要重构具有相似含义的语句，也就是说，和维度为 LATENT_SIZE 的向量空间中的初始语句含义接近的句子。

```
inputs = Input(shape=(SEQUENCE_LEN, EMBED_SIZE), name="input")
encoded = Bidirectional(LSTM(LATENT_SIZE), merge_mode="sum",
    name="encoder_lstm")(inputs)
decoded = RepeatVector(SEQUENCE_LEN, name="repeater")(encoded)
decoded = Bidirectional(LSTM(EMBED_SIZE, return_sequences=True),
    merge_mode="sum",
    name="decoder_lstm")(decoded)

autoencoder = Model(inputs, decoded)

autoencoder.compile(optimizer="sgd", loss="mse")
```

我们使用下面的代码训练自动编码器 10 轮。选择 10 轮是因为 MSE 损失在这个时间内收敛。我们保存基于 MSE 损失函数评价取得最好表现的模型。

```
num_train_steps = len(Xtrain) // BATCH_SIZE
num_test_steps = len(Xtest) // BATCH_SIZE
checkpoint = ModelCheckpoint(filepath=os.path.join(DATA_DIR,
    "sent-thoughts-autoencoder.h5"), save_best_only=True)
history = autoencoder.fit_generator(train_gen,
    steps_per_epoch=num_train_steps,
    epochs=NUM_EPOCHS,
    validation_data=test_gen,
    validation_steps=num_test_steps,
```

```
        callbacks=[checkpoint])
```

训练结果如图 7.5 所示。如你所见，训练集上的 MSE 从 0.14 降到了 0.1，验证集上的 MSE 从 0.12 降到了 0.1。

```
Epoch 1/10
92032/92032 [==============================] - 542s - loss: 0.1368 - val_loss: 0.1239
Epoch 2/10
92032/92032 [==============================] - 540s - loss: 0.1203 - val_loss: 0.1164
Epoch 3/10
92032/92032 [==============================] - 546s - loss: 0.1139 - val_loss: 0.1107
Epoch 4/10
92032/92032 [==============================] - 547s - loss: 0.1087 - val_loss: 0.1064
Epoch 5/10
92032/92032 [==============================] - 542s - loss: 0.1053 - val_loss: 0.1038
Epoch 6/10
92032/92032 [==============================] - 543s - loss: 0.1034 - val_loss: 0.1020
Epoch 7/10
92032/92032 [==============================] - 544s - loss: 0.1021 - val_loss: 0.1025
Epoch 8/10
92032/92032 [==============================] - 545s - loss: 0.1011 - val_loss: 0.1002
Epoch 9/10
92032/92032 [==============================] - 545s - loss: 0.1003 - val_loss: 0.0993
Epoch 10/10
92032/92032 [==============================] - 545s - loss: 0.0997 - val_loss: 0.1009
```

图 7.5

或者如图 7.6 所示。

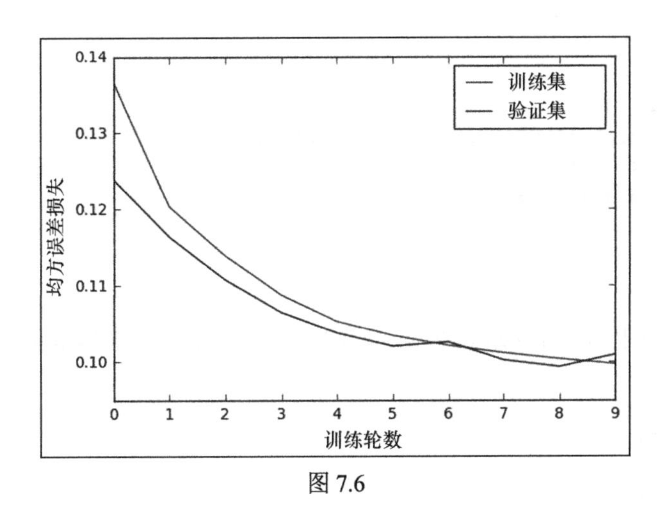

图 7.6

因为我们输入的是词向量矩阵，输出也将是词向量矩阵。因为向量空间是连续的，而我们的字典是离散的，因而并非所有的输出向量都会对应到某个词。我们最多可以做到的是找到一个和输出词向量最接近的词，以重新构造初始文本。这有点麻烦，所以我们用另一种不同的方式来评估我们的自动编码器。

因为自动编码器的目标是生成一个良好的潜在表示，我们把编码器使用初始输入产生的潜在向量和自动编码器产生的输出相比较。首先，我们把编码器组件提取到它自己的网络。

```
encoder = Model(autoencoder.input,
autoencoder.get_layer("encoder_lstm").output)
```

然后，我们在测试集上运行自动编码器并返回预测向量。之后我们把输入向量和预测的向量送入编码器，以生成各自的句子向量，并使用余弦相似度比较这两个向量。余弦相似度接近于 1 表示较高的相似度，接近于 0 表示较低的相似度。下面的代码运行在随机选中的含 500 个句子的子测试集上，并由源向量和自动编码器生成的目标向量生成余弦相似度样本值。

```
def compute_cosine_similarity(x, y):
    return np.dot(x, y) / (np.linalg.norm(x, 2) * np.linalg.norm(y, 2))

k = 500
cosims = np.zeros((k))
i = 0
for bid in range(num_test_steps):
    xtest, ytest = test_gen.next()
    ytest_ = autoencoder.predict(xtest)
    Xvec = encoder.predict(xtest)
    Yvec = encoder.predict(ytest_)
    for rid in range(Xvec.shape[0]):
        if i >= k:
            break
        cosims[i] = compute_cosine_similarity(Xvec[rid], Yvec[rid])
        if i <= 10:
            print(cosims[i])
            i += 1
if i >= k:
    break
```

前 10 个余弦相似度的值如下所示，如你所见，向量看起来非常相似。

```
0.982818722725
0.970908224583
0.98131018877
0.974798440933
0.968060493469
0.976065933704
0.96712064743
0.949920475483
0.973583400249
0.980291545391
0.817819952965
```

测试集中前 500 个句子的句向量其余弦相似度的分布柱状图如图 7.7 所示，和前面一样，它确认了输入向量和由自动编码器输出生成的语句向量非常相似，这表明这里的句向量是句子的良好表示。

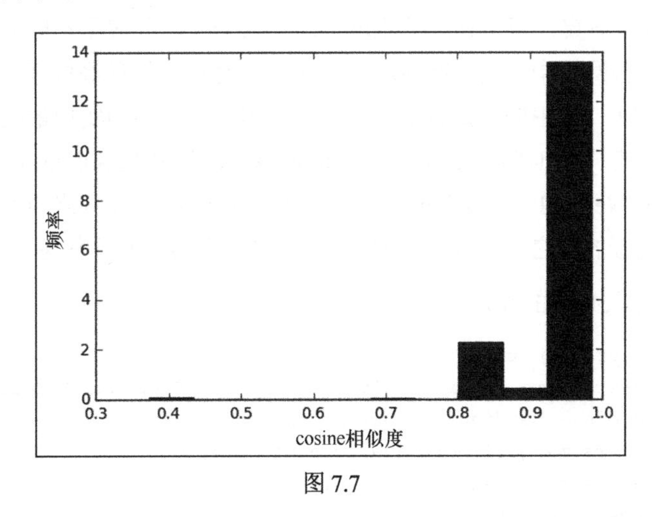

图 7.7

7.4 构造深度网络

我们已经广泛探讨了 3 种基本的深度学习网络——全连接网络，卷积神经网络和循环神经网络模型。这些网络模型各有最适合的用例，你也可以就像乐高积木一样组合这些模型来构造更大和更有用的模型，并使用 Keras 函数 API 将它们全新并有趣地融合在一起。

这样的模型构造时都倾向于处理某种特殊任务，因此不可能对它们进行统一的讲述。通常，它们涉及的任务是多输入或多输出的学习。一个例子是问题回答网络，其中网络学习根据给定的故事和问题预测答案。另一个例子是暹罗猫网络，它计算两张图像的相似度，训练网络使用两张输入图片预测出一个二值（相似或不相似）或类别（相似级别）标签。还有一个例子是对象的分类和定位网络，它既预测图像分类也预测它在多个图像组成的图片中的位置。前两个例子是有多个输入的合成网络，最后一个是有多个输出的合成网络。

Keras 示例——问答记忆网络

本例中，我们构建一个回答问题的记忆网络。记忆网络是一种在通常的 RNN 这样的学习单元之外又包含了记忆单元的专门架构。每个输入都更新记忆状态，最后的输出使用记忆值和学习单元的输出值一起计算得到。这个架构在 2014 年的一篇论文中提出（更多信息请参考《Memory Networks》，作者 J. Weston, S. Chopra 和 A. Bordes, arXiv:1410.3916, 2014)。一年后，另一篇论文（更多信息请参考《Towards AI-Complete Question Answering: A Set of Prerequisite Toy Tasks》，作者 J. Weston, arXiv:1502.05698, 2015）提出了合成数据集和标准的 20 个问题回答任务集，每个任务的难度都高于前一个，并应用不同的深度学习网络来解决这些问题。这些网络中，记忆网络取得了所有这些任务的最好成绩。这个数据集随后在 Facebook 的 bAbI 计划中向公众开放使用。我们的记忆网络的实现最接近这篇论文的描述（更多信息请参考《End-To-End Memory Networks》，作者 S. Sukhbaatar, J. Weston 和 R. Fergus, Advances in Neural Information Processing Systems, 2015)，网络中所有的训练都是在一个网络中一起进行的。它使用 bAbI 数据集解决第一个问题回答任务。

首先，我们导入必需的库。

```
from keras.layers import Input
from keras.layers.core import Activation, dense, Dropout, Permute
from keras.layers.embeddings import Embedding
from keras.layers.merge import add, concatenate, dot
from keras.layers.recurrent import LSTM
from keras.models import Model
from keras.preprocessing.sequence import pad_sequences
from keras.utils import np_utils
import collections
import itertools
import nltk
import numpy as np
import matplotlib.pyplot as plt
import os
```

第一个问题回答任务的 bAbI 数据包括 10 000 个用于训练和测试集的短句。一个故事包含两到三个句子，后面跟着一个问题。故事中的最后一个句子包含了问题，答案则附加在故事的末尾。下面的代码块把每个训练和测试文件解析到故事、问题和答案组成的三元数组列表。

```
DATA_DIR = "../data"
TRAIN_FILE = os.path.join(DATA_DIR, "qa1_single-supporting-fact_train.txt")
TEST_FILE = os.path.join(DATA_DIR, "qa1_single-supporting-fact_test.txt")

def get_data(infile):
    stories, questions, answers = [], [], []
    story_text = []
    fin = open(TRAIN_FILE, "rb")
    for line in fin:
        line = line.decode("utf-8").strip()
        lno, text = line.split(" ", 1)
```

```
        if "t" in text:
            question, answer, _ = text.split("t")
            stories.append(story_text)
            questions.append(question)
            answers.append(answer)
            story_text = []
        else:
            story_text.append(text)
    fin.close()
    return stories, questions, answers

data_train = get_data(TRAIN_FILE)
data_test = get_data(TEST_FILE)
```

下一步运行生成好的列表中的文本并构建字典，因为已经用过几次了，所以我们现在很熟悉这一步。然而，和之前不同，这次我们的字典很小，只有 22 个独立词，因而我们将不会再碰到字典外的词。

```
def build_vocab(train_data, test_data):
    counter = collections.Counter()
    for stories, questions, answers in [train_data, test_data]:
        for story in stories:
            for sent in story:
                for word in nltk.word_tokenize(sent):
                    counter[word.lower()] += 1
                for question in questions:
                    for word in nltk.word_tokenize(question):
                         counter[word.lower()] += 1
                for answer in answers:
                    for word in nltk.word_tokenize(answer):
                       counter[word.lower()] += 1
    word2idx = {w:(i+1) for i, (w, _) in enumerate(counter.most_common())}
    word2idx["PAD"] = 0
idx2word = {v:k for k, v in word2idx.items()}
    return word2idx, idx2word

word2idx, idx2word = build_vocab(data_train, data_test)

vocab_size = len(word2idx)
```

记忆网络是基于 RNN 的，其中故事中的每个句子和问题都被看作一个词序列，因此我们需要为我们的故事和问题找出序列的最大长度。下面的代码块即处理这一任务。我们发现故事的最大长度是 14 个词，而问题的最大长度只有 4 个词。

```
def get_maxlens(train_data, test_data):
    story_maxlen, question_maxlen = 0, 0
```

```
        for stories, questions, _ in [train_data, test_data]:
            for story in stories:
                story_len = 0
                for sent in story:
                    swords = nltk.word_tokenize(sent)
                    story_len += len(swords)
                if story_len > story_maxlen:
                    story_maxlen = story_len
            for question in questions:
                question_len = len(nltk.word_tokenize(question))
                if question_len > question_maxlen:
                    question_maxlen = question_len
        return story_maxlen, question_maxlen

    story_maxlen, question_maxlen = get_maxlens(data_train, data_test)
```

和之前一样，RNN 的输入是一个词 ID 的序列，因此我们需要使用字典将三元组（故事、问题、答案）转换成整形的词 ID。下面的代码即处理这一任务，并把故事和答案的词 ID 序列用 0 补足到我们之前计算出的句子最大长度。此时，对训练和测试集中的每个三元组，我们有了补足过的词 ID 序列的列表。

```
def vectorize(data, word2idx, story_maxlen, question_maxlen):
    Xs, Xq, Y = [], [], []
    stories, questions, answers = data
    for story, question, answer in zip(stories, questions, answers):
        xs = [[word2idx[w.lower()] for w in nltk.word_tokenize(s)]
                    for s in story]
        xs = list(itertools.chain.from_iterable(xs))
        xq = [word2idx[w.lower()] for w in nltk.word_tokenize(question)]
        Xs.append(xs)
        Xq.append(xq)
        Y.append(word2idx[answer.lower()])
    return pad_sequences(Xs, maxlen=story_maxlen),
        pad_sequences(Xq, maxlen=question_maxlen),
        np_utils.to_categorical(Y, num_classes=len(word2idx))

Xstrain, Xqtrain, Ytrain = vectorize(data_train, word2idx, story_maxlen,
question_maxlen)
Xstest, Xqtest, Ytest = vectorize(data_test, word2idx, story_maxlen,
question_maxlen)
```

下面我们定义模型，这次定义会比我们之前见过的长一些，因此你浏览代码的时候参考图 7.8 可能会比较方便。

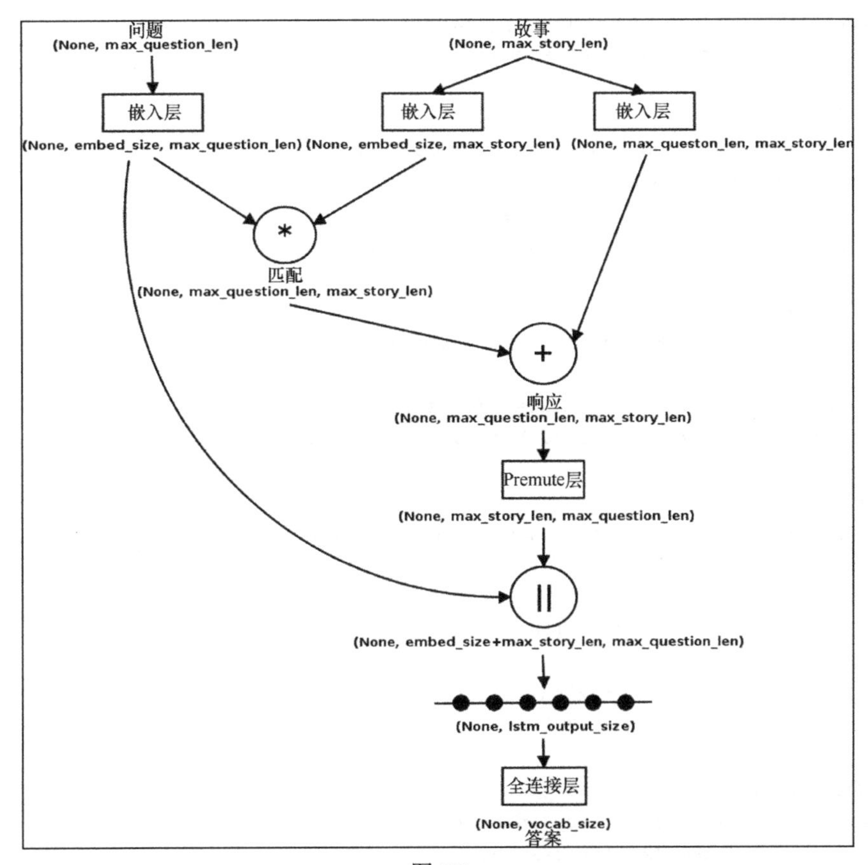

图 7.8

我们的模型有两个输入：问题和语句的词 ID 序列。每个输入被发送给嵌入层，这一层把词 ID 转换成 64 维向量空间中的向量。另外，故事语句被发送给另外的嵌入层，并将其转换成大小为 max_question_length 的向量。所有的嵌入层都以随机的权重值开始，并和网络中的其他层联合训练。

前两个向量（故事和问题）使用点积进行合并，形成网络的记忆。这些向量表示了故事和问题中的词，它们在向量空间中彼此相同或相近。记忆层的输出和第二个故事向量合并后，总体形成网络的回应，然后再次和问题向量合并，形成回应序列。这个回应由 LSTM 送出，并发送给全连接层来预测答案的上下文向量，这个答案可能是字典中的一个词。

模型使用 RMSprop 作为优化器，使用二分交叉熵作为损失函数进行训练。

```
EMBEDDING_SIZE = 64
```

```
LATENT_SIZE = 32

#输入
story_input = Input(shape=(story_maxlen,))
question_input = Input(shape=(question_maxlen,))

#故事编码器记忆
story_encoder = Embedding(input_dim=vocab_size,
output_dim=EMBEDDING_SIZE,
    input_length=story_maxlen)(story_input)
story_encoder = Dropout(0.3)(story_encoder)

#问题编码器
question_encoder = Embedding(input_dim=vocab_size,
output_dim=EMBEDDING_SIZE,
    input_length=question_maxlen)(question_input)
question_encoder = Dropout(0.3)(question_encoder)

#匹配故事和问题
match = dot([story_encoder, question_encoder], axes=[2, 2])

#把故事编码到问题的向量空间
story_encoder_c = Embedding(input_dim=vocab_size,
output_dim=question_maxlen,
    input_length=story_maxlen)(story_input)
story_encoder_c = Dropout(0.3)(story_encoder_c)

#联合匹配结果和故事向量
response = add([match, story_encoder_c])
response = Permute((2, 1))(response)

#联合回答和问题向量
answer = concatenate([response, question_encoder], axis=-1)
answer = LSTM(LATENT_SIZE)(answer)
answer = Dropout(0.3)(answer)
answer = dense(vocab_size)(answer)
output = Activation("softmax")(answer)

model = Model(inputs=[story_input, question_input], outputs=output)
model.compile(optimizer="rmsprop", loss="categorical_crossentropy",
    metrics=["accuracy"])
```

我们用大小为 32 的批尺寸训练网络 50 轮后，在验证集上达到了高于 81%的准确率。

```
BATCH_SIZE = 32
NUM_EPOCHS = 50
```

```
history = model.fit([Xstrain, Xqtrain], [Ytrain], batch_size=BATCH_SIZE,
    epochs=NUM_EPOCHS,
    validation_data=([Xstest, Xqtest], [Ytest]))
```

图 7.9 所示是训练日志的监控。

```
Epoch 38/50
10000/10000 [==============================] - 5s - loss: 0.4636 - acc: 0.7952 - val_loss: 0.4499 - val_acc: 0.8071
Epoch 39/50
10000/10000 [==============================] - 5s - loss: 0.4603 - acc: 0.7993 - val_loss: 0.4489 - val_acc: 0.8083
Epoch 40/50
10000/10000 [==============================] - 5s - loss: 0.4590 - acc: 0.8003 - val_loss: 0.4475 - val_acc: 0.8086
Epoch 41/50
10000/10000 [==============================] - 5s - loss: 0.4592 - acc: 0.7997 - val_loss: 0.4472 - val_acc: 0.8099
Epoch 42/50
10000/10000 [==============================] - 5s - loss: 0.4611 - acc: 0.7966 - val_loss: 0.4466 - val_acc: 0.8099
Epoch 43/50
10000/10000 [==============================] - 5s - loss: 0.4577 - acc: 0.8025 - val_loss: 0.4437 - val_acc: 0.8114
Epoch 44/50
10000/10000 [==============================] - 5s - loss: 0.4576 - acc: 0.8023 - val_loss: 0.4431 - val_acc: 0.8136
Epoch 45/50
10000/10000 [==============================] - 5s - loss: 0.4575 - acc: 0.8013 - val_loss: 0.4422 - val_acc: 0.8127
Epoch 46/50
10000/10000 [==============================] - 5s - loss: 0.4587 - acc: 0.7998 - val_loss: 0.4420 - val_acc: 0.8127
Epoch 47/50
10000/10000 [==============================] - 6s - loss: 0.4574 - acc: 0.8005 - val_loss: 0.4412 - val_acc: 0.8126
Epoch 48/50
10000/10000 [==============================] - 5s - loss: 0.4559 - acc: 0.8023 - val_loss: 0.4408 - val_acc: 0.8168
Epoch 49/50
10000/10000 [==============================] - 6s - loss: 0.4550 - acc: 0.8003 - val_loss: 0.4395 - val_acc: 0.8154
Epoch 50/50
10000/10000 [==============================] - 5s - loss: 0.4577 - acc: 0.7985 - val_loss: 0.4407 - val_acc: 0.8139
```

图 7.9

训练集和测试集上的损失和准确率变化如图 7.10 所示。

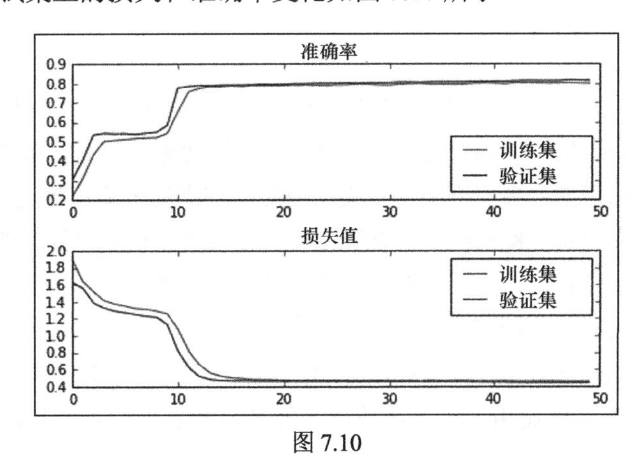

图 7.10

我们对测试集中的前 10 个故事运行模型，来验证预测结果的性能。

```
ytest = np.argmax(Ytest, axis=1)
Ytest_ = model.predict([Xstest, Xqtest])
ytest_ = np.argmax(Ytest_, axis=1)

for i in range(NUM_DISPLAY):
    story = " ".join([idx2word[x] for x in Xstest[i].tolist() if x != 0])
    question = " ".join([idx2word[x] for x in Xqtest[i].tolist()])
```

```
    label = idx2word[ytest[i]]
    prediction = idx2word[ytest_[i]]
    print(story, question, label, prediction)
```

如图 7.11 所示，预测大部分都准确。

Story	Question	Answer	Predicted
mary moved to the bathroom . john went to the hallway .	where is mary ?	bathroom	bathroom
daniel went back to the hallway . sandra moved to the garden .	where is daniel ?	hallway	hallway
john moved to the office . sandra journeyed to the bathroom .	where is daniel ?	hallway	kitchen
mary moved to the hallway . daniel travelled to the office .	where is daniel ?	office	office
john went back to the garden . john moved to the bedroom .	where is sandra ?	bathroom	bedroom
sandra travelled to the office . sandra went to the bathroom .	where is sandra ?	bathroom	bathroom
mary went to the bedroom . daniel moved to the hallway .	where is sandra ?	bathroom	garden
john went to the garden . john travelled to the office .	where is sandra ?	bathroom	bathroom
daniel journeyed to the bedroom . daniel travelled to the hallway .	where is john ?	office	kitchen
john went to the bedroom . john travelled to the office .	where is daniel ?	hallway	kitchen

图 7.11

7.5　自定义 Keras

如同用基本构造块组成更大的架构可以让我们构建有趣的深度模型一样，有时我们需要看看光谱儿的另一端。Keras 已经有了很多内置的功能，因而很可能你可以使用已提供的组件构造所有的模型，并不需要自定义。但万一你真的需要自定义，Keras 也给你提供了这一功能。前文提及，Keras 是一个高层次上的 API，它把计算这种高难任务委托给后端的 TensorFlow 或 Theano 执行。你创建的任何自定义代码都会调用到这两个后端框架之一。为了让你的代码与后端交互保持轻便，自定义代码应使用 Keras 后端 API，它提供了一套你所选择后端的表层函数。根据选择的后端，对表层函数的调用将被转化成合适的 TensorFlow 或 Theano 调用。可用函数的完整列表和它们的详细描述可以在 Keras 的后端页面找到。

除了简便，使用后端 API 也可以让代码具有更好的可维护性，因为相比对等的 TensorFlow 或 Theano 代码，Keras 代码通常更加高级和简洁。虽然不太可能，但假如你需要切换并直接使用后端框架，你的 Keras 组件也可以在 TensorFlow 内部直接调用（尽管 Theano 不可以），这一点在 Keras 博客上有描述。

自定义 Keras 代码通常意味着你要编写自定义网络层或自定义距离函数。本节中，我们将演示如何构建一些简单的 Keras 层。你将在后续章节中看到更多使用后端函数构造其他自定义 Keras 组件的例子，如目标（损失函数）层。

7.5.1 Keras 示例——使用 lambda 层

Keras 提供了一个 lambda 层，它可以把你的选择包装成一个函数。例如，如果你想构建一个对输入张量按元素求平方的层，你可以简单地使用下面的代码：

```
model.add(lambda(lambda x: x ** 2))
```

你也可以在 lambda 层内包装函数，例如，如果你想构建一个可以对两个输入张量按元素求其欧氏距离的层，你可以定义函数自行计算，并从这个函数中返回输出形状，代码如下。

```
def euclidean_distance(vecs):
    x, y = vecs
    return K.sqrt(K.sum(K.square(x - y), axis=1, keepdims=True))

def euclidean_distance_output_shape(shapes):
    shape1, shape2 = shapes
    return (shape1[0], 1)
```

之后你可以使用 lambda 层调用这些函数，如下所示。

```
lhs_input = Input(shape=(VECTOR_SIZE,))
lhs = dense(1024, kernel_initializer="glorot_uniform",
activation="relu")(lhs_input)

rhs_input = Input(shape=(VECTOR_SIZE,))
rhs = dense(1024, kernel_initializer="glorot_uniform",
activation="relu")(rhs_input)

sim = lambda(euclidean_distance,
output_shape=euclidean_distance_output_shape)([lhs, rhs])
```

7.5.2 Keras 示例——自定义归一化层

lambda 层可能非常有用，但有时你需要控制更多。举例来说，我们来看一下实现了称为局部响应归一化技术的归一化层的代码。这一技术对输入的局部区域做归一，但因为它不如其他正则化方法如 dropout 归一化或批归一化更有效，而且有更好的初始化方法，所以没有以前那么流行了。

构建自定义层通常要用到后端函数，所以要从张量的角度好好考虑代码。前面提过，处理张量是一个两步的过程。首先，你定义好张量并把它们安排到计算图中，然后用实际数据运行图。因此在这个层面上的处理比其他的 Keras 部分更难。你一定要读一下 Keras 文档中构建自定义层的指导。

使用后端 API 开发代码的一个简单方式是使用一个小的测试框架（test harness），运行并验证你的代码做了符合预期的事。下面是我从 Keras 源代码中改写的测试代码，可以对一些输入运行层并返回结果。

```
from keras.models import Sequential
from keras.layers.core import Dropout, Reshape

def test_layer(layer, x):
    layer_config = layer.get_config()
    layer_config["input_shape"] = x.shape
    layer = layer.__class__.from_config(layer_config)
    model = Sequential()
    model.add(layer)
    model.compile("rmsprop", "mse")
    x_ = np.expand_dims(x, axis=0)
    return model.predict(x_)[0]
```

这里是用 Keras 提供的 layer 对象做的一些测试，以确保测试代码运行良好。

```
from keras.layers.core import Dropout, Reshape
from keras.layers.convolutional import ZeroPadding2D
import numpy as np

x = np.random.randn(10, 10)
layer = Dropout(0.5)
y = test_layer(layer, x)
assert(x.shape == y.shape)

x = np.random.randn(10, 10, 3)
layer = ZeroPadding2D(padding=(1,1))
y = test_layer(layer, x)
assert(x.shape[0] + 2 == y.shape[0])
assert(x.shape[1] + 2 == y.shape[1])

x = np.random.randn(10, 10)
layer = Reshape((5, 20))
y = test_layer(layer, x)
assert(y.shape == (5, 20))
```

在我们开始构建局部响应归一化层之前，我们需要先花时间了解一下它的目的。这种技术最初被 Caffe 使用，Caffe 文档将它描述成一种通过对局部输入区域的归一化操作实现的侧抑制。对 ACROSS_CHANNEL 模式，局部区域扩展到临近通道，但没有空间上的延伸。而对 WITHIN_CHANNEL 模式，局部区域在分开的通道上向空间延伸。我们用如下方法实现 WITHIN_CHANNEL 模型。WITHIN_CHANNEL 模型中的局部响应归一化由下面的公式给出：

$$LRN(x_i) = \frac{x_i}{\left(k + \frac{\alpha}{n}\sum_i x_i\right)^{\beta}}$$

自定义层的代码采用了标准的结构，__init__方法用来设置应用的特别参数，即和层相关的超参数。因为我们的层只进行前向计算，所以并没有任何需要学习的权重。我们构造方法的全部操作就是设置输入形状并委托给超类的构造方法，这个方法负责任何需要的簿记。对涉及权重学习的层，权重的初始值也是在这个方法中设置。

调用方法负责实际的计算。注意，我们要负责维护维度顺序。另一个需要注意的地方是批大小在设计时通常是未知的，因此你需要编写操作代码，以使批大小不能被显式调用。计算本身非常直接，只需完全遵照公式。分母中的和也可以看作填充大小为(n, n)、步幅为(1, 1)的行和列维度上的平均池化。因为池化的数据是已经平均过的，我们不再需要将总和除以 n。

类的最后一部分是 get_output_shape_for 方法，由于层把输入张量中的每个元素都做了归一化，因而输出的大小和输入的大小完全相同。

```
from keras import backend as K
from keras.engine.topology import Layer, InputSpec

class LocalResponseNormalization(Layer):

    def __init__(self, n=5, alpha=0.0005, beta=0.75, k=2, **kwargs):
        self.n = n
        self.alpha = alpha
        self.beta = beta
        self.k = k
        super(LocalResponseNormalization, self).__init__(**kwargs)

    def build(self, input_shape):
        self.shape = input_shape
        super(LocalResponseNormalization, self).build(input_shape)

    def call(self, x, mask=None):
        if K.image_dim_ordering == "th":
            _, f, r, c = self.shape
        else:
            _, r, c, f = self.shape
        squared = K.square(x)
        pooled = K.pool2d(squared, (n, n), strides=(1, 1),
            padding="same", pool_mode="avg")
        if K.image_dim_ordering == "th":
```

```
            summed = K.sum(pooled, axis=1, keepdims=True)
            averaged = self.alpha * K.repeat_elements(summed, f, axis=1)
        else:
            summed = K.sum(pooled, axis=3, keepdims=True)
            averaged = self.alpha * K.repeat_elements(summed, f, axis=3)
        denom = K.pow(self.k + averaged, self.beta)
        return x / denom

    def get_output_shape_for(self, input_shape):
        return input_shape
```

你可以使用我们这里描述的测试框架在开发期间测试层。相比构建一个完整的网络再把层放进去测试，或更糟的——运行之前必须完全声明这个层，这种测试要简单很多。

```
x = np.random.randn(225, 225, 3)
layer = LocalResponseNormalization()
y = test_layer(layer, x)
assert(x.shape == y.shape)
```

构建自定义的 Keras 层在有经验的 Keras 程序员看来非常平常，网络上可用的例子并不多。这很可能是因为自定义层通常被创建用于特定的有限的目的，而不能被广泛使用。变化性也指单一的例子不能演示 API 使用的所有可能。现在你对如何构建自定义 Keras 层有了很好的认识，你会发现看一下 Keunwoo Choi 的 melspectogram 和 Shashank Gupta 的 NodeEmbeddingLayer 的例子也许更有指导意义。

7.6 生成模型

生成模型是用于学习创建和训练数据相似的模型。我们在第 6 章“循环神经网络——RNN”中已经看见过生成模型的实例，其中，我们训练模型根据给定的前 10 个字符预测第 11 个字符。还有一类最近才出现的功能非常强大的生成对抗模型，在第 4 章“生成对抗网络和 WaveNet”中你已经看过 GAN 的例子。对生成模型的直观理解是，它学习了训练数据的良好内部表示，因此可以在预测阶段生成相似数据。

生成模型的另一视角是概率。一个典型的回归或分类模型，也称为判别模型，学习将输入数据 X 映射到标签或输出 y 的函数，也就是说，这些模型学习的是条件概率 $P(y|X)$。另一方面，生成模型同时学习联合概率和标签，即 $P(x, y)$。学到的概率函数能用于创建新的可能的(X, y)样本。这让生成模型在即使没有标签的时候，也有能力去说明输入数据的基础结构。现实世界中这一点非常有益，因为无标签的数据远多于有标

签的数据。

上例提到的简单生成模型可以扩展到音频数据，如用于学习生成和播放音乐的模型。WaveNet 论文（更多信息请参考《WaveNet: A Generative Model for Raw Audio》，作者 A. van den Oord, 2016.）提到了一个有趣的例子，它描述了使用深度卷积层构建的网络，并在 GitHub 上提供了其 Keras 实现。

7.6.1 Keras 示例——Deep Dreaming

本例中，我们将查看一个略微不同的生成网络。我们将看到如何使用预训练好的卷积网络在一张图片上生成新的图像。训练好的用于区分图像细微差别的网络也充分学习了如何生成图像。这一点最初由谷歌的 Alexander Mordvintsev 发现，并在谷歌 research 的博客上进行了详述。最初这种技术被称为 inceptionalism，但术语 deep dreaming 后来变得更加流行。

Deep dreaming 使用反向传播的梯度激活函数，用输出加强输入图像，并反复循环运行相同的过程。这一过程优化了损失函数，但我们会了解它是如何在输入图像（三通道）中做到的，而不是在一个高维度的难以想象的隐藏层上。

这一基本策略有很多变化，每种都会产生新奇、有趣的效果。其中一些变化包括图像模糊化，为总的激活函数添加约束，衰减梯度，通过修剪和伸缩无限放缩图像，通过随机移动图像添加抖动等。本例中，我们将演示最简单的方法——为预训练好的 VGG-16 的每一池化层优化选定层激活平均值的梯度，并观察输入图片上的效果。

首先，我们声明导入：

```
from keras import backend as K
from keras.applications import vgg16
from keras.layers import Input
import matplotlib.pyplot as plt
import numpy as np
import os
```

然后，我们加载输入图像，你可能很熟悉这个来自深度学习相关博文中的图像，它最初来源于 flickr 网站。

```
DATA_DIR = "../data"
IMAGE_FILE = os.path.join(DATA_DIR, "cat.jpg")
img = plt.imread(IMAGE_FILE)
plt.imshow(img)
```

前一例子的输出如图 7.12 所示。

图 7.12

下面我们定义两个用于预处理和再处理图片的函数，它们将图片的四维表示转换成预训练好的 VGG-16 网络适合的四维输入形式。

```
def preprocess(img):
    img4d = img.copy()
    img4d = img4d.astype("float64")
    if K.image_dim_ordering() == "th":
        # (H, W, C) -> (C, H, W)
        img4d = img4d.transpose((2, 0, 1))
        img4d = np.expand_dims(img4d, axis=0)
        img4d = vgg16.preprocess_input(img4d)
    return img4d

def deprocess(img4d):
    img = img4d.copy()
    if K.image_dim_ordering() == "th":
        # (B, C, H, W)
        img = img.reshape((img4d.shape[1], img4d.shape[2], img4d.shape[3]))
        # (C, H, W) -> (H, W, C)
        img = img.transpose((1, 2, 0))
    else:
        # (B, H, W, C)
        img = img.reshape((img4d.shape[1], img4d.shape[2], img4d.shape[3]))
    img[:, :, 0] += 103.939
    img[:, :, 1] += 116.779
    img[:, :, 2] += 123.68
    # BGR -> RGB
    img = img[:, :, ::-1]
    img = np.clip(img, 0, 255).astype("uint8")
return img
```

这两个函数是互逆的，即经过预处理的图像被再处理后，将返回原始图像。

下面，我们加载预训练好的 VGG-16 网络，该网络在 ImageNet 上预训练好，并随 Keras 一起发布。在第 3 章“深度学习之卷积网络”中你已了解如何使用预训练好的模型。我们选择已移除全连接层的版本，除了能帮我们省去自己移除的麻烦，也让我们可以输入任何形状的图片。我们需要在输入时声明图像的宽度和高度，因为它们决定了全连接层的权重向量的大小。因为 CNN 转换本质上是局部的，图像的大小并不影响卷积层和池化层的权重矩阵的大小。因而图像大小的唯一约束是它在批内必须是常量。

```
img_copy = img.copy()
print("Original image shape:", img.shape)
p_img = preprocess(img_copy)
batch_shape = p_img.shape
dream = Input(batch_shape=batch_shape)
model = vgg16.VGG16(input_tensor=dream, weights="imagenet",
include_top=False)
```

我们将要在接下来的计算中通过名字引用 CNN 的层对象，因此我们要构造一个字典。我们也需理解层的命名规范，让我们将它们全部打印出来。

```
layer_dict = {layer.name : layer for layer in model.layers}
print(layer_dict)
```

上例的输出如下。

```
{'block1_conv1': <keras.layers.convolutional.Convolution2D at 0x11b847690>,
 'block1_conv2': <keras.layers.convolutional.Convolution2D at 0x11b847f90>,
 'block1_pool': <keras.layers.pooling.MaxPooling2D at 0x11c45db90>,
 'block2_conv1': <keras.layers.convolutional.Convolution2D at 0x11c45ddd0>,
 'block2_conv2': <keras.layers.convolutional.Convolution2D at 0x11b88f810>,
 'block2_pool': <keras.layers.pooling.MaxPooling2D at 0x11c2d2690>,
 'block3_conv1': <keras.layers.convolutional.Convolution2D at 0x11c47b890>,
 'block3_conv2': <keras.layers.convolutional.Convolution2D at 0x11c510290>,
 'block3_conv3': <keras.layers.convolutional.Convolution2D at 0x11c4afa10>,
 'block3_pool': <keras.layers.pooling.MaxPooling2D at 0x11c334a10>,
 'block4_conv1': <keras.layers.convolutional.Convolution2D at 0x11c345b10>,
 'block4_conv2': <keras.layers.convolutional.Convolution2D at 0x11c345950>,
 'block4_conv3': <keras.layers.convolutional.Convolution2D at 0x11d52c910>,
 'block4_pool': <keras.layers.pooling.MaxPooling2D at 0x11d550c90>,
 'block5_conv1': <keras.layers.convolutional.Convolution2D at 0x11d566c50>,
 'block5_conv2': <keras.layers.convolutional.Convolution2D at 0x11d5b1910>,
 'block5_conv3': <keras.layers.convolutional.Convolution2D at 0x11d5b1710>,
 'block5_pool': <keras.layers.pooling.MaxPooling2D at 0x11fd68e10>,
 'input_1': <keras.engine.topology.InputLayer at 0x11b847410>}
```

之后我们为 5 个池化层的每一层计算损失，并在 3 步中的每一步计算平均激活函数的梯度。梯度回加给图像，图像在每一步的每个池化层中显示。

```
num_pool_layers = 5
num_iters_per_layer = 3
step = 100

for i in range(num_pool_layers):
    #识别池化层
    layer_name = "block{:d}_pool".format(i+1)
    #构建层的最大化平均激活值的损失函数
    layer_output = layer_dict[layer_name].output
    loss = K.mean(layer_output)
    #计算图片 wrt 损失的梯度并归一化
    grads = K.gradients(loss, dream)[0]
    grads /= (K.sqrt(K.mean(K.square(grads))) + 1e-5)
    #定义返回给定输入图片的损失和梯度的函数
    f = K.function([dream], [loss, grads])
    img_value = p_img.copy()
    fig, axes = plt.subplots(1, num_iters_per_layer, figsize=(20, 10))
    for it in range(num_iters_per_layer):
        loss_value, grads_value = f([img_value])
        img_value += grads_value * step
        axes[it].imshow(deprocess(img_value))
    plt.show()
```

得到的图像如图 7.13～图 7.17 所示。

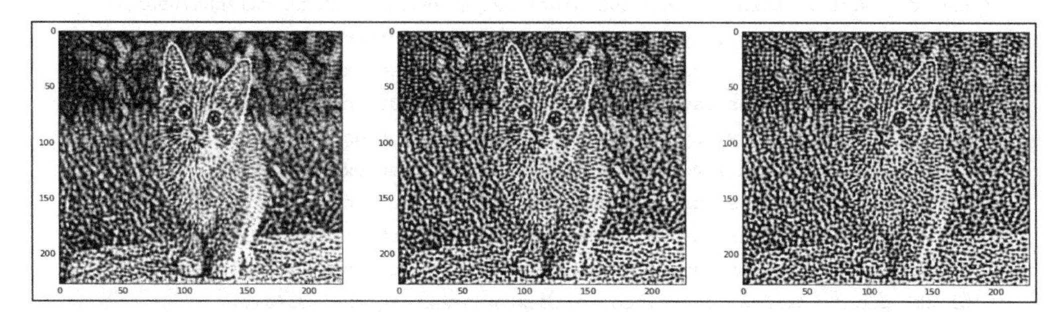

图 7.13

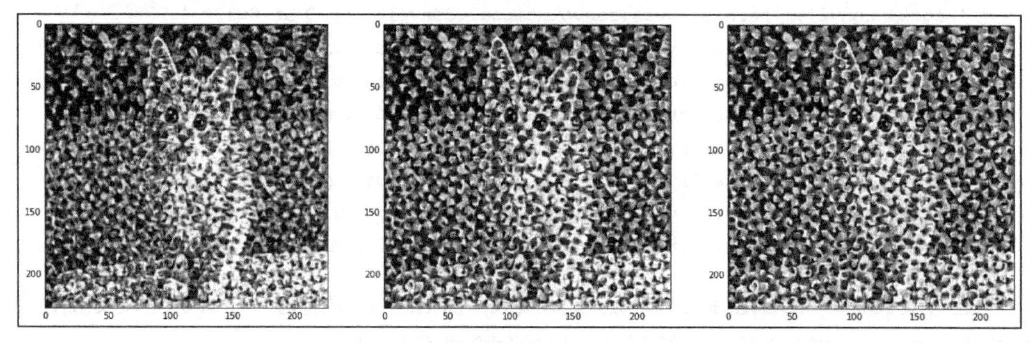

图 7.14

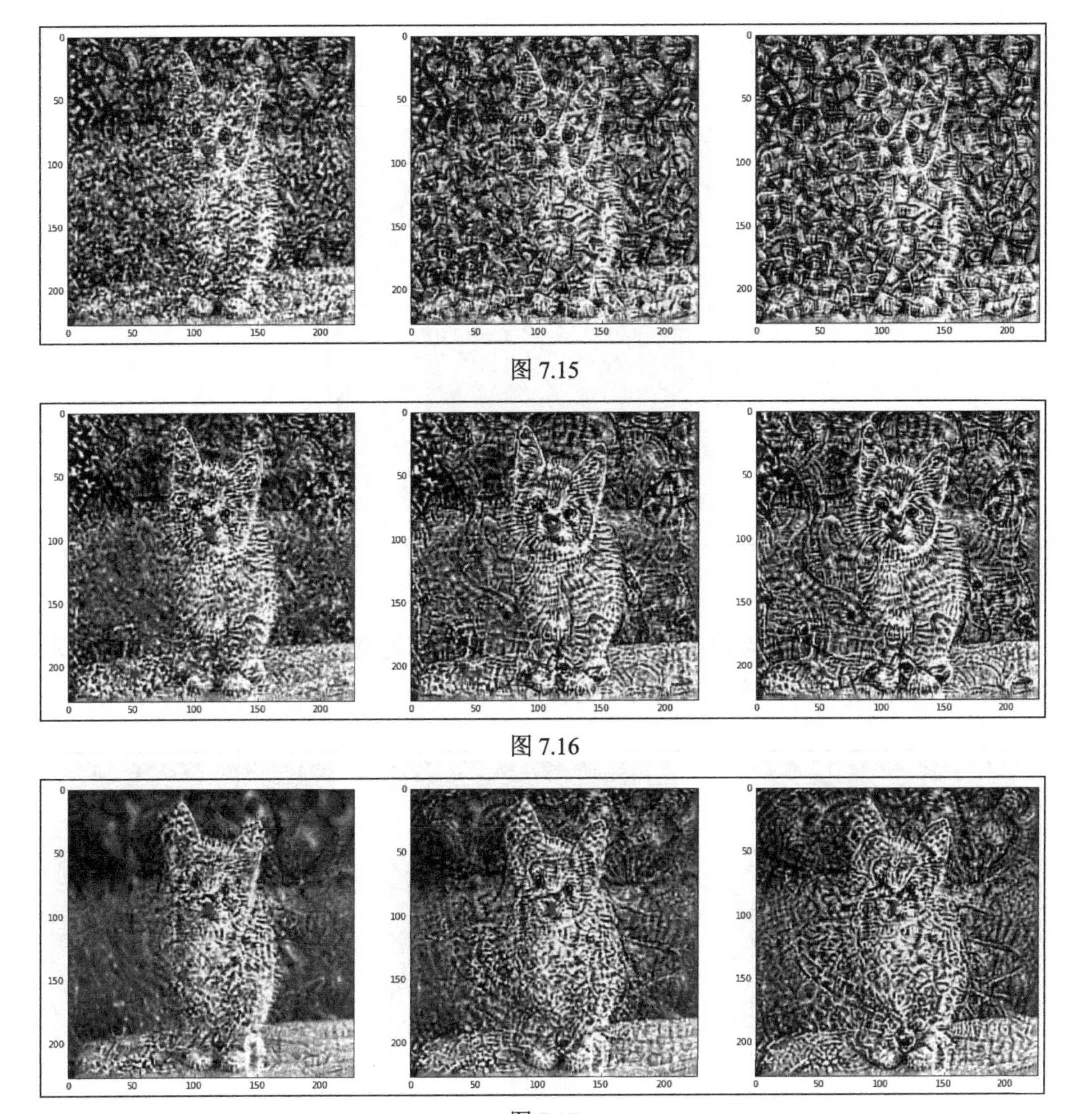

图 7.15

图 7.16

图 7.17

如你所见，Deep dreaming 的过程增强了选定层上的梯度效果，结果使图像看起来相当超现实。后面的层反向传播梯度，使图像发生了更多的扭曲，反射出更大的感受野和识别更复杂特征的能力。

为让我们自己信服，一个训练好的网络确实学习了它用于训练的图像的多种分类。让我们看一个完全随机的图片，如下所示，并将它传入预训练好的网络。

```
img_noise = np.random.randint(100, 150, size=(227, 227, 3), dtype=np.uint8)
plt.imshow(img_noise)
```

上例的输出如图 7.18 所示。

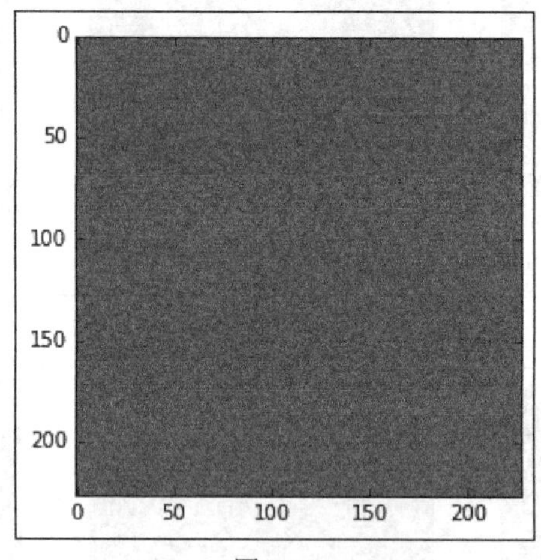

图 7.18

用前面的代码传入图像使得每一层都具有非常特别的模式，如图 7.19～图 7.23 所示，可以看出网络在尝试找出随机数据的结构特征。

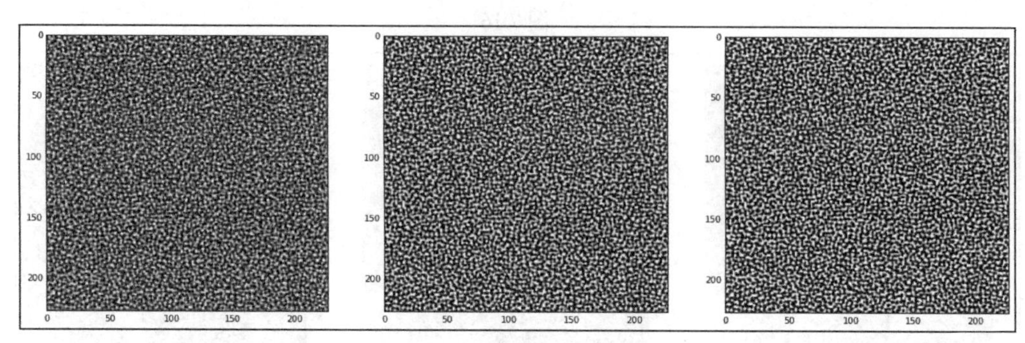

图 7.19

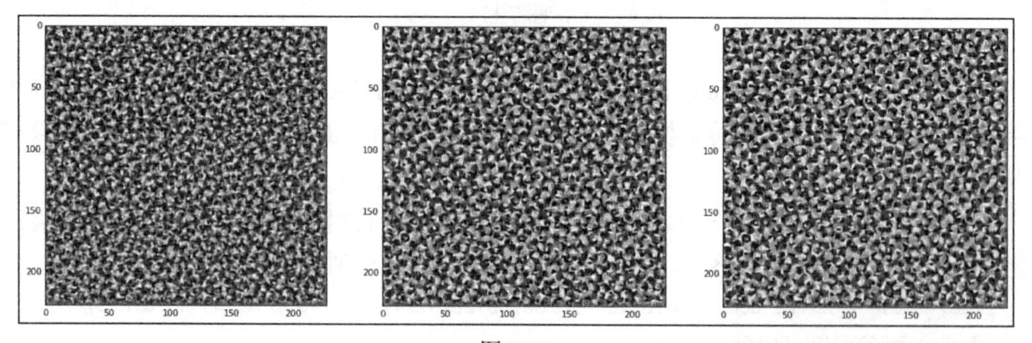

图 7.20

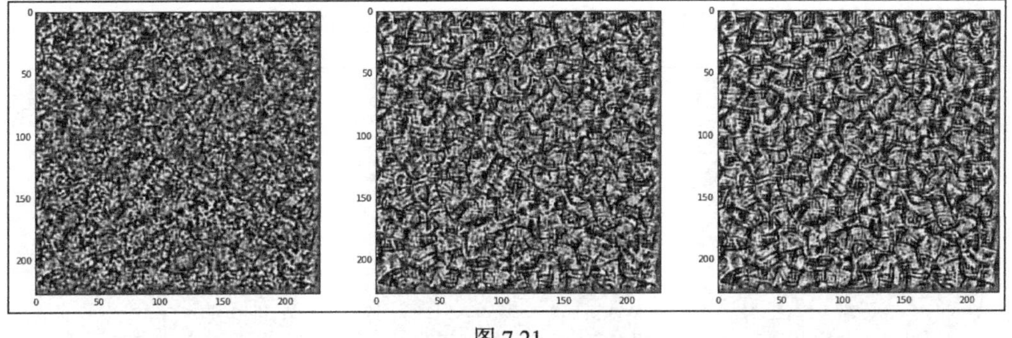

图 7.21

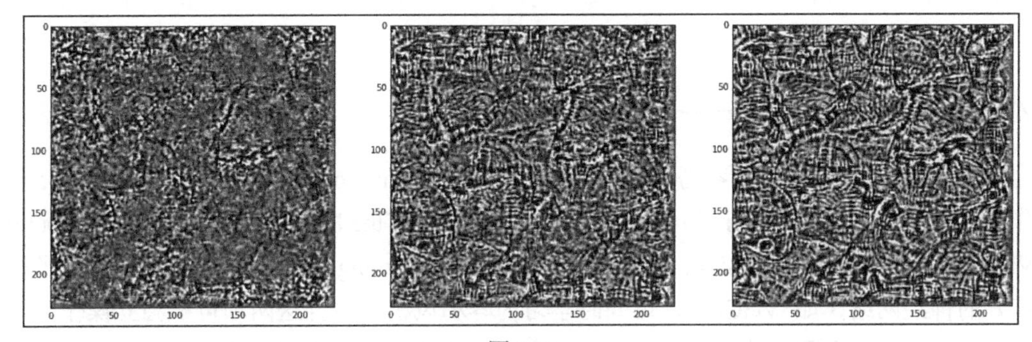

图 7.22

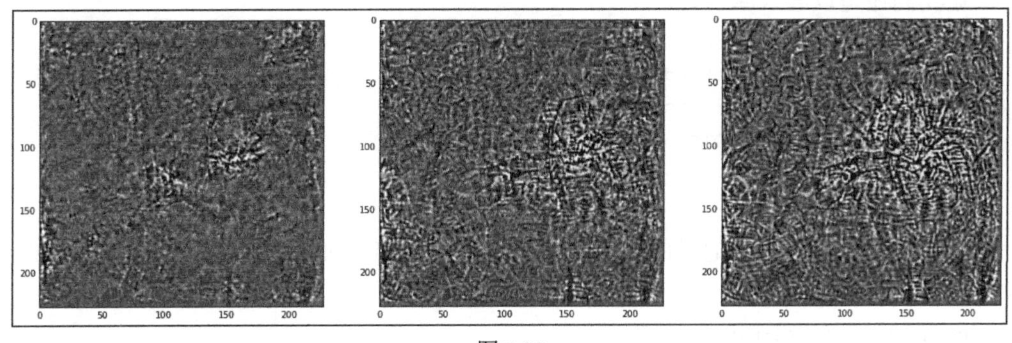

图 7.23

我们可以输入噪声图像重复实验，并计算单个滤波器上的损失，而不再计算所有滤波器上的平均损失。我们选择的滤波器是 ImageNet 的标签非洲象（African elephant）(24)，这样，我们用下面的代码替换前面代码中的损失值，不再计算所有滤波器上的平均损失。我们计算表示非洲象类别的滤波器的损失作为输出。

```
loss = layer_output[:, :, :, 24]
```

现在，回过来看，block4_pool 的输出很像是大象躯干的重复图片，如图 7.24 所示。

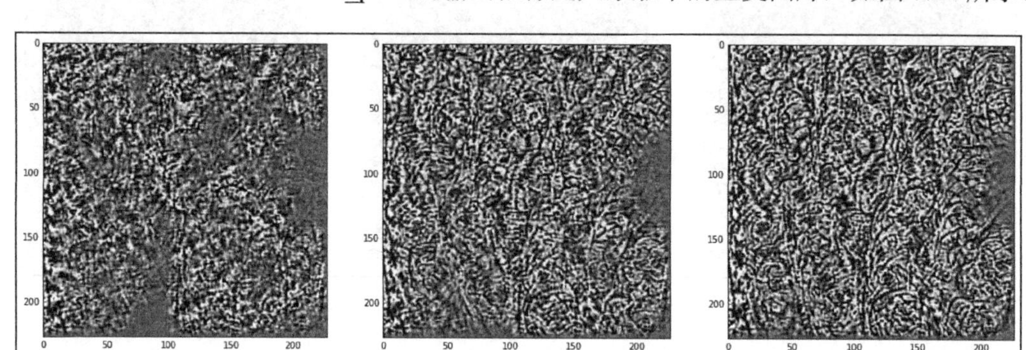

图 7.24

7.6.2　Keras 示例——风格转换

这篇论文（更多信息请参考《Image Style Transfer Using Convolutional Neural Networks》，作者 L. A. Gatys, A. S. Ecker，和 M. Bethge，Proceedings of the IEEE Conference on Computer Vision and Pattern Recognition, 2016）描述了 Deep dreaming 的一个扩展，文中展示了训练好的神经网络，如 VGG-16，可同时学习内容和风格，并且这两项可被独立操作。图片对象（内容）和图形绘制（风格）相结合可以使其看起来具有某种绘画风格。

让我们还是以导入库开始。

```
from keras.applications import vgg16
from keras import backend as K
from scipy.misc import imresize
import matplotlib.pyplot as plt
import numpy as np
import os
```

我们的示例将展示，把猫的图像转换成 Rosalind Wheeler 复制的克劳德·莫奈的画作《日本桥》的风格。

```
DATA_DIR = "../data"
CONTENT_IMAGE_FILE = os.path.join(DATA_DIR, "cat.jpg")
STYLE_IMAGE_FILE = os.path.join(DATA_DIR, "JapaneseBridgeMonetCopy.jpg")
RESIZED_WH = 400

content_img_value = imresize(plt.imread(CONTENT_IMAGE_FILE), (RESIZED_WH,
RESIZED_WH))
style_img_value = imresize(plt.imread(STYLE_IMAGE_FILE), (RESIZED_WH,
RESIZED_WH))

plt.subplot(121)
```

```
plt.title("content")
plt.imshow(content_img_value)

plt.subplot(122)
plt.title("style")
plt.imshow(style_img_value)

plt.show()
```

上例的输出如图 7.25 所示。

图 7.25

和之前一样，我们声明两个用来对图像进行前向和后向转换的函数，以及 CNN 需要的 4 维张量。

```
def preprocess(img):
    img4d = img.copy()
    img4d = img4d.astype("float64")
    if K.image_dim_ordering() == "th":
        # (H, W, C) -> (C, H, W)
        img4d = img4d.transpose((2, 0, 1))
    img4d = np.expand_dims(img4d, axis=0)
    img4d = vgg16.preprocess_input(img4d)
    return img4d

def deprocess(img4d):
    img = img4d.copy()
    if K.image_dim_ordering() == "th":
        # (B, C, H, W)
        img = img.reshape((img4d.shape[1], img4d.shape[2], img4d.shape[3]))
        # (C, H, W) -> (H, W, C)
        img = img.transpose((1, 2, 0))
    else:
        # (B, H, W, C)
```

```
        img = img.reshape((img4d.shape[1], img4d.shape[2], img4d.shape[3]))
    img[:, :, 0] += 103.939
    img[:, :, 1] += 116.779
    img[:, :, 2] += 123.68
    # BGR -> RGB
    img = img[:, :, ::-1]
    img = np.clip(img, 0, 255).astype("uint8")
    return img
```

我们声明用来存放内容图片和风格图片的张量，以及另一个存放联合图片的张量。然后，内容和风格图片联合起来作为输入张量。将张量输入预训练好的 VGG-16 网络。

```
content_img = K.variable(preprocess(content_img_value))
style_img = K.variable(preprocess(style_img_value))
if K.image_dim_ordering() == "th":
    comb_img = K.placeholder((1, 3, RESIZED_WH, RESIZED_WH))
else:
    comb_img = K.placeholder((1, RESIZED_WH, RESIZED_WH, 3))

#将图片拼接成单一输入
input_tensor = K.concatenate([content_img, style_img, comb_img], axis=0)

我们实例化一个预训练好的 VGG-16 网络，在 ImageNet 数据集上预训练，并排除全连接层:

model = vgg16.VGG16(input_tensor=input_tensor, weights="imagenet",
include_top=False)
```

如同前面一样，我们构造层字典并将层名称映射成训练好的 VGG-16 网络的输出层。

```
layer_dict = {layer.name : layer.output for layer in model.layers}
```

下面的代码用来计算 content_loss、style_loss 和 variational_loss。最后，我们将损失函数定义为这 3 个损失函数的线性组合。

```
def content_loss(content, comb):
    return K.sum(K.square(comb - content))

def gram_matrix(x):
    if K.image_dim_ordering() == "th":
        features = K.batch_flatten(x)
    else:
        features = K.batch_flatten(K.permute_dimensions(x, (2, 0, 1)))
    gram = K.dot(features, K.transpose(features))
    return gram

def style_loss_per_layer(style, comb):
    S = gram_matrix(style)
    C = gram_matrix(comb)
```

```
    channels = 3
    size = RESIZED_WH * RESIZED_WH
    return K.sum(K.square(S - C)) / (4 * (channels ** 2) * (size ** 2))

def style_loss():
    stl_loss = 0.0
    for i in range(NUM_LAYERS):
        layer_name = "block{:d}_conv1".format(i+1)
        layer_features = layer_dict[layer_name]
        style_features = layer_features[1, :, :, :]
        comb_features = layer_features[2, :, :, :]
        stl_loss += style_loss_per_layer(style_features, comb_features)
    return stl_loss / NUM_LAYERS

def variation_loss(comb):
    if K.image_dim_ordering() == "th":
        dx = K.square(comb[:, :, :RESIZED_WH-1, :RESIZED_WH-1] -
                      comb[:, :, 1:, :RESIZED_WH-1])
        dy = K.square(comb[:, :, :RESIZED_WH-1, :RESIZED_WH-1] -
                      comb[:, :, :RESIZED_WH-1, 1:])
    else:
        dx = K.square(comb[:, :RESIZED_WH-1, :RESIZED_WH-1, :] -
                      comb[:, 1:, :RESIZED_WH-1, :])
        dy = K.square(comb[:, :RESIZED_WH-1, :RESIZED_WH-1, :] -
                      comb[:, :RESIZED_WH-1, 1:, :])
    return K.sum(K.pow(dx + dy, 1.25))

CONTENT_WEIGHT = 0.1
STYLE_WEIGHT = 5.0
VAR_WEIGHT = 0.01
NUM_LAYERS = 5

c_loss = content_loss(content_img, comb_img)
s_loss = style_loss()
v_loss = variation_loss(comb_img)
loss = (CONTENT_WEIGHT * c_loss) + (STYLE_WEIGHT * s_loss) + (VAR_WEIGHT *
v_loss)
```

这里的content loss就是目标层提取出的内容图像和联合图像的特征之间的均方根距离（也叫L2距离），将这个值最小化会产生使风格化后的图片和原图片近似的效果。

Style loss是基本图像表示和风格图片的格拉姆矩阵（Gram matrix）之间的L2距离，格拉姆矩阵 $\boldsymbol{M}$ 是 $\boldsymbol{M}$ 的转置矩阵乘以 $\boldsymbol{M}$，即 $\boldsymbol{M}^T \times \boldsymbol{M}$。这一损失函数度量了内容图片表示和风格图片的特征同时出现的概率，这意味着实际意义上内容和风格矩阵必须是方阵。

总的variation loss度量了相邻像素的差异，这个值的最小化使得相邻像素比较相似，从而使最终图片的效果比较平滑而不跳跃。

我们计算梯度和损失函数，并将网络反向运行 5 次迭代。

```
grads = K.gradients(loss, comb_img)[0]
f = K.function([comb_img], [loss, grads])

NUM_ITERATIONS = 5
LEARNING_RATE = 0.001

content_img4d = preprocess(content_img_value)
for i in range(NUM_ITERATIONS):
    print("Epoch {:d}/{:d}".format(i+1, NUM_ITERATIONS))
    loss_value, grads_value = f([content_img4d])
    content_img4d += grads_value * LEARNING_RATE
    plt.imshow(deprocess(content_img4d))
    plt.show()
```

最后两次迭代的输出如图 7.26 所示。如你所见，它已经带有了印象派的模糊性，甚至最终的图片已经有了油画的结构。

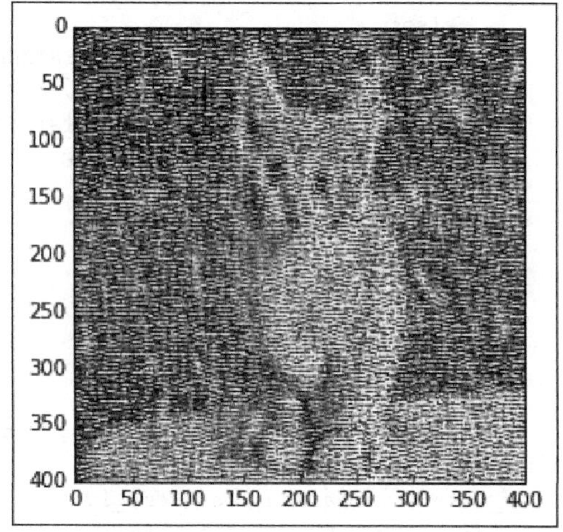

图 7.26

7.7　小结

本章中，我们涵盖了一些前面章节未包含的网络。我们首先简要了解了 Keras 的函数 API，它可以让我们构建出比我们所见过的序列网络更加复杂的网络。之后我们探讨了回归网络，它让我们可以进行连续空间上的预测，从而为我们打开了一个能解决的新的问题域。不过，回归网络实际上是标准分类网络的简单修改。我们研究的下一个领域是自动编码器，这是一类让我们可以进行无监督学习的网络，它利用了现在我们所有人都会遇到的大量的无标签数据。我们还学习了如何使用已掌握的网络组建出更大、更有趣的网络，如同巨型乐高积木一样。之后我们从使用小网络构建大网络，转移到学习如何使用 Keras 后台层来自定义独立的层。最后，我们了解了另一类模仿输入的训练数据的模型——生成模型，以及这类模型的新奇用法。

下一章中，我们将把注意力放到另一类称为强化学习的网络上，并通过在 Keras 中构建和训练一个简单的计算机游戏网络来浏览相关概念。

第 8 章 游戏中的 AI

前面的章节中，我们研究了监督学习技术，如回归和分类，以及无监督学习技术，如生成对抗网络、自动编码机和生成模型。在监督学习中，我们用预期的输入和输出训练网络，并期望它可以根据给定的新输入预测输出。无监督学习中，我们给网络展示了一些输入数据，并期望它可以学习数据的结构，因而可以预测到新的输入。

本章中，我们将学习强化学习，或更精确地说，深度强化学习，即将深度神经网络应用于强化学习。强化学习植根于行为主义心理学，本体接受训练，正确的行为将受到奖赏，而错误的行为则受到惩罚。就深度强化学习而言，网络给出一些输入，并基于是否给出了正确的输出被给予正的或负的奖赏。这样，在强化学习中，我们就有了稀疏的延时标签。经过多次迭代后，网络学习到如何产生正确的输出。

深度强化学习领域的先行者是一个英国的名叫 DeepMind 的小公司，它在 2013 年发布了一篇论文（更多信息请参考《Playing Atari with Deep Reinforcement Learning》，作者 V. Mnih, arXiv:1312.5602, 2013.），其中描述了卷积神经网络可以通过屏幕像素显示以及得分增加时的奖励来学习玩 Atari 2600 视频游戏。相同的结构被用来学习 7 种不同的 Atari 2600 游戏，其中 6 种对应模型的表现都胜过了以前的所有方法，并在 3 种中胜过了人类的专家。

以前的每个网络学习单一的规则，和我们以前了解到的学习策略不同，深度学习看上去是一个综合的学习算法，它可以应用到多种环境中。它甚至可以说是通用人工智能的第一个台阶。DeepMind 公司后来被谷歌收购，这个团队一直处于 AI 研究的前沿。

其后的一篇论文（更多信息请参考《HumanLevel Control through Deep Reinforcement Learning》，作者 V. Mnih, Nature 518.7540, 2015: 529-533.）于 2015 年发表在著名的《自然》杂志上。这篇论文里，他们将同样的模型应用到 49 个不同的游戏中。

本章中，我们将浏览深度强化学习背后的理论框架，然后应用本框架，使用 Keras 构建一个学习玩 Catch 游戏的网络。我们将简要查看一些能让网络表现更佳的方法，以及这一新领域大有前途的研究。

总的来说，本章中我们将学习以下围绕强化学习的核心概念：

- *Q* 学习
- 开发和利用
- 经验回放

8.1 强化学习

我们的目标是构建一个玩 catch 游戏的神经网络。游戏开始的时候，有一个球从屏幕上方的一个随机位置掉落，我们的目标是，使用左右方向键移动屏幕下方的短板，在球掉落到底部的时候使短板捕捉到球。作为游戏，这相当简单。在任一时间点，游戏的状态由球和短板的坐标(x, y)给出。大多数游戏往往有更多的移动部件，因此通用的解决方案是提供整个游戏平面的图像作为状态。图 8.1 显示了 4 帧游戏中的连续截图。

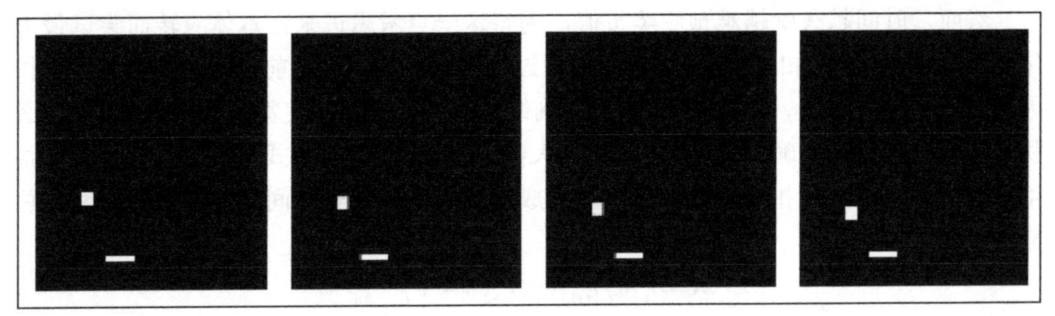

图 8.1

聪明的读者可能注意到了，我们的问题可以被建模成分类问题。网络的输入是游戏屏幕图像，输出是左移、不动、右移 3 个动作。但这需要我们给网络提供训练样例，很可能是专家玩过的游戏记录。另一个简单的可替代的方法是构建一个网络，并让网络重复玩此游戏，然后根据是否成功捕捉到球来给出反馈。这一方法也更加直观，并且更接近人和动物的学习方式。

表示此类问题更通常的方式是使用马尔可夫决策过程（Markov Decision Process，MDP）。我们的游戏是本体尝试学习的环境，环境在时间步 t 的状态由 s_t（包含了球和短板的位置）给出，本体可以做出各种动作（如左移或右移短板），这些动作有时会得到奖赏 r_t，这个奖赏可以为正也可以为负（如增加或减少分数）。操作会改变环境并得到一个新状态 s_{t+1}，这时本体可以做出另一个动作 a_{t+1}，以此类推。状态、动作和奖赏的集合，加上从一个状态转换到另一状态的规则，组成了马尔可夫决策过程。一次单独的游戏就是一个这样的过程，可以由状态、动作和奖赏的有限序列表示：

$$s_0, a_0, r_1, s_1, a_1, r_2, s_2, \cdots, s_{n-1}, a_{n-1}, r_n, s_n$$

因此，这是一个马尔可夫决策过程，状态 s_{t+1} 的或然性仅依赖于当前的状态 s_t 和动作 a_t。

8.1.1　最大化未来奖赏

作为本体，我们的目标是最大化每次游戏的总奖赏。总奖赏可以如下表示：

$$R = \sum_{i=1}^{n} r_i$$

为了最大化总奖赏，本体应尝试在游戏中的任一时间点最大化总奖赏。时间步 t 的总奖赏由 R_t 给出，R_t 可以如下表示：

$$R_t = \sum_{i=1}^{n} r_i = r_t + r_{t+1} + \cdots + r_n$$

然而，时间越久就越难预测奖赏值，为将这一点考虑进来，本体应转而尝试最大化时间步 t 的未来折扣奖赏总额。这一点通过在未来时间步相对前一时间步的奖赏折扣因子 γ 来完成。如果 γ 为 0，那么我们的网络就毫不考虑未来奖赏；如果 γ 为 1，那么我们的网络就是完全确定的。γ 的最佳值大约为 0.9，对等式因式分解，让我们可以将给定时间步的未来折扣奖赏总额递归表示成当前奖赏和下一时间步的未来折扣奖赏总额之和：

$$\begin{aligned} R_t &= r_t + \gamma r_{t+1} + \gamma^2 r_{t+2} + \cdots + \gamma^{n-t} r_n \\ &= r_t + \gamma(r_{t+1} + \gamma(r_{t+2} + \cdots)) \\ &= r_t + \gamma R_{t+1} \end{aligned}$$

8.1.2　*Q* 学习

深度强化学习使用了名为 Q 学习的无模型强化学习技术。Q 学习可以用于在一个有限的马尔可夫决策过程中，为任意给定的状态找出最优操作。当我们在状态 s 执行操作 a 时，Q 学习尝试最大化代表了最大未来折扣奖赏总额的 Q 函数：

$$Q(s_t, a_t) = \max(R_{t+1})$$

一旦我们掌握了 Q 函数，状态 s 的最优操作 a 就是具有最大 Q 值的那个。之后我们可以定义一个策略函数 $\Pi(s)$，它给出了任意状态下的最优操作：

$$\Pi(s) = \text{argmax}_a Q(s, a)$$

和我们定义未来折扣奖赏总额类似，我们可以根据下一点(s_{t+1}, a_{t+1}, r_{t+1}, s_{t+2})的 Q 函数，定义过渡点的 Q 函数，这就是著名的贝尔曼方程：

$$Q(s_t, a_t) = r + \gamma \max_{a_{t+1}} Q(s_{t+1}, a_{t+1})$$

Q 函数可以使用贝尔曼方程近似，你可以把 Q 函数想象成查询表（称为 Q 表），其中状态（由 s 表示）是行，操作（由 a 表示）是列，元素（由 $Q(s, a)$表示）是你在由行给出的状态下采取的由列给出的操作中获得的奖赏。我们先随机初始化 Q 表，然后执行随机操作，并根据以下算法观察 Q 表迭代更新的奖赏：

```
initialize Q-table Q
observe initial state s
repeat
    select and carry out action a
    observe reward r and move to new state s'
    Q(s, a) = Q(s, a) + α(r + γ max_a' Q(s', a') - Q(s, a))
    s = s'
until game over
```

你将意识到算法基本在贝尔曼方程上做随机梯度递减，在状态空间（或片段）中反向传播奖赏，并在多次的尝试（或期数）中取平均值。这里 α 是学习率，它决定了前一 Q 值和折扣的新的最大 Q 值之间应引入多大的差异。

8.1.3 深度 Q 网络作为 Q 函数

我们知道 Q 函数会是一个神经网络，你自然会问：哪一类的？就简单的游戏例子，每个状态由 4 个大小为(80, 80)的黑白屏幕图像组成，因此可能状态的总数（Q 表的行数量）为 $2^{80x80x4}$。幸运的是，很多状态表示了不可能的或者未必发生的像素的联合。因为卷积神经网络具有局部连通性（即每个神经元都只和它输入的局部区域相连），这样就避免了不可能的或者不会发生的像素联合。另外，神经网络对于如图像这类结构型数据通常表现出良好的性能。因此卷积神经网络可以用于对 Q 函数高效建模。

DeepMind 的论文（更多信息请参考《Playing Atari with Deep Reinforcement Learning》，作者 V. Mnih, arXiv: 1312.5602, 2013）也使用了 3 个卷积层和其后的两个全连接层。和传统上用于图像分类和识别的 CNN 不同，这里没有池化层。这是因为池化层会降低网络对于图像中特定对象位置的敏感度，在游戏中这一信息很可能用来计算奖赏，因而不能被丢弃。

图 8.2 展示了我们例子中使用深度 Q 网络的结构，除了输入和输出形状外，它和原始的 DeepMind 论文有相同的结构。我们每一个输入的形状是(80, 80, 4)：4 帧连续的游戏控制台的黑白屏幕截图，每个截图的大小为 80×80 像素。输出形状是(3)，对应到 3 个可能操作（左移，不动，右移）的 Q 值。

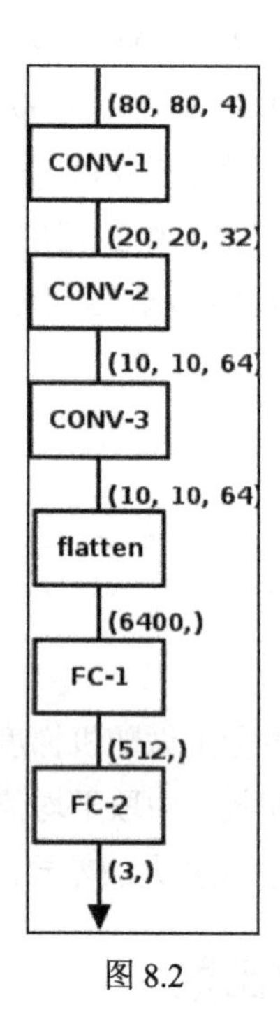

图 8.2

我们的输出是 3 个 Q 值，因而这是一个回归任务，我们可以通过最小化当前值 $Q(s, a)$和根据奖赏总额及未来一个时间步 $Q(s', a')$的折扣值计算得出的值之间的平方误差来优化。当前值在迭代开始时已经知道，未来值根据环境返回的奖赏来计算：

$$L=\frac{1}{2}[r+\gamma\max Q(s',a')-Q(s,a)]^2$$

8.1.4　探索和利用的平衡

深度强化学习是一个在线学习的例子，其中训练和预测步骤是分散的。和最优预测产生于整体训练集上的批学习技术不同，在线训练的预测器通过在新数据上的训练持续改进。

因此在开始的训练期中，深度 Q 网络给出的随机预测结果可以导致很差的学习性能。为避免这一点，我们可以使用简单的探索方法，如ϵ贪心算法（epsilon-greedy）。ϵ贪心探索中，本体以 $1-\epsilon$的概率选取网络建议的动作，或相反一致选取随机动作。这就是为什么这一策略被称为探索/利用。

随着训练轮数的增加和 Q 函数的收敛，网络开始返回更加一致的 Q 值。ϵ的值逐渐减少可以说明这一点，因而随着网络开始返回更一致的预测，相对随机动作，本体更多选择利用网络返回的值。DeepMind 案例中，ϵ的值随时间逐渐从 1 减少至 0.1。我们的例子中，ϵ的值从 0.1 减少到 0.001。

这样，ϵ贪心探索确保系统最初通过平衡 Q 网络给出的不可靠预测和采用完全随机的行动来探索状态空间，然后随着 Q 网络预测的改进，逐渐稳定下来进行较少的探索（伴随更多的利用）。

8.1.5 经验回放，或经验值

根据当前奖赏 r_t 和下一时间步的折扣最大 Q 值(s_{t+1}, a_{t+1})，基于表示状态动作数据(s_t, a_t)的 Q 值的方程式，我们的策略从逻辑上来讲，就是训练网络根据给定的当前状态(s, a, r)，预测最好的下一状态 s'。结果证明网络逐渐趋于一个本地最小值，因为连续的训练样本会趋于非常接近。

针对这一点，在游戏中，我们把所有前面的行动(s, a, r, s')收集到一个固定大小的叫作重播记忆的长队列中。重播记忆代表了网络经验。训练网络时，我们从重播记忆中生成随机批次，而非最近的事务。因为批次由无序的随机经验数据(s, a, r, s')组成，所以网络训练得更好并避免了本地最小化时受阻。

除了从网络训练时游戏的前面动作中收集经验，也可以从人类玩的游戏中收集。另外一个收集经验的方法是，在开始时，以观察模式运行网络一段时间，当它生成完全随机的动作($\epsilon = 1$)时，从游戏中提取奖赏和下一状态信息并将它们存入重播记忆队列。

8.2 示例——用 Keras 深度 Q 网络实现捕捉游戏

我们游戏的目标是，使用屏幕底部用左右键水平移动的短板，捕捉从屏幕顶端随机位置释放的球。如果短板捉到球则玩家赢：如果在短板接住前球掉落到屏幕外，则玩家输。这个游戏的好处是非常简单、容易理解和构建，它在 Eder Santana 发表的关于深度学习的博文（更多信息请参考《Keras Plays Catch, a Single File Reinforcement Learning Example》，作者 Eder Santana, 2017）中有所描述，并在之后建模。我们最初使用专门用于游戏的开源库 Pygame 来构建游戏。游戏允许玩家使用左右方向键移动短板。如果你想真实感受一下这个游戏，等本章中的 game.py 代码实现好就可以了。

> 安装 Pygame:
>
> Pygame 运行于 Python 上，在 Linux（或类 Linux）、Mac OS、Windows 和一些手机操作系统，如在 Android 和 Nokia 上可用。完整的发布列表可见 http://www.pygame.org/download.shtml。预编译好的版本可用于 32 位和 64 位的 Linux 和 Windows 系统中，以及 64 位的 Mac OS 系统中。在这些平台上，你可以使用 pip 安装 pygame 的命令来安装 Pygame。如果不存在你所用平台的预编译版本，你也可以参考 http://www.pygame.org/wiki/GettingStarted 并自己编译。Anaconda 用户可以在 conda-forge 上找到预编译的 Pygame 版本。

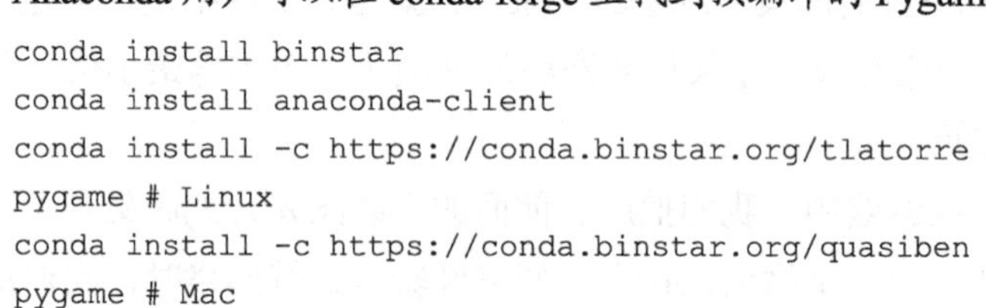

```
conda install binstar
conda install anaconda-client
conda install -c https://conda.binstar.org/tlatorre
pygame # Linux
conda install -c https://conda.binstar.org/quasiben
pygame # Mac
```

为了训练神经网络，我们需要对最初的游戏进行修改，以便网络可以代替人来玩游戏。我们要包装一下网络，让它可以通过 API 交互，而非通过左右方向键。让我们看一下包装的游戏代码，我们仍旧从导入开始。

```
from __future__ import division, print_function
import collections
import numpy as np
import pygame
import random
import os
```

我们定义自己的类。构造器可以选择性地将包装后的游戏设置为 headless 模式，即可以不必显示 Pygame 屏幕。如果你在云端的 GPU 运行游戏，终端只能看到文本，这一设置很有用。如果你在本地终端运行这个游戏，拥有对图形终端的访问权限，则可以注释掉这行代码。接下来我们调用 pygame.init()方法来初始化 Pygame 组件。最后，我们设置一组类级别的常量。

```
class MyWrappedGame(object):

    def __init__(self):
        #以 headless 模式运行 pygame
        os.environ["SDL_VIDEODRIVER"] = "dummy"

        pygame.init()
```

```
        #设置常量
        self.COLOR_WHITE = (255, 255, 255)
        self.COLOR_BLACK = (0, 0, 0)
        self.GAME_WIDTH = 400
        self.GAME_HEIGHT = 400
        self.BALL_WIDTH = 20
        self.BALL_HEIGHT = 20
        self.PADDLE_WIDTH = 50
        self.PADDLE_HEIGHT = 10
        self.GAME_FLOOR = 350
        self.GAME_CEILING = 10
        self.BALL_VELOCITY = 10
        self.PADDLE_VELOCITY = 20
        self.FONT_SIZE = 30
        self.MAX_TRIES_PER_GAME = 1
        self.CUSTOM_EVENT = pygame.USEREVENT + 1
        self.font = pygame.font.SysFont("Comic Sans MS", self.FONT_SIZE)
```

reset()方法在游戏开始时被调用，它定义了游戏开始时的操作，如清空状态队列，设置球和短板的初始位置，初始化分数等。

```
    def reset(self):
        self.frames = collections.deque(maxlen=4)
        self.game_over = False
        #初始化位置
        self.paddle_x = self.GAME_WIDTH // 2
        self.game_score = 0
        self.reward = 0
        self.ball_x = random.randint(0, self.GAME_WIDTH)
        self.ball_y = self.GAME_CEILING
        self.num_tries = 0

        #设置显示,时钟等
        self.screen = pygame.display.set_mode((self.GAME_WIDTH, self.GAME_HEIGHT))
        self.clock = pygame.time.Clock()
```

在最初的游戏中，有一个 Pygame 事件队列，当玩家移动短板时，左右方向键事件提交并进入此队列，写在 Pygame 组件中的内部事件也被提交到这个队列。游戏代码的核心主要是一个环（称为事件环），它读取事件队列并做出反应。

在包装后的游戏中，我们把事件环改成调用器，step()方法描述了环中每个调用上的动作。方法用整数 0、1 和 2 分别代表动作左移、不动和右移，然后设置这一时步上用于控制球和短板位置的变量。PADDLE_VELOCITY 变量表示当左移或右移动作指令发出时，短板向左或向右移动对应像素数的速度。如果球已经过短板，会检查是否有触碰。如果有，短板就接住了球，玩家（神经网络）赢，否则玩家输。之后方法刷新屏幕，并将其附加到包含最后 4 帧游戏屏幕的长度固定的双端队列中。最后，游戏返回状态（由最后 4 帧给出）、当前动作的奖赏及告知调用器游戏是否结束的标识。

```
    def step(self, action):
        pygame.event.pump()

        if action == 0: # move paddle left
            self.paddle_x -= self.PADDLE_VELOCITY
            if self.paddle_x < 0:
                #从边界弹回，向右
                self.paddle_x = self.PADDLE_VELOCITY
        elif action == 2: # move paddle right
            self.paddle_x += self.PADDLE_VELOCITY
            if self.paddle_x > self.GAME_WIDTH - self.PADDLE_WIDTH:
                #从边界弹回，向左
                self.paddle_x = self.GAME_WIDTH - self.PADDLE_WIDTH -
    self.PADDLE_VELOCITY
        else: #不要移动短板
            pass

        self.screen.fill(self.COLOR_BLACK)
        score_text = self.font.render("Score: {:d}/{:d}, Ball: {:d}"
            .format(self.game_score, self.MAX_TRIES_PER_GAME,
                    self.num_tries), True, self.COLOR_WHITE)
        self.screen.blit(score_text,
            ((self.GAME_WIDTH - score_text.get_width()) // 2,
            (self.GAME_FLOOR + self.FONT_SIZE // 2)))

        #更新球的位置
        self.ball_y += self.BALL_VELOCITY
        ball = pygame.draw.rect(self.screen, self.COLOR_WHITE,
            pygame.Rect(self.ball_x, self.ball_y, self.BALL_WIDTH,
            self.BALL_HEIGHT))
        #更新短板位置
        paddle = pygame.draw.rect(self.screen, self.COLOR_WHITE,
            pygame.Rect(self.paddle_x, self.GAME_FLOOR,
                        self.PADDLE_WIDTH, self.PADDLE_HEIGHT))

    #检查触碰并更新奖赏
        self.reward = 0
        if self.ball_y >= self.GAME_FLOOR - self.BALL_WIDTH // 2:
            if ball.colliderect(paddle):
                self.reward = 1
            else:
                self.reward = -1

        self.game_score += self.reward
```

```
        self.ball_x = random.randint(0, self.GAME_WIDTH)
        self.ball_y = self.GAME_CEILING
        self.num_tries += 1

    pygame.display.flip()

    #保存最后 4 帧图像
    self.frames.append(pygame.surfarray.array2d(self.screen))

    if self.num_tries >= self.MAX_TRIES_PER_GAME:
        self.game_over = True

    self.clock.tick(30)
    return np.array(list(self.frames)), self.reward, self.game_over
```

我们看一下训练网络玩游戏的代码。

同样，首先我们导入需要的库和对象。除来自 Keras 和 SciPy 的第三方组件外，我们也导入我们之前描述的 wrapped_game 类。

```
from __future__ import division, print_function
from keras.models import Sequential
from keras.layers.core import Activation, Dense, Flatten
from keras.layers.convolutional import Conv2D
from keras.optimizers import Adam
from scipy.misc import imresize
import collections
import numpy as np
import os

import wrapped_game
```

我们定义两个便利函数。第一个将输入的 4 帧图像转换成网络适用的形式，输入来自于四张 800×800 的图像，因此输入的形状为(4, 800, 800)。不过网络预期的输入是一个形状为(*batch size*, 80, 80, 4)的四维张量。在游戏最开始，我们还没有这 4 帧图像，因而我们将第一帧图像重复 4 次来伪造它们。这一函数返回的输出张量的形状是(80, 80, 4)。get_next_batch()函数从来自经验回放队列的 batch_size 状态数组中取样，并从神经网络中取得奖赏和预测的下一状态。之后它计算下一时步上 Q 函数的值并返回。

```
def preprocess_images(images):
    if images.shape[0] < 4:
        #单个图片
        x_t = images[0]
        x_t = imresize(x_t, (80, 80))
        x_t = x_t.astype("float")
```

```
            x_t /= 255.0
            s_t = np.stack((x_t, x_t, x_t, x_t), axis=2)
        else:
            #4 张图片
            xt_list = []
            for i in range(images.shape[0]):
                x_t = imresize(images[i], (80, 80))
                x_t = x_t.astype("float")
                x_t /= 255.0
                xt_list.append(x_t)
             s_t = np.stack((xt_list[0], xt_list[1], xt_list[2], xt_list[3]),
                            axis=2)
        s_t = np.expand_dims(s_t, axis=0)
        return s_t

def get_next_batch(experience, model, num_actions, gamma, batch_size):
     batch_indices = np.random.randint(low=0, high=len(experience),
          size=batch_size)
    batch = [experience[i] for i in batch_indices]
    X = np.zeros((batch_size, 80, 80, 4))
    Y = np.zeros((batch_size, num_actions))
    for i in range(len(batch)):
        s_t, a_t, r_t, s_tp1, game_over = batch[i]
        X[i] = s_t
        Y[i] = model.predict(s_t)[0]
        Q_sa = np.max(model.predict(s_tp1)[0])
        if game_over:
            Y[i, a_t] = r_t
        else:
            Y[i, a_t] = r_t + gamma * Q_sa
    return X, Y.
```

我们来定义网络。这是对游戏的 Q 函数建模的网络。我们的网络非常类似于 DeepMind 论文中提出的网络，它们之间唯一的区别是输入和输出的大小。我们的输入形状是(80, 80, 4)，而它们的是(84, 84, 4)；我们的输出形状是(3)，对应到 3 个需要 Q 函数为之计算的动作，而它们的是(18)，对应到 Atari 可能的动作。

网络有 3 个卷积层和 2 个全连接层。除最后一层外的所有层，都包含 ReLU 激活单元。因为我们要预测 Q 函数的值，所以这是一个回归网络，最后一层没有激活单元。

```
#构建模型
model = Sequential()
model.add(Conv2D(32, kernel_size=8, strides=4,
                 kernel_initializer="normal",
                 padding="same",
```

```
                 input_shape=(80, 80, 4)))
model.add(Activation("relu"))
model.add(Conv2D(64, kernel_size=4, strides=2,
                 kernel_initializer="normal",
                 padding="same"))
model.add(Activation("relu"))
model.add(Conv2D(64, kernel_size=3, strides=1,
                 kernel_initializer="normal",
                 padding="same"))
model.add(Activation("relu"))
model.add(Flatten())
model.add(Dense(512, kernel_initializer="normal"))
model.add(Activation("relu"))
model.add(Dense(3, kernel_initializer="normal"))
```

如同我们前面描述的，我们的损失函数是当前的 $Q(s, a)$值和根据奖赏总和及未来一个时步上的折扣 Q 值 $Q(s', a')$值计算出来的值之间的平方误差，因此均方误差损失函数工作得很好。对于优化器，我们选用一个通常目的下的优化器 Adam，并用一个较低的学习率初始化：

```
model.compile(optimizer=Adam(lr=1e-6), loss="mse")
```

我们为训练定义一些常量。NUM_ACTIONS 常量定义了网络可以发送给游戏的输出动作数量。我们的例子中，动作可以是 0、1 和 2，对应左移、不动和右移。GAMMA 值是未来奖赏的折扣因子。INITIAL_EPSILON 和 FINAL_EPSILON 是贪心探索算法参数的开始和结束值。NUM_EPOCHS_ OBSERVE 变量指网络允许通过发送全随机动作并观察奖赏来探索游戏的期数。NUM_EPOCHS_TRAIN 变量指网络在线训练的期数。每期对应一场或一段游戏。一个训练中的总游戏次数为 NUM_EPOCHS_OBSERVE 和 NUM_EPOCHS_TRAIN 之和。BATCH_SIZE 是我们用于训练的最小的批大小。

```
#初始化参数
DATA_DIR = "../data"
NUM_ACTIONS = 3 #有效动作个数(左移,不动,右移)
GAMMA = 0.99 #过去观测的衰减率
INITIAL_EPSILON = 0.1 #epsilon 的开始值
FINAL_EPSILON = 0.0001 #epsilon 的最终值
MEMORY_SIZE = 50000 #要记住的前面转换的次数
NUM_EPOCHS_OBSERVE = 100
NUM_EPOCHS_TRAIN = 2000

BATCH_SIZE = 32
NUM_EPOCHS = NUM_EPOCHS_OBSERVE + NUM_EPOCHS_TRAIN
```

我们实例化游戏和经验回放队列。我们打开日志文件并初始化准备训练的一些变量。

```
game = wrapped_game.MyWrappedGame()
experience = collections.deque(maxlen=MEMORY_SIZE)

fout = open(os.path.join(DATA_DIR, "rl-network-results.tsv"), "wb")
num_games, num_wins = 0, 0
epsilon = INITIAL_EPSILON
```

接下来，我们设置控制训练轮数的环。如前面提及的，每一期对应一场游戏，因此我们在此处重置游戏状态。一场游戏对应球从顶端掉落后或被短板接过、错过的过程。损失是预测值和游戏实际 Q 值之间的平方误差。

我们通过给游戏发送一个假动作开始游戏（本例中就是停着不动），并取得游戏初始状态数组。

```
for e in range(NUM_EPOCHS):
    game.reset()
    loss = 0.0

    #获取第一个状态
    a_0 = 1 # (0 = left, 1 = stay, 2 = right)
    x_t, r_0, game_over = game.step(a_0)
    s_t = preprocess_images(x_t)
```

下一段代码是游戏的主环，这是我们挪动到调用代码中的初始游戏中的事件环。我们保存当前状态，因为我们在经验回放队列中将要用到它，然后确定要发给包装后游戏的动作信号。如果我们使用观察模式，我们将生成一个对应到游戏某动作的随机数，否则我们就使用贪心探索来随机选择一个动作或使用神经网络预测我们要发送的动作。

```
while not game_over:
    s_tm1 = s_t

    #下一个动作
    if e <= NUM_EPOCHS_OBSERVE:
        a_t = np.random.randint(low=0, high=NUM_ACTIONS, size=1)[0]
    else:
        if np.random.rand() <= epsilon:
            a_t = np.random.randint(low=0, high=NUM_ACTIONS, size=1)[0]
        else:
            q = model.predict(s_t)[0]
            a_t = np.argmax(q)
```

一旦我们知道了动作，我们就通过调用 game.step()方法把它发送给游戏，这个方法返回新的状态、奖赏和表示游戏是否结束的布尔标识。如果奖赏是正的（表明球被接住了），我们增加赢的盘数，并在我们的经验回放队列中存储(*state, action, reward, new state, game over*)数组。

```
#施加动作,获取奖赏
x_t, r_t, game_over = game.step(a_t)
s_t = preprocess_images(x_t)
#如果得到奖赏，num_wins 加 1
if r_t == 1:
    num_wins += 1
#保存经验
experience.append((s_tm1, a_t, r_t, s_t, game_over))
```

然后，我们从经验回放队列中随机抽取一个迷你批，并训练我们的网络。我们为每一个训练会话计算损失。每个训练期的所有训练的损失总和就是整个训练期的损失。

```
if e > NUM_EPOCHS_OBSERVE:
    #完成观测，现在开始训练
    #取下一批
    X, Y = get_next_batch(experience, model, NUM_ACTIONS, GAMMA, BATCH_SIZE)
    loss += model.train_on_batch(X, Y)
```

当网络还未相对充分训练时,它的预测不是很好，因而更多的探索状态空间以减少本地最小化过程障碍的做法就很合理。不过，随着网络训练得更加充分，我们逐渐减少探索，以使模型更多地预测发送给游戏的动作。

```
#epsilon 递减
if epsilon > FINAL_EPSILON:
    epsilon -= (INITIAL_EPSILON - FINAL_EPSILON) / NUM_EPOCHS
```

我们把每一训练期的日志分别写入控制台和日志文件中，用于随后的分析。在训练 100 期后，我们保存模型的当前状态，这样当我们出于任何原因决定停止训练时可以据此恢复。我们也保存最后的模型，稍后我们用它来玩游戏。

```
    print("Epoch {:04d}/{:d} | Loss {:.5f} | Win Count {:d}"
        .format(e + 1, NUM_EPOCHS, loss, num_wins))
    fout.write("{:04d}t{:.5f}t{:d}n".format(e + 1, loss, num_wins))

    if e % 100 == 0:
        model.save(os.path.join(DATA_DIR, "rl-network.h5"), overwrite=True)

fout.close()
model.save(os.path.join(DATA_DIR, "rl-network.h5"), overwrite=True)
```

我们让游戏观察 100 次来做训练，跟着再分别玩 1 000、2 000 和 5 000 次游戏。玩 5 000 次游戏的运行日志文件的最后几行如图 8.3 所示。如你所见，接近训练结束的时候，网络在玩游戏上变得很熟练。

```
Epoch 5075/5100 | Loss 0.02603 | Win Count 2548
Epoch 5076/5100 | Loss 0.06248 | Win Count 2549
Epoch 5077/5100 | Loss 0.09836 | Win Count 2550
Epoch 5078/5100 | Loss 0.05955 | Win Count 2551
Epoch 5079/5100 | Loss 0.07357 | Win Count 2552
Epoch 5080/5100 | Loss 0.05425 | Win Count 2553
Epoch 5081/5100 | Loss 0.05961 | Win Count 2553
Epoch 5082/5100 | Loss 0.05737 | Win Count 2553
Epoch 5083/5100 | Loss 0.06699 | Win Count 2554
Epoch 5084/5100 | Loss 0.04265 | Win Count 2555
Epoch 5085/5100 | Loss 0.06579 | Win Count 2556
Epoch 5086/5100 | Loss 0.06825 | Win Count 2557
Epoch 5087/5100 | Loss 0.09329 | Win Count 2557
Epoch 5088/5100 | Loss 0.06124 | Win Count 2558
Epoch 5089/5100 | Loss 0.15128 | Win Count 2559
Epoch 5090/5100 | Loss 0.03769 | Win Count 2560
Epoch 5091/5100 | Loss 0.06348 | Win Count 2560
Epoch 5092/5100 | Loss 0.03817 | Win Count 2561
Epoch 5093/5100 | Loss 0.05225 | Win Count 2562
Epoch 5094/5100 | Loss 0.04986 | Win Count 2563
Epoch 5095/5100 | Loss 0.06316 | Win Count 2564
Epoch 5096/5100 | Loss 0.07558 | Win Count 2564
Epoch 5097/5100 | Loss 0.04027 | Win Count 2565
Epoch 5098/5100 | Loss 0.03801 | Win Count 2566
Epoch 5099/5100 | Loss 0.02446 | Win Count 2567
Epoch 5100/5100 | Loss 0.04321 | Win Count 2568
```

图 8.3

每期中的损失值和赢得的盘数如图 8.4 所示，也给出了同样的结果。看起来随着更多的训练，损失值可以进一步收敛，在 5 000 期的训练中它从 0.6 下降到约 0.1。类似地，所赢盘数的曲线上升，表示随着训练轮数的增多，网络学习得越来越快。

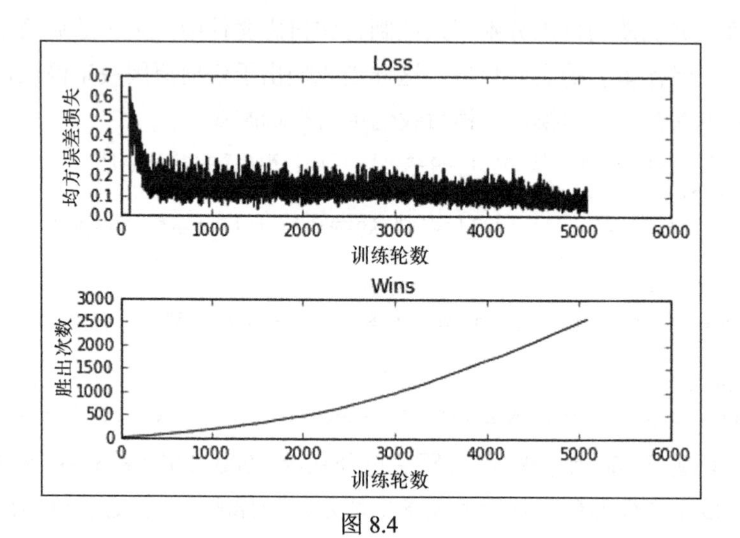

图 8.4

最后，我们让训练好的模型玩固定次数的游戏（我们的例子中是 100 次），并观察它能赢多少局。下面是相关的代码实现，同样，我们以导入开始。

```
from __future__ import division, print_function
from keras.models import load_model
from keras.optimizers import Adam
from scipy.misc import imresize
import numpy as np
import os
import wrapped_game
```

我们加载训练结束时保存的模型并进行编译，然后实例化 wrapped_game。

```
DATA_DIR = "../data"
model = load_model(os.path.join(DATA_DIR, "rl-network.h5"))
model.compile(optimizer=Adam(lr=1e-6), loss="mse")

game = wrapped_game.MyWrappedGame()
```

之后我们循环 100 次游戏，并通过调用 reset()方法实例化每场游戏并开始。然后，每场游戏直到结束，我们让模型用最好的 Q 函数预测动作。我们汇总有多少场游戏获胜，并用我们的每个模型运行测试。第一个训练了 1 000 场游戏的赢了 100 场游戏中的 42 场，训练了 2 000 场游戏的赢了 100 场游戏中的 74 场，训练了 5 000 场游戏的模型赢了 100 场游戏中的 87 场。这清楚地表明网络随着训练而改进。

```
num_games, num_wins = 0, 0
for e in range(100):
    game.reset()

    #获取第一个状态
    a_0 = 1 # (0 = left, 1 = stay, 2 = right)
    x_t, r_0, game_over = game.step(a_0)
    s_t = preprocess_images(x_t)

    while not game_over:
        s_tm1 = s_t
        #下一个动作
        q = model.predict(s_t)[0]
        a_t = np.argmax(q)
        #施加动作,获取奖赏
        x_t, r_t, game_over = game.step(a_t)
        s_t = preprocess_images(x_t)
        #如果得到奖赏, num_wins 加 1
        if r_t == 1:
            num_wins += 1
```

```
        num_games += 1
        print("Game: {:03d}, Wins: {:03d}".format(num_games, num_wins), end="r")
    print("")
```

如果你调用注释掉 headless 模式的评估代码，你可以观察网络玩游戏，这种观察真的很棒。考虑到 Q 值预测以随机值开始，而且主要是训练期间提供了网络指导的稀疏奖赏机制，网络通过学习可以如此高效地玩游戏似乎没有道理。但如同其他领域的深度学习，网络事实上可以通过学习把游戏玩得很好。

前面展示的例子相当简单，但它说明了深度强化学习模型工作的过程，并创建了一个可以帮你实现更多复杂应用的构思模型。你可能发现的一个有趣实现是 Ben Lau 用 Keras 写的 Flappybird（更多信息请参考《Using Keras and Deep Q-Network to Play FlappyBird》，作者 Ben Lau, 2016）。

Keras-RL 项目是 Keras 用于深度强化学习的库，它也有一些非常好的例子。

从 DeepMind 最原始的创意开始，出现了其他的改进建议，如双 Q 学习（更多信息请参考《Deep Reinforcement Learning with Double Q-Learning》，作者 H. Van Hasselt, A. Guez 和 D. Silver, AAAI. 2016），优先化经历回放（更多信息请参考《Prioritized Experience Replay》，作者 T. Schaul, arXiv:1511.05952, 2015），以及竞争网络架构（dueling network architectures）（更多信息请参考《Dueling Network Architectures for Deep Reinforcement Learning》，作者 Z. Wang, arXiv: 1511.06581, 2015）。双 Q 学习使用两个网络，主网络选取动作，目标网络选取动作的目标 Q 值。这会减少单个网络可能产生的 Q 值的过高估计。优先化经历回放增加了使用具有更高学习进展的经验取样数据的概率。竞争网络架构将 Q 函数分解为状态和动作组件，并分别合并回来。

本节中讨论的所有代码，包括人类玩家可以玩的初始游戏，都在本章下载的代码里。

8.3　未来之路

2016 年 1 月，DeepMind 宣布推出 AlphaGo（更多信息请参考《Mastering the Game of Go with Deep Neural Networks and Tree Search》，作者 D. Silver, Nature 529.7587, pp. 484~489, 2016），这是一个下围棋的神经网络。围棋被看作人工智能领域非常有挑战的游戏，主要因为在游戏中的任一点，都有平均大约 10^{170} 种可能的下法（象棋大约是 10^{50} 种）。因而使用强力法决定最好的走子在计算上是不可能的。发布时，AlphaGo 早已和当时欧洲的围棋冠军 Fan Hui 进行过一场五局的比赛，并以 5∶0 获胜。这是第一次有计算机程序在围棋上击败人类选手。随后，2016 年 3 月，AlphaGo 以 4∶1 战胜李世石——世界排名第二的职业围棋选手。

AlphaGo 中有几个值得注意的新理念。第一，它由人类专业棋手参加的监督学习与 AlphaGo 和它自身的强化学习方式联合训练。你已经在前面的章节中看见过这两种应用。第二，AlphaGo 由一个价值网络和一个策略网络组成。每次移动中，AlphaGo 使用蒙特卡洛模拟——一种用于预测未来出现的随机变量取得不同结果的概率的过程，来想象从当前位置开始的备选棋局。价值网络用于减少估算输赢概率的树搜索的深度，而不必一直计算到游戏结束，直觉理解上类似于这步棋有多好。策略网络通过引导搜索朝着最大即时奖赏（或说 Q 值）的方向进行来减少搜索宽度。更详细的描述，请参考博文《AlphaGo: Mastering the ancient game of Go with Machine Learning》，Google Research Blog, 2016。

相对最初的 DeepMind 网络，AlphaGo 做了重大改进，它玩的仍是所有片段对所有玩家都可见的游戏，即仍是信息完善的游戏。在 2017 年 1 月，卡耐基・梅隆大学的研究者发布了 Libratus（更多信息请参考《AI Takes on Top Poker Players》，作者 T.Revel, New Scientist 223.3109, pp. 8, 2017），一个可玩扑克牌的 AI 产品。同时，另一组来自阿尔伯特大学、捷克的查尔斯大学和捷克理工大学的研究员，也提出了玩扑克的 DeepStack 架构（更多信息请参考《DeepStack: Expert-Level Artificial Intelligence in No-Limit Poker》，by M. Moravaak, arXiv:1701.01724, 2017）。扑克是信息不完善的游戏，因为玩家看不到对方的牌。因此，除了学习如何玩牌，扑克 AI 也需要开发出关于对手玩牌的策略认识。

Libratus 并未使用它的直觉的内置策略，而是用算法来计算出一个可以在风险和奖赏间达到平衡的策略，又叫纳什均衡。从 2017 年 1 月 17 日～1 月 31 日，Libratus 与人类 4 个顶尖扑克牌选手（更多信息请参考《Upping the Ante: Top Poker Pros Face Off vs. Artificial Intelligence》，Carnegie Mellon University, January 2017）展开对决，并轰动性地将他们全部击败了。

DeepStack 的直觉通过使用随机扑克牌局生成的样例来进行强化学习训练。它同来自 17 个国家的 33 位专业选手对战并赢得比优秀玩家更好的最佳玩家评级（更多信息请参考《The Uncanny Intuition of Deep Learning to Predict Human Behavior》，作者 C. E. Perez, Medium corporation, Intuition Machine, February 13, 2017）。

如你所见，确实有非常激动人心的时刻。深度学习网络能够玩游乐场游戏的发展，使得网络可以高效读懂你的想法，或至少参与（有时是非理想的）人类行为并在故弄玄虚的游戏中获胜。深度学习带来的可能性似乎是无限的。

8.4　小结

本章中，我们学习了强化学习背后的概念，以及如何利用它在 Keras 中构建基于奖赏回报玩游乐场游戏的深度学习网络。然后我们简要讨论了这个领域的进展，如可以教会它以超人级别玩更难的游戏，如围棋和扑克。虽然玩游戏似乎是看起来没有意义的应用，但这些构思是走向通用人工智能应用的第一步，其中网络可以从经验中学习，而非大量的训练数据。

第9章 结束语

恭喜你读到了本书的末尾！让我们花时间看看我们从开始到现在学到的东西。

如果你和大多数读者一样，了解一些 Python 知识，具备一些机器学习背景，你就有兴趣学习更多的深度学习知识。并能够使用 Python 应用这些深度学习技巧。

你学习了如何在自己的机器上安装 Keras，并开始使用它构建简单深度学习模型。之后你学习了原始的深度学习模型，即多层感知机，也被称为全连接网络(Fully connected network，FCN)。你学习了使用 Keras 构建感知机网络。

你还学习了通过调整多个可调参数来获取更好的网络结果。Kera 会替你完成一大部分艰辛的工作，因为它有很合理的默认设置。还是存在一些情况，使得这些知识对你很有帮助。

紧接着，你了解了卷积神经网络。最初的构建是为了利用图像的局部空间特征，尽管你也能使用它们处理其他类型的数据，如文本、音频和视频。你再一次看到了如何使用 Keras 构建 CNN 网络。你也看到了 Keras 为简单、直接的构建卷积神经网络提供的功能。你看到了如何使用预训练好的图像网络，通过迁移学习和网络调整预测你自己的图像。

接下来，你学习了生成对抗网络，它是一对尝试互相攻击的网络（通常是 CNN），并在此过程中使彼此更加强大。生成对抗网络是深度学习领域的尖端技术。最近的很多工作都围绕着生成对抗网络进行。

然后，我们把注意力转向文本。我们学习了词嵌入，它在最近几年成为了用于文本向量表示的最通用的技术。我们了解了多个流行的词嵌入算法，并看到了如何使用预训练好的词嵌入表示词的集合，以及 Keras 和 gensim 对词嵌入的支持。

我们之后学习了循环神经网络，这是一类优化后用于处理文本或时间序列这类序列化数据的神经网络。我们了解了基本 RNN 模型的不足以及这些不足如何使用更强大的变体如长短期网络和门循环单元得以改善。我们看了这些组件应用的几个例子。我们也简要查看了有状态 RNN 模型，以及它们可能用到的场合。

接下来，我们看了几个额外的模型，它们和我们讨论过的模型并不相近。其中的自动编码器是一个无监督学习模型，它是回归网络，用于预测连续值而非离散标签。我们介绍了 Keras 功能 API，它让我们利用多个输入输出和多个管道间共享组件来构建复杂的网络。我们查看了如何自定义 Keras 以添加现在不存在的功能。

最后，我们在游乐场游戏的场景下讨论了使用强化学习训练深度学习网络，这被很多人认为是通用人工智能应用的第一步。我们给出了一个用 Keras 实现的例子来训练一个简单游戏。之后我们简要描述了这个领域的改进，就以超人的水平玩更难的游戏如围棋和扑克而言。

我们相信你现在已经掌握了使用深度学习和 Keras 解决新的机器学习问题的技能。这是你在成为深度学习专家的路上需要具备的重要和有价值的技能。

感谢你让我们在你成为深度学习大师的路上可以有所助益。

9.1 Keras 2.0——新特性

据 Francois Chollet 说，Keras 在两年前的 2015 年 3 月发布，之后它的用户从 1 个增加到 10 万个。图 9.1 来自 Keras 博客，展示了 Keras 用户随时间的增长数量。

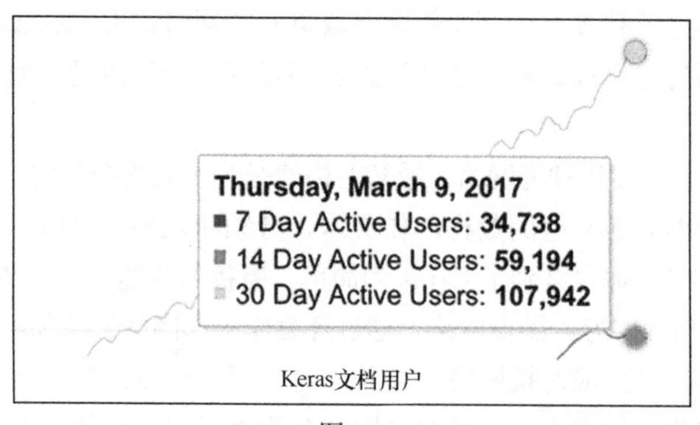

图 9.1

Keras 2.0 的一个重要更新是，从 TensorFlow 1.2 开始，其 API 将成为 TensorFlow 的一部分。确实，Keras 正被更多地当作深度学习的通用语，并成为在增加的深度学习场景中使用的规范。例如，Skymind 用 Scala 为 ScalNee 实现了 Keras 规范，Keras.js 为 JavaScript 在浏览器上支持了深度学习的直接运行。为 MXNET 和 CNTK 深度学习工具包提供 Keras API 的工作也在进行中。

9.1.1 安装 Keras 2.0

安装 Keras 2.0 非常简单，先运行以下命令：

```
pip install keras --upgrade
```

然后执行以下命令：

```
pip install tensorflow --upgrade
```

9.1.2　API 的变化

Keras 2.0 的变化隐含了一些 API 的新想法的需要，其完整细节请参考发布注释（https://github.com/fchollet/keras/wiki/Keras-2.0-release-notes）。模块 legacy.py 汇总了影响最大的修改并避免了在使用 Keras 1.x 调用时给出警告。

```
""
同时测试 Keras1 和 2 版本时避免警告的实用函数
"""
导入 keras
keras_2 = int(keras.__version__.split(".")[0]) > 1 # Keras > 1

def fit_generator(model, generator, epochs, steps_per_epoch):
    if keras_2:
        model.fit_generator(generator, epochs=epochs,
steps_per_epoch=steps_per_epoch)
    else:
        model.fit_generator(generator, nb_epoch=epochs,
samples_per_epoch=steps_per_epoch)

def fit(model, x, y, nb_epoch=10, *args, **kwargs):
    if keras_2:
        return model.fit(x, y, *args, epochs=nb_epoch, **kwargs)
    else:
        return model.fit(x, y, *args, nb_epoch=nb_epoch, **kwargs)

def l1l2(l1=0, l2=0):
    if keras_2:
        return keras.regularizers.L1L2(l1, l2)
    else:
        return keras.regularizers.l1l2(l1, l2)

def Dense(units, W_regularizer=None, W_initializer='glorot_uniform', **kwargs):
    if keras_2:
        return keras.layers.Dense(units, kernel_regularizer=W_regularizer,
        kernel_initializer=W_initializer, **kwargs)
    else:
        return keras.layers.Dense(units, W_regularizer=W_regularizer,
        init=W_initializer, **kwargs)
```

```
def BatchNormalization(mode=0, **kwargs):
    if keras_2:
        return keras.layers.BatchNormalization(**kwargs)
    else:
        return keras.layers.BatchNormalization(mode=mode, **kwargs)
def Convolution2D(units, w, h, W_regularizer=None,
W_initializer='glorot_uniform', border_mode='same', **kwargs):
    if keras_2:
       return keras.layers.Conv2D(units, (w, h), padding=border_mode,
                                  kernel_regularizer=W_regularizer,
                                  kernel_initializer=W_initializer,
                                  **kwargs)
    else:
        return keras.layers.Conv2D(units, w, h, border_mode=border_mode,
W_regularizer=W_regularizer, init=W_initializer, **kwargs)

def AveragePooling2D(pool_size, border_mode='valid', **kwargs):
    if keras_2:
        return keras.layers.AveragePooling2D(pool_size=pool_size,
                                            padding=border_mode, **kwargs)
    else:
        return keras.layers.AveragePooling2D(pool_size=pool_size,
                                            border_mode=border_mode,
                                            **kwargs)
```

Keras 2.0 也有一些突破性的改变，特别的地方如下：

- maxout 全连接层，时序分布全连接层，以及 highway 遗留层已经被移除。
- 批归一化层不再支持 argument 模式，因为 Keras 内部已经改变。
- 自定义层的更新。
- 没有写入文档的 Keras 功能可能已发生大的改变。

另外，Keras 基础代码会检测 Keras 1.x 的使用。API 调用并提示错误警告，告知用户如何修改调用为 Keras 2 的 API。如果你有了 Keras 1.x 的代码并因为对非突破性改变的恐惧而犹豫是否该尝试 Keras 2，这些来自 Keras 底层代码的错误提示会在迁移中给你很大帮助。